Werner Böhm
Elektrische Steuerungen

Kamprath-Reihe

Obering. Werner Böhm

Elektrische Steuerungen

Grundlagen und Einführung
in die Anwendung

7., erweiterte Auflage

Vogel Buchverlag

Obering. WERNER BÖHM

Geboren 1938. Studium an der Staatlichen Inge-
nieurschule Esslingen (Fachrichtung Elektrische
Energietechnik). Anschließend nacheinander Pro-
jektierungsingenieur für elektrische Steuerungen
von Werkzeugmaschinen, Entwicklungsingenieur
für Stromerzeuger und Schweißaggregate, Leiter der
Versuchsabteilung und der elektrischen Entwicklung bei einem Aufzughersteller. Seit 1966 zusätzlich in der beruflichen Weiterbildung tätig und seit
1989 Leiter eines Produktbereiches bei
einem Aufzughersteller.

Die Deutsche Bibliothek – Cip-Einheitsaufnahme

Böhm, Werner:
Elektrische Steuerungen: Grundlagen und Einführung in die Anwendung/Werner Böhm.
7., erw. Aufl. – Würzburg: Vogel, 1994
    (Kamprath-Reihe) (Vogel-Fachbuch)
    ISBN 3-8023-1544-8

ISBN 3-8023-1544-8
7., erweiterte Auflage 1994
Printed in Germany
Copyright 1976 by Vogel Verlag und Druck KG, Würzburg
Druck: Echter Würzburg

Vorwort

Elektrische Steuerungen sind vorwiegend mit kontaktbehafteten Schaltgeräten aufgebaut. Relais, Leistungs- und Hilfsschütze sind also die Grundbausteine einer elektrischen Steuerung.

Leserkreis Das Buch soll insbesondere informativ auf Leser wirken, die nicht jeden Tag mit elektrischen Steuerungen umgehen und z. B. *in anderen Fachdisziplinen* tätig sind. Durch die konsequent eingearbeiteten Hinweise auf Normen und Vorschriften und ein umfangreiches Literaturverzeichnis wird aber auch dem *Fachmann* ein umfassender Überblick über diese Fachgebiete angeboten.

Lernziele Dem Leser soll der *Umgang* mit elektrischen Steuerungen ermöglicht werden. Schaltungen kleineren und mittleren Umfangs sollen vom *Entwurf* bis zur *Herstellung* und *Inbetriebnahme* erarbeitet werden können. *Auszubildenden* und *Studierenden* wird ein Grundlagenwissen in der elektrischen Steuerungstechnik vermittelt.

Arbeitshilfen Durch die klare Darstellung von System, Aufbau und Anwendung und durch schwerpunktmäßiges Vertiefen kleinerer Themenkreise wird das Verständnis und Erarbeiten des umfangreichen Wissens erleichtert. Es sind keine besonderen Kenntnisse in der Mathematik und der allgemeinen Elektrotechnik zum Verständnis des Buches erforderlich, da im Buch selbst das notwendige Grundlagenwissen zusammenfassend dargestellt ist. Mit Hilfe der praxisnahen und leichtverständlichen Form der Darstellung können aus dem Buch selbstverständlich auch nur einzelne Themengruppen erarbeitet werden.

Für die Anfertigung der Manuskript-Reinschrift möchte ich mich bei meiner Frau bedanken. Den Mitarbeitern des Vogel-Verlages gilt mein besonderer Dank für die gute Zusammenarbeit und die ausgezeichnete Gestaltung des Buches.

Vorwort zur 7. Auflage

Es ist erfreulich, daß das vorliegende Fachbuch einen treuen Leserkreis gefunden hat. Deshalb wurden auch für die 7. Auflage nur geringfügige Änderungen und Ergänzungen vorgenommen.

Neu hinzugekommen ist das Kapitel 10, in dem in einer Fallstudie die vollständige Erarbeitung einer Steuerung gezeigt wird.

Weinstadt   *Werner Böhm*

Inhaltsverzeichnis

Vorwort 5

1   **Grundlagen der Elektrotechnik**   9
1.1   Das Ohmsche Gesetz   9
1.2   Die Kirchhoffschen Gesetze des elektrischen Stromkreises   10
1.3   Elektrische Leistung und elektrische Arbeit   11
1.4   Widerstands- und Leitungsberechnungen   12
1.5   Das magnetische Feld   12
1.6   Das elektrische Feld   14
1.7   Der Wechselstromkreis   15
1.8   Der Elektromagnet an Gleich- und Wechselstrom   16
1.9   Ein- und Ausschaltvorgänge   17

2   **Gesetzmäßigkeiten bei Aufbau und Darstellung elektrischer Steuerungen**   18
2.1   Begriffe und Benennungen der Steuerungstechnik in DIN 19226 . .   18
2.2   Darstellung von Steuerungsaufgaben in DIN 40719, Teil 6   21
2.3   Gerätetechnisch orientierte Zuordnung von Steuerungsteilen nach VDE 0160   22
2.4   Grundelemente der Schaltungstechnik bei Schütz- und Relaissteuerungen   23
2.4.1   Grundelemente logischer Schaltungen   23
2.4.2   Grundelemente sequentieller Schaltungen   27
2.5   Schaltungsunterlagen   28
2.5.1   Maßgebende DIN-Normen und VDE-Bestimmungen   28
2.5.2   Die wichtigsten Schaltplanarten nach DIN 40719, Teil 1   28
2.5.2.1   Übersichtsschaltplan   31
2.5.2.2   Stromlaufplan, Lesen von Stromlaufplänen   33
2.5.2.3   Bauschaltplan   38
2.5.2.4   Funktionsschaltplan   41

3   **Geräte und Bauelemente der elektrischen Steuerungstechnik**   42
3.1   Schaltgeräte   42
3.1.1   Schaltglieder   42
3.1.2   Betätigungsglieder   43
3.1.3   Die wichtigsten Schaltgeräte   44
3.1.3.1 Schütze   44
3.1.3.2 Relais   44
3.1.3.3 Nockenschalter   45
3.1.3.4 Leistungsschalter   45
3.2   Zeitrelais   46
3.3   Befehlsgeräte und Eingabewandler   46
3.3.1   Befehlstaster   46
3.3.2   Grenztaster   46
3.3.3   Eingabewandler   47
3.4   Meldegeräte   48
3.5   Schutzgeräte   49
3.5.1   Schmelzsicherungen   49
3.5.2   Sicherungsselbstschalter   51
3.6   Bauelemente   51
3.6.1   Widerstände   51
3.6.2   Kondensatoren   51
3.6.3   Drosseln und Transformatoren . . .   53
3.6.4   Halbleiterbauelemente   54
3.7   Verdrahtungshilfsmittel   56
3.7.1   Leitungen und Kabel   56
3.7.2   Verbindungsmaterial   56
3.7.3   Verlege- und Hilfsmittel   58

4   **Anwendung der Schaltalgebra bei Schütz- und Relaissteuerungen**   59
4.1   Voraussetzungen für die Anwendung der Schaltalgebra   59
4.2   Einschaltbedingungen eines Schaltgerätes   61
4.3   Grundregeln der Schaltalgebra . . .   63
4.4   Schaltungsvereinfachung mit KV-Tafeln   65

5   **Entwicklung und Aufbau von Grundschaltungen der elektrischen Steuerungstechnik**   67
5.1   Entstehung von Grundschaltungen   67

5.2	Grundschaltungen allgemeiner Steuerungsaufgaben	73
5.3	Antriebsschaltungen von Drehstrommotoren	79
5.4	Sicherheitsschaltungen	86
5.4.1	Grundschaltungen zur Erhöhung der Bedienungssicherheit	86
5.4.2	Grundschaltungen zur Verbesserung der Funktionssicherheit	87

6	**Anwendung der Grundschaltungen bei Ablauf- und Verknüpfungssteuerungen**	**95**
6.1	Steuerung für eine Förderanlage . .	95
6.2	Steuerung für einen Kübelaufzug . .	99
6.2.1	Darstellung der Funktion	99
6.2.2	Schaltpläne	102

7	**Aufbau von kontaktarmen Steuerungen mit Relais**	**107**
7.1	Die Anwendung von gleichstromerregten Kleinrelais	107
7.2	Kontaktersatz durch Dioden	112
7.3	Übergangsstellen zu elektronischen Steuerungen	116

8	**Auswahl und Bemessung der Geräte – Ausgewählte Dimensionierungsfragen der Steuerungstechnik**	**117**
8.1	Zusammenfassung aus VDE 0100, Bestimmungen für das Errichten von Starkstromanlagen mit Nennspannungen bis 1000 Volt	117
8.2	Zusammenfassung aus DIN VDE 0113, Bestimmungen für die elektrische Ausrüstung von Industriemaschinen	120
8.3	Motorschutzfragen	121
8.4	Steuerstromkreise	122
8.5	Lange Steuerleitungen	129
8.6	Dimensionierung des Steuertransformators	131
8.7	Auswahl der Schaltgeräte	133
8.7.1	Gerätebauform	133
8.7.2	Anwendungskriterien von Luftschützen	133
8.7.3	Schutzarten nach DIN 40050	137
8.8	Umwelteinflüsse	138

9	**Projektierung und Handhabung der Steuerung**	**139**
9.1	Hilfsmittel zur Erstellung der technischen Unterlagen	140
9.2	Herstellung und Prüfung	148
9.3	Montage und Inbetriebnahme	149

9.4	Wartung und Störungssuche	150

10	**Fallstudie: Steuerung für einen Kübelaufzug**	
10.1.	Beschreibung der Steuerungsaufgabe	153
10.1.1	Funktion des Kübelaufzuges	153
10.1.2	Anwendung von Sicherheitsvorschriften	155
10.1.3	Ein- und Ausgangselemente der Steuerung	157
10.1.4	Funktionsdiagramme und Funktionspläne	157
10.1.5	Funktions- und Ablaufdiagramme nach DIN 3260	157
10.1.6	Funktionspläne nach DIN 40719, Teil 6	158
10.2	Erläuternde Schaltpläne und Diagramme	159
10.2.1	Übersichtsschaltpläne	161
10.2.2	Entwurfssystematik von Stromlaufplänen	161
10.2.3	Der verdrahtungsgerechte Stromlaufplan	163
10.2.4	Schaltfolgediagramme	167
10.3	Festlegung der Betriebsmittel	168
10.3.1	Betriebsmittel im Hauptstromkreis	168
10.3.2	Schutzgeräte im Motorstromkreis	169
10.3.3	Betriebsmittel im Steuerstromkreis	170
10.3.4	Steuertransformator	171
10.3.5	Schutzmaßnahmen im Steuerstromkreis	173
10.3.6	Lange Steuerleitungen	173
10.3.7	Gerätestückliste	173
10.3.8	Anordnungspläne nach DIN 40719, Teil 10	174
10.4	Verbindungs- und Verdrahtungstechnik	177
10.4.2	Verdrahtungs- und Verbindungslisten	179
10.4.3	Bauschaltpläne	180
10.4.4	Verdrahtungs- und Anschlußtechnik	181
10.4.5	Prüfung der fertig verdrahteten Steuerung	182
10.5	Montage, Inbetriebnahme und Wartung	182
10.5.1	Montage der Steuerung	182
10.5.2	Leitungsplan und Kabelverzeichnis	184
10.5.3	Inbetriebnahme der Steuerung	185
10.5.4	Störungssuche	185
10.5.5	Wartung	187

Verwendete Formelzeichen und Einheiten .	**189**
Literaturverzeichnis	**191**
Stichwortverzeichnis	**195**

1 Grundlagen der Elektrotechnik

Kenntnisse in den Grundlagen der Elektrotechnik sind eine notwendige Voraussetzung für das erfolgreiche Arbeiten mit elektrischen Steuerungen. Im folgenden sind daher die wichtigsten Gesetze der allgemeinen Elektrotechnik in kurzer Form zusammengestellt. Gleichzeitig wird in Beispielen versucht, den Bezug zu der elektrischen Steuerungstechnik herzustellen.

1.1 Das Ohmsche Gesetz

Der *elektrische Strom I*, der durch einen *elektrischen Widerstand R* fließt, wird direkt proportional bestimmt durch die Größe der angelegten *elektrischen Spannung U* und umgekehrt proportional begrenzt durch den Wert dieses elektrischen Widerstandes R

$$I = \frac{U}{R}$$

wobei der elektrische Strom I in Ampere (A)
die elektrische Spannung U in Volt (V)
und der elektrische Widerstand R in Ohm (Ω)
angegeben werden.
In anderer Form angeschrieben lautet das *Ohmsche Gesetz*

$$U = I \cdot R \quad \text{bzw.} \quad R = \frac{U}{I}$$

Wie Bild 1.1 zeigt, kann damit z.B. der Spannungsabfall in dem Vorwiderstand R_v vor einer Relaisspule K1 bestimmt werden. Für das Beispiel wird angenommen, daß das Relais K1 an einer Gleichstrom-Steuerspannung von 24 V— betrieben werden soll, die Spule mit einem Innenwiderstand von $R_i = 100\ \Omega$ aber nur für eine Nenn-Anschlußspannung von 12 V— geeignet ist. Der Strom I durch die Relaisspule wird mit dem Ohmschen Gesetz

$$I = \frac{U}{R_i} = \frac{12\ \text{V}}{100\ \Omega} = 0,12\ \text{A}$$

bestimmt.
Derselbe Strom fließt aber auch durch den Vorwiderstand R_v, dessen Größe ebenfalls mit dem Ohmschen Gesetz bestimmt werden kann.

$$R_v = \frac{U}{I} = \frac{12\ \text{V}}{0,12\ \text{A}} = 100\ \Omega$$

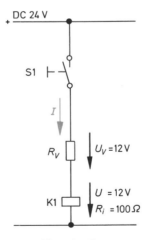

Bild 1.1 Das Ohmsche Gesetz

1.2 Die Kirchhoffschen Gesetze des elektrischen Stromkreises

Die beiden *Kirchhoffschen Gesetze* des elektrischen Stromkreises sind von großer Bedeutung zur Ermittlung der Strom- und Spannungswerte in verzweigten Steuerungssystemen. Vor allem bei Relaissteuerungen in Verbindung mit kontaktsparenden Schaltungselementen, wie z.B. Widerständen, Kondensatoren und Dioden, sind die Kirchhoffschen Gesetze entscheidende Dimensionierungshilfen.

Bild 1.2 zeigt in einem Beispiel die Anwendung der beiden Kirchhoffschen Gesetze.

Bezogen auf den *Stromverzweigungspunkt* A lautet das 1. Kirchhoffsche Gesetz:

„Die Summe aller Ströme an einem Stromverzweigungspunkt ist gleich Null"

$$\sum I = 0$$

wobei alle dem Verzweigungspunkt A zufließenden Ströme mit positivem Vorzeichen und alle abfließenden Ströme mit negativem Vorzeichen zu rechnen sind. Für das Bild 1.2 gilt also

$$I - I_1 - I_2 = 0$$

oder

$$I = I_1 + I_2$$

„Die Summe aller einem Stromverzweigungspunkt zufließenden Ströme ist gleich der Summe aller abfließenden Ströme."

$$\sum I_{zu} = \sum I_{ab}$$

Der Ansatz für das 2. Kirchhoffsche Gesetz beruht auf einem sog. *„Spannungsumlauf"*:

„Die Summe aller Spannungen entlang des gewählten Spannungsumlaufes ist gleich Null"

$$\sum U = 0$$

wobei alle im Umlaufsinn gerichteten Spannungen positiv und alle dem Umlaufsinn entgegengesetzten Spannungen negativ gerechnet werden. Der Umlauf kann z.B. im Uhrzeigersinn erfolgen und würde für das gewählte Beispiel des Bildes 1.2

$$+ U_L + U_V + U_1 - U_T = 0$$

ergeben.

U_L Spannungsabfall auf der Steuerleitung

U_V Spannungsabfall am Vorwiderstand

U_1 Steuerspannung am Relais K1

U_T Spannung am Steuertransformator

Durch Umstellung der Gleichung ergibt sich

$$U_T = U_L + U_V + U_1$$

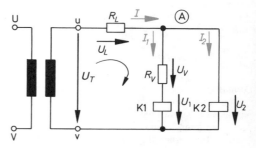

Bild 1.2   Die Kirchhoffschen Gesetze

1.3 Elektrische Leistung und elektrische Arbeit

Die *elektrische Leistung P* ist das Produkt aus der anstehenden Spannung U und dem fließenden Strom I

$$P = U \cdot I$$

wobei P in W (Watt) angegeben wird.
Bei Wechselstrom muß zwischen der *Scheinleistung*

$$P_S = U \cdot I \quad \text{in VA,}$$

der *Wirkleistung*

$$P_W = U \cdot I \cdot \cos \varphi \quad \text{in W}$$

und der *Blindleistung*

$$P_b = U \cdot I \cdot \sin \varphi \quad \text{in Var}$$

unterschieden werden.
$\cos \varphi$ wird als *Wirkleistungsfaktor* und $\sin \varphi$ als *Blindleistungsfaktor* bezeichnet.
Da der *Drehstrom* aus mehreren miteinander verketteten Wechselströmen besteht, muß den o.g. Gleichungen noch der sog. *Verkettungsfaktor* $\sqrt{m}$ hinzugefügt werden. $\sqrt{m}$ gibt dabei die Anzahl der *Phasen* bzw. *Stränge* des Drehstromsystems an. Für das bei uns allgemein übliche Dreiphasen-Drehstromsystem gilt deshalb für die Wirkleistung bei symmetrischer Belastung

$$P_W = \sqrt{3} \cdot U \cdot I \cdot \cos \varphi$$

Durch Einsetzen des Ohmschen Gesetzes in die Grundgleichung für die elektrische Leistung erhält man als Formel für die Berechnung des *Stromwärmeverlustes* an einem elektrischen Widerstand

$$P = I^2 \cdot R$$

aus $P = U \cdot I$ und $U = I \cdot R$

und als Grundformel für die Leistungsgröße eines elektrischen Widerstandes

$$P = \frac{U^2}{R}$$

aus $P = U \cdot I$ und $I = \dfrac{U}{R}$

Für das Beispiel des Bildes 1.1 errechnen sich demgemäß die Stromwärmeverluste zu

$$P = I^2 \cdot R = 0{,}12^2 \cdot A^2 \cdot 100\,\Omega$$

$$P = 0{,}0144 \cdot A^2 \cdot 100\,\Omega = 1{,}4\,W$$

und die Leistungsgröße des Bauelementes „Widerstand" zu

$$P = \frac{U^2}{R} = \frac{12^2\,V^2}{100\,\Omega} = \frac{144\,V^2}{100\,\Omega} = 1{,}4\,W$$

Es muß also als Bauelement ein 2-W-Widerstand gewählt werden.
Die *elektrische Arbeit W* ist die elektrische Leistung über die gesamte Wirkungszeit

$$W = P \cdot t$$

mit W in J (Joule), 1 J = 1 W s (Wattsekunde)

Da die elektrische Arbeit eine reine Wirkgröße ist und als elektrische Energie in andere Energiearten, z.B. in mechanische Energie, umgesetzt wird, ist selbstverständlich bei Wechsel- oder Drehstromsystemen die elektrische Arbeit aus der Wirkleistung zu berechnen.

1.4 Widerstands- und Leitungsberechnungen

Der elektrische Widerstand R eines Leiters ist abhängig von einem reinen Materialfaktor, dem *spezifischen Widerstand* ϱ, und den geometrischen Abmessungen in Form der Länge l und des Querschnittes A dieses Leiters

$$R = \varrho \cdot \frac{l}{A}$$

wobei

R in Ω (Ohm)

ϱ in $\dfrac{\Omega \cdot mm^2}{m}$

l in m

und A in mm^2 angegeben werden.

Der reziproke Wert des elektrischen Widerstandes R ist der *elektrische Leitwert* G

$$G = \kappa \cdot \frac{A}{l}$$

wobei

G in S (Siemens)

und κ in $\dfrac{S \cdot m}{mm^2}$

angegeben werden.

Der *spezifische Leitwert* oder die *Leitfähigkeit* κ ist wieder eine Materialkonstante. Es gilt

$$\kappa = \frac{1}{\varrho}$$

Der Spannungsabfall auf einer Leitung kann mit dem Ohmschen Gesetz berechnet werden.

$$U = I \cdot R$$

Setzt man für

$$R = \frac{l}{\kappa \cdot A}$$

ein, so ergibt sich

$$U = \frac{I \cdot l}{\kappa \cdot A}$$

Bei Wechselstrom muß die Phasenlage zwischen Spannung und Strom beachtet werden.

1.5 Das magnetische Feld

Jeder stromdurchflossene Leiter ist von einem magnetischen Feld umgeben, dessen Größe vom elektrischen Strom und vom *magnetischen Widerstand* der Werkstoffe im *magnetischen Kreis* abhängt.

$$\Phi = \frac{\Theta}{R_m}$$

wobei Φ der *magnetische Fluß* in Wb (Weber), Θ die *magnetische Spannung* in A (Ampere) und R_m der magnetische Widerstand in $\dfrac{A}{Vs}$ angegeben werden.

Die magnetische Spannung Θ einer Elektrospule ist gleich dem Produkt aus dem elektrischen Strom I und der Windungszahl w dieser Elektrospule

$$\Theta = I \cdot w$$

Meist wird mit dem *magnetischen Leitwert* Λ gerechnet

$$\Lambda = \frac{1}{R_m} = \mu \cdot \frac{A_{Fe}}{l}$$

wobei der magnetische Leitwert

Λ in $\dfrac{Vs}{A}$ oder H (Henry),

die *spezifische magnetische Leitfähigkeit* oder *Permeabilität* μ in H/cm, der magnetische Querschnitt A_{Fe} in cm², und die Länge des magnetischen Leitweges l in cm angegeben werden.
Übliche Arbeitsgrößen im magnetischen Kreis sind die *Flußdichte B*, die auch als *magnetische Induktion* bezeichnet wird

$$B = \frac{\Phi}{A_{Fe}}$$

mit B in T (Tesla) und die *magnetische Feldstärke H*

$$H = \frac{\Theta}{l} \text{ mit } H \text{ in } \frac{A}{m} \text{ (Ampere durch Meter)}$$

Man kann mit den o.g. Gleichungen das Ohmsche Gesetz des magnetischen Kreises

$$\Phi = \Theta \cdot \Lambda$$

in folgender Weise umformen:

Setzt man für $\quad \Phi = B \cdot A_{Fe}$,
für $\quad \Theta = H \cdot l$
und für $\quad \Lambda = \mu \cdot \dfrac{A_{Fe}}{l}$

so entsteht die in dieser Form bekanntere Schreibweise für das Ohmsche Gesetz des magnetischen Kreises

$$\boxed{B = \mu \cdot H}$$

bzw.

$$\mu = \frac{B}{H}$$

Die Permeabilität μ des magnetischen Kreises stellt, wie bereits erwähnt, die spezifische Leitfähigkeit des magnetischen Kreises dar. Wie beim elektrischen Stromkreis ist auch im magnetischen Kreis die spezifische Leitfähigkeit μ eine werkstoffgebundene Größe. Für den bekanntesten magnetischen Leiter, das Eisen, wird die Leitfähigkeit der verschiedenen Eisensorten in der Magnetisierungskennlinie dargestellt (Bild 1.3). Die magnetische Spannung einer vorgegebenen Elektrospule ist

$$\Theta = I \cdot w = H \cdot l_m$$

Vereinfachend kann auch gesagt werden

$$I \sim H$$

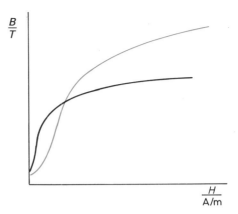

Bild 1.3 Magnetisierungskennlinie von Eisenwerkstoffen

also der elektrische Strom I, der durch die Elektrospule fließt, ist proportional der magnetischen Feldstärke H.
Der magnetische Fluß Φ ist mit der elektrischen *Quellenspannung U_q* und der Zeit t nach dem *Induktionsgesetz* in folgender Form verbunden:

$$d\Phi = U_q \cdot dt$$

Vereinfachend kann·deshalb auch

$$\Phi \sim U$$

gesagt werden.

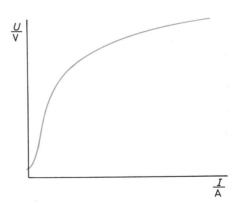

Bild 1.4 Leerlaufkennlinie einer Spule mit Eisenkern

13

Damit kann die *Magnetisierungskennlinie* für ein bestimmtes elektrisches Bauteil mit geschlossenem magnetischem Kreis, z.B. einer Elektrospule oder eines Transformators, auch als sog. *Leerlaufkennlinie* dargestellt werden (Bild 1.4).

Die *Anziehungskraft F* zwischen zwei Eisenteilen, die durch einen *Luftspalt* voneinander getrennt sind, kann mit der Gleichung

$$F = A_{Fe} \frac{B^2}{2 \cdot \mu_0}$$

bestimmt werden, wobei die Kraft F in N (Newton), der aktive Eisenquerschnitt am Luftspalt A_{Fe} in m², die Induktion B in T (Tesla), die relative Permeabilität des Luftspaltes

$$\mu_0 = 1{,}256 \cdot 10^{-6} \cdot \frac{H}{m} \qquad \text{(Henry pro Meter)}$$

einzusetzen sind.

Diese Zusammenhänge sind z.B. anzuwenden für die Bestimmung der Kräfte im Luftspalt einer Schützspule oder eines Hubmagneten.

1.6　Das elektrische Feld

Zwischen zwei Potentialpunkten Φ_1 und Φ_2 baut sich ein *elektrisches Feld* auf. Das Potentialgefälle $\Phi_1 - \Phi_2$ stellt die elektrische Spannung U dar.

$$U = \Phi_1 - \Phi_2$$

Werden die beiden Potentiale Φ_1 und Φ_2 zwei sich gegenüberstehenden Metallplatten zugeordnet, so entsteht ein Kondensator mit der *Kapazität C*

$$C = \varepsilon \cdot \varepsilon_0 \cdot \frac{A}{d}$$

wobei die Kapazität C in F (Farad), die relative *Dielektrizitätskonstante* ε, die *Verschiebungskonstante* $\varepsilon_0 = 0{,}886 \cdot 10^{-13}$ in $\frac{F}{cm}$, die aktive Fläche A der Platten in cm², und der Abstand d zwischen beiden Platten in cm einzusetzen sind. Die relative Dielektrizitätskonstante ε ist eine Materialkonstante ohne Dimension.

Die *Elektrizitätsmenge Q*, die ein Kondensator C speichern kann, ist

$$Q = C \cdot U$$

wobei die Elektrizitätsmenge Q in C (Coulomb) die Kapazität C in F (Farad) und die Spannung $U = \Phi_1 - \Phi_2$ in V (Volt) einzusetzen sind.

Den Verlauf des *Lade- und Entladestromes* an einem Kondensator zeigt das Bild 1.5.

Beim Anlegen und Abschalten der Spannung U folgt der Ladestrom in seiner zeitlichen Form der Gleichung

$$i = \frac{U}{R} \cdot e^{-\frac{t}{T}}$$

wobei i der *Augenblickswert* des Stromes zum Zeitpunkt t in Ampere, U die angelegte Spannung in V (Volt), R der ohmsche Strombegrenzungswiderstand bzw. Ladewiderstand in Ω (Ohm) und $T = C \cdot R$ die *Zeitkonstante* des Ladekreises mit C in F (Farad) und R in Ω (Ohm) sind.

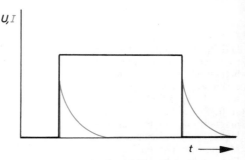

Bild 1.5　Lade- und Endladestrom eines Kondensators

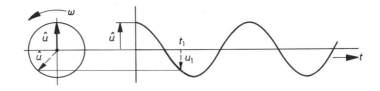

Bild 1.6   Darstellung von Wechselstromgrößen

1.7   Der Wechselstromkreis

Eine Größe im Wechselstromkreis, z.B. die Wechselspannung, ändert über der Zeit dauernd Größe und Richtung. Die üblichen, zeichnerischen Darstellungen sind ein entgegen dem Uhrzeigersinn umlaufender Zeiger und eine sog. *Sinuskurve* in der Zeitachse.

So ist z.B. in Bild 1.6 der *Augenblickswert* der Spannung U_1 zum beliebig gewählten Zeitpunkt t_1

$$U_1 = \hat{U} \cdot \sin \omega \cdot t_1$$

wobei $\hat{U}$ die Amplitude der Wechselspannung und $\omega = 2 \cdot \pi \cdot f$ die *Kreisfrequenz* dieser Wechselspannung sind.

Im Wechselstromkreis unterscheidet man grundsätzlich zwischen

ohmschen Verbrauchern
(ohmscher Widerstand),
induktiven Verbrauchern (Induktivität, Drossel),
kapazitiven Verbrauchern (Kapazität Kondensator) und beliebigen Kombinationen aller drei Verbraucherarten. Die theoretische Behandlung

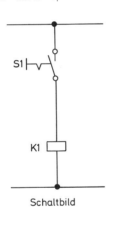

Schaltbild

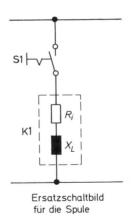

Ersatzschaltbild
für die Spule

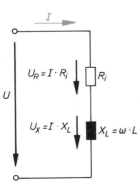

Bild 1.7 Zählpfeildiagramm einer Spule an Wechselstrom

Zählpfeil – (Vektor-) Diagramm

15

erfolgt entweder mit der *komplexen Rechnung* oder zeichnerisch im *Zählpfeil-(Vektor-)Diagramm*.

Beispielhaft soll im Bild 1.7 die Anwendung des Zählpfeilverfahrens bei einer Schützspule im Wechselstromkreis gezeigt werden. Ausgehend von dem *Ersatzschaltbild* der Spule werden darin alle elektrischen Größen vollständig eingetragen und dann das Zählpfeil-(Vektor-)Diagramm gezeichnet. Die *Umlaufrichtung* der Zählpfeile um einen Drehpunkt ist wieder entgegen dem Uhrzeigersinn gewählt. Zwischen Spannung U und Strom I tritt der *Phasenverschiebungswinkel φ* auf.

Interessant ist in diesem Zusammenhang noch, daß auch im Wechselstromkreis die Kirchhoff-schen Gesetze voll anzuwenden sind. Die Zählpfeile bzw. Vektoren sind gekennzeichnet durch ihre Größe und Lage in der Zeichenebene. Sie müssen also geometrisch addiert werden. Im Bild 1.7 ist nach dem zweiten Kirchhoffschen Gesetz bei einem Spannungsumlauf im Uhrzeigersinn

$$\underline{U}_R + \underline{U}_X - \underline{U} = 0$$
$$\underline{U} = \underline{U}_R + \underline{U}_X$$

Der Strich unter den Formelgrößen soll andeuten, daß in diesem Fall nicht algebraisch, sondern geometrisch unter Beachtung der räumlichen Lage der Zählpfeil-Größen gerechnet werden muß.

1.8 Der Elektromagnet an Gleich- und Wechselstrom

Es soll vereinfachend angenommen werden, daß vorhandene *Elektromagnete* einmal mit Gleichstrom und zum anderen Male mit Wechselstrom erregt werden.

Für die gleichstromerregte Spule der Elektromagnete gilt:

$$\Phi = \frac{\Theta}{R_m} = \frac{I \cdot w}{R_m}$$

oder auch

$$\Phi = \frac{\dfrac{U}{R} \cdot w}{\dfrac{1}{\mu_0} \cdot \dfrac{l}{A_{Fe}}}$$

Ordnet man die obenstehende Gleichung so, daß unveränderbare Größen zu einer Konstanten K_1 zusammengefaßt werden, so ergibt sich mit

$$\Phi = B \cdot A$$

$$B = K_1 \cdot \frac{U}{l}$$

Die magnetische Induktion B ist unter dieser Annahme also nur abhängig von der Spannung U und der Länge des magnetischen Leitweges l. In l ist dabei auch der Luftspalt des Elektromagneten enthalten. Da die Kraft F im Luftspalt aber proportional dem Quadrat der Induktion B ist, gilt auch

$$F \sim \left(\frac{U}{l}\right)^2$$

Der Strom I durch die Spule ist nur abhängig von der angelegten Spannung U und dem elektrischen Widerstand R der Spule

$$I = \frac{U}{R}$$

Bei der wechselstromerregten Spule ist zunächst mit dem *Induktionsgesetz*

$$u = \frac{d\Phi}{dt}$$

die weitere Annahme zu treffen, daß sich die Wechselstromgrößen nur sinusförmig ändern. Damit wird dann

$$U = \frac{2 \cdot \pi \cdot f}{\sqrt{2}} \cdot w \cdot \Phi$$

und

$$\Phi = \frac{U \cdot \sqrt{2}}{2 \cdot \pi \cdot f \cdot w}$$

Ordnet man auch diese Gleichung wieder unter dem Gesichtspunkt, daß alle unveränderbaren

Größen zu einer Konstanten K_2 zusammengefaßt werden, so ergibt sich mit $\Phi = B \cdot A$

$$B = K_2 \cdot \frac{U}{f}$$

Die magnetische Induktion B ist also bei der Wechselstromspule von der Spannung U und Frequenz f abhängig. Die Kraft F im Luftspalt ist also

$$F \sim \left(\frac{U}{f}\right)^2$$

Unter der Annahme, daß der ohmsche Widerstand R aus dem Ersatzbild nach Bild 1.7 gegenüber dem induktiven Widerstand X_L vernachlässigt werden kann, gilt für den Strom I durch die Spule

$$I = \frac{U}{X_L}$$

mit

$$X_L = \omega \cdot L$$

wobei $\omega = 2 \cdot \pi \cdot f$ die *Kreisfrequenz* und $L = w^2 \cdot \Lambda$ die *Selbstinduktivität* der Spule ist.

Setzt man für $\Lambda = \mu \cdot \dfrac{A}{l}$ ein,

so ergibt sich für den Strom

$$I = \frac{U}{2 \cdot \pi \cdot f \cdot w^2 \cdot \mu \cdot \dfrac{A}{l}}$$

bzw. bei Zusammenfassen von unveränderlichen Größen zur Konstanten K_3

$$I = K_3 \cdot \frac{U}{f} \cdot l$$

Der Strom I durch eine Elektrospule ist also auch direkt proportional von der Länge des Luftspaltes l abhängig. Diese Erkenntnis ist besonders wichtig beim Betrieb von Wechselstromschützen, da z.B. Rostbildung an den Polflächen des Magnetsystems zu einer Vergrößerung des *Restluftspaltes* und damit zu einer größeren Stromaufnahme der Schützspule führen kann. Unter Umständen kann dadurch die Spule zu stark erwärmt werden und in der Folge davon verbrennen.

1.9 Ein- und Ausschaltvorgänge

Beim Ein- und Ausschalten von induktiven oder kapazitiven Verbrauchern an Gleich- und Wechselstrom treten Ein- und Ausschaltvorgänge auf, die in der Schütz- und Relaistechnik besonders beachtet werden müssen. Sie werden deshalb sachbezogen an anderer Stelle des Buches behandelt (Kapitel 7.1).

2 Gesetzmäßigkeiten bei Aufbau und Darstellung elektrischer Steuerungen

Es ist vor allem in der einschlägigen Literatur üblich geworden, eine elektrische Steuerung in *Funktionsblöcken* darzustellen. Im einfachsten Fall wird dabei eine Aufteilung in drei Funktionsblöcken vorgenommen:

☐ Vom ersten Funktionsblock werden alle *Eingangselemente* erfaßt.
☐ Im zweiten Funktionsblock wird die gesamte *Informationsverarbeitung,* also die eigentliche Aufgabe der elektrischen Steuerung dargestellt.
☐ Vom dritten Funktionsblock werden dann alle *Ausgangselemente* erfaßt.

Bild 2.1 zeigt diesen einfachen Aufbau von Steuerungen. Als Funktion eines Blockes ist dabei die Aufgabe und Wirkung innerhalb der Steuerung zu verstehen. Für die Anwendung in der elektrischen Steuerungstechnik reicht diese einfache Einteilung allerdings nicht aus.

Anhand der **DIN-Norm 19226** der **DIN-Norm 40719, Teil 6,** und der **VDE-Bestimmung VDE**
0160 wird deshalb versucht, weitergehende Gesetzmäßigkeiten beim Aufbau von elektrischen Steuerungen herauszuarbeiten. Es wird sich dabei zeigen, daß die DIN-Normen die Steuerungen vorwiegend nach funktionalen Gesichtspunkten einteilen, während in den VDE-Bestimmungen eine gerätetechnisch orientierte Einteilung der Steuerungen bevorzugt wird. In der Praxis wird man sinnvollerweise beide Einteilungsarten gleichrangig nebeneinander anwenden und, wenn möglich, weitgehend miteinander verbinden. Dafür lassen sich allerdings keine allgemeingültigen Regeln aufstellen, da dabei die jeweilige Anwendung der Steuerung innerhalb bestimmter Fachdisziplinen eine entscheidende Rolle spielen wird.

Bild 2.1 Prinzipieller Funktionsaufbau von Steuerungen

2.1 Begriffe und Benennungen der Steuerungstechnik in DIN 19226

In Anlehnung an DIN 19226 heißt Steuern: Innerhalb eines Systems beeinflussen mehrere Eingangsgrößen die Ausgangsgrößen. Für die Art der Beeinflussung sind die systemeigenen Gesetzmäßigkeiten maßgeblich. Kennzeichen für das Steuern ist der offene *Wirkungsablauf* über das einzelne *Übertragungsglied* oder die *Steuerkette,* wie es vereinfacht auch im Bild 2.2 dargestellt ist.

Die Hauptaufgabe bei der Entwicklung und dem Aufbau der Steuerung ist es, die gemäß Aufgabenstellung erforderliche Gesetzmäßigkeit des Systems durch einen entsprechenden *Schaltungsaufbau* zu verwirklichen. Es ist nun möglich, eine
Steuerung vorwiegend gerätetechnisch orientiert zu betrachten. Zur Beschreibung der Steuerung dienen dann die physikalischen Merkmale oder technischen Eigenschaften der Geräte, Baugruppen, Einrichtungen und Anlagen sowie Angaben über den Ort und die Verwendung als *Bauglieder* im *Wirkungsweg* der Steuerung. Die traditionelle Schaltplantechnik beruht auf dem Prinzip der gerätetechnischen Betrachtung. Bei der wirkungsmäßigen bzw. funktionsorientierten Betrachtung einer Steuerung dagegen wird allein der Zusammenhang der Größen und ihre Werte, die im System der Steuerung miteinander in Beziehung treten, beschrieben. Schaltplanarten,

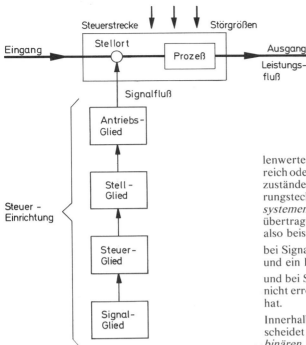

Steuerstrecke ↓ ↓ ↓ **Störgrößen**

Eingang → | Stellort ○ | Prozeß | → **Ausgang**

Leistungs-
fluß

Signalfluß

Antriebs-
Glied

↑

Stell-
Glied

↑

Steuer-
Glied

↑

Signal-
Glied

Steuer -
Einrichtung

Bild 2.2   Hauptbestandteile einer Steuerungs-Steuerkette nach DIN 19226

wie z.B. die Darstellung als Signalflußplan oder als Funktions-Schaltplan nach **DIN 40719, Teil 6,** orientieren sich mehr an der letztgenannten Betrachtungsweise. Es ist zu erwarten, daß sich eine gemischte Betrachtungsweise durchsetzen wird. Beim Projektieren und bei Inbetriebnahme und Wartungsarbeiten wird verstärkt der wirkungsmäßige Zusammenhang von vordergründigem Interesse sein, während beim Ausarbeiten der Steuerung und bei der Herstellung weiterhin die gerätetechnische Ausführung die maßgebende Rolle spielen wird.
Steuerungen lassen sich längs des Wirkungsweges in Glieder aufteilen. Je nach Betrachtungsweise spricht man dann von Baugliedern oder von Übertragungsgliedern. In *Blockschaltbildern* oder *Signalflußplänen* werden diese Glieder durch Blöcke dargestellt, längs des Wirkungsweges werden in der *Wirkungsrichtung Signale* übertragen, verarbeitet und gespeichert. In diesem Sinne wird der Wirkungsweg auch *Signalflußweg* genannt.
Ein Signal kann nun als *analoges Signal* mit einem kontinuierlich veränderlichen Wertebereich, als *digitales Signal* mit einem durch bestimmte Zahlenwerte stufenförmig veränderlichen Wertebereich oder aber als *Binärsignal* mit nur zwei Wertzuständen vorliegen. In der elektrischen Steuerungstechnik wird meist mit sog. *binären Schaltsystemen* gearbeitet, in denen nur Binärsignale übertragen werden. Sinngemäß bedeutet dies also beispielsweise, daß

bei Signal vorhanden eine Schützspule erregt ist und ein Kontakt geschlossen hat,

und bei Signal nicht vorhanden eine Schützspule nicht erregt ist und ein Kontakt nicht geschlossen hat.

Innerhalb von binären Schaltsystemen unterscheidet man zwischen *binären Schaltgliedern, binären Verknüpfungsgliedern* und *binären Speichergliedern.* Das binäre Schaltsystem selbst kann grundsätzlich in einer *Kettenstruktur,* in einer *Parallelstruktur* oder in einer *Kreisstruktur* aufgebaut sein. Praktisch treten alle Strukturen innerhalb eines Schaltsystems gemischt auf. Bei einer Selbsthalteschaltung z.B. wird das Eingangssignal dadurch gespeichert, daß man das Ausgangssignal auf den Eingang zurückführt. Es handelt sich dabei also um eine Kreisstruktur.
Der Bereich einer Anlage, der aufgabengemäß durch die *Steuereinrichtung* beeinflußt werden soll, wird *Steuerstrecke* genannt. Am *Stellort* greift dabei das *Antriebsglied* des *Stellantriebes* ein, das seinerseits wiederum vom *Stellglied* beeinflußt wird.
Im Bild 2.2 ist eine Steuerung mit den Hauptbestandteilen Steuereinrichtung und Steuerstrecke dargestellt. Im Wirkungsweg der Steuereinrichtung liegen die Glieder. Der Signalfluß endet am Stellort und greift dort in die Steuerstrecke ein. In der Steuerstrecke selbst findet durch die Beeinflussung aus der Steuereinrichtung ein Prozeß statt, der in der Folge zu einer entsprechenden Änderung des *Leistungs-* oder *Energieflusses* führt. Unbeeinflußbar von der Steuereinrichtung kann der Prozeß durch sog. *Störgrößen* in unerwünschter Weise verändert werden.

Tabelle 2.1   Vergleich von Steuerungsaufbauten in unterschiedlicher Gerätetechnik

	Mechanik	Hydraulik	Pneumatik	Elektrik	Elektronik
Signalträger	Kraft, Weg	Flüssigkeit (mit Druck)	Druckluft	Strom, Spannung	Spannung, Strom
Signalglied Befehlgeber	Stößel Nocken			Endtaster	Fühlerelement Sensor
Steuerglied Verknüpfung Informations-Verarbeitung	Hebel, Kurvenscheiben	Verschiedene Bauarten von Ventilen	Verschiedene Bauarten von Ventilen	Relais Hifsschütz	Diskret aufgebaute und/oder integrierte Schaltkreise
Stellglied	Zahnstange, Mitnehmer mit Kupplung			Schaltschütz	Elektronisches Schütz
Antriebsglied	Kurbel, Schubstange	Kolbenaggregat Hydraulikmotor	Zylinder Druckluftmotor	Elektromotor	Elektromotor Aktor

Es gibt verschiedene Möglichkeiten, die Steuereinrichtung des Bildes 2.2 gerätetechnisch zu verwirklichen. In Tabelle 2.1 werden für die in der Gerätetechnik sich unterscheidenden Steuerungsaufbauten Begriffe verwendet, die in der Technik allgemein angewendet werden.

Mechanische Steuerungen
sind aus mechanischen Konstruktionselementen aufgebaut und innerhalb der Steuereinrichtung bilden vor allem Kräfte und Wege bzw. deren Änderungen die Signale.

Hydraulische Steuerungen
sind z.B. aus Ventilen, Hydraulikschiebern und Hydraulikmotoren aufgebaut. Die Signale werden durch ein Flüssigkeitsmedium mit Fluß- und Druckänderungen oder durch offene bzw. geschlossene Leitungswege dargestellt. Das Öffnen und Schließen der Leitungswege wird durch Ventile vorgenommen.

Pneumatische Steuerungen
sind in ähnlicher Gerätetechnik wie die hydraulischen Steuerungen aufgebaut, aber anstelle von Flüssigkeiten werden Gase, im allgemeinen Druckluft, als Medium für die Signalübertragung angewendet. Eine besonders hochentwickelte, pneumatische Steuerungstechnik ist in den *Fluidik-Steuerungen* verwirklicht.

Elektrische Steuerungen
sind aus vorwiegend kontaktbehafteten Geräten, z.B. Schützen und Relais, aufgebaut. Die Signale werden durch Strom- und Spannungsänderungen in offenen bzw. geschlossenen Stromkreisen dargestellt. Das Öffnen und Schließen der Stromkreise oder Strompfade geschieht durch Kontakte.

Elektronische Steuerungen
sind kontaktlos mit elektronischen Schaltkreisen aufgebaut. Die Signale werden ebenfalls durch Strom- und Spannungsänderungen zwischen definierten Pegelwerten dargestellt. Die elektronischen Schaltkreise werden dabei am Ausgang mehr oder weniger hochohmig.

Nach **DIN 19226** wird zwischen 3 Arten von Steuerungen unterschieden:
Bei der **Führungssteuerung** besteht zwischen *Führungsgröße* und *Ausgangsgröße* der Steue-

rung im Beharrungszustand immer ein eindeutiger Zusammenhang. Ein Beispiel dafür ist die Steuerung beim Kopierfräsen eines Werkstückes.

Bei der **Haltegliedsteuerung** bleibt nach Wegnahme oder Zurücknahme der Führungsgröße, insbesondere nach Beendigung des Auslösesignals, der erreichte Wert der Ausgangsgröße erhalten. Es bedarf einer entgegengesetzten oder andersartigen Führungsgröße bzw. eines Auslösesignals, um die Ausgangsgröße wieder auf einen Anfangswert zu bringen.

Bei den **Programmsteuerungen** wird weiter unterteilt in

und
**Zeitplansteuerungen,
Wegplansteuerungen**
Ablaufsteuerungen.

Allen gemeinsam ist das Arbeiten der Steuerung nach fest eingeprägten Programmen, die entweder zeitabhängig, wegabhängig oder von anderen prozeßabhängigen Zuständen in einer fest durch das Programm vorgegebenen Reihenfolge schrittweise ablaufen.

2.2 Darstellung von Steuerungsaufgaben in DIN 40719, Teil 6 „Schaltungsunterlagen-Regeln und graphische Symbole für Funktionspläne"

In dieser Norm wird nur zwischen zwei Arten von Steuerungen unterschieden,

und
der **Ablaufsteuerung**
der **Verknüpfungssteuerung.**

Diese Betrachtungsweise scheint sich auch in der Praxis gegenüber der Betrachtungsweise in **DIN 19226** durchzusetzen. Gemäß der Begriffsdefinition in der Norm **DIN 40719, Teil 6**, versteht man unter *Ablaufsteuerung* eine Steuerung mit *booleschen Verknüpfungen*, Speichern und Zeitfunktionen für schrittweisen Ablauf, bei der das Weiterschalten von einem Schritt auf den nächsten von Prozeßsignalen und/oder von Zeitbedingungen abhängig ist. Unter booleschen Verknüpfungen im Sinne dieser Definition versteht man die Abhängigkeit der Ausgangssignale vom Zustand der Eingangssignale. Bezeichnend für die Ablaufsteuerung ist also die Zustandsänderung in einer fest vorgegebenen Reihenfolge. Demgegenüber ist eine *Verknüpfungssteuerung* ebenfalls durch boolesche Verknüpfungen, Speicher und Zeitfunktionen gekennzeichnet. In dieser Steuerungs-

art fehlt aber der schrittweise Ablauf. Die Verknüpfungsglieder bilden den Schwerpunkt der Signalverarbeitung, Speicher und Zeitglieder werden zur Signalanpassung bzw. Signalerhaltung verwendet.

Mit der Norm **DIN 40719, Teil 6**, ist beabsichtigt, aus den bisher gebräuchlichen und auf besondere Anwendungsfälle zugeschnittenen Darstellungsarten für Funktionszusammenhänge eine allgemein anwendbare und eigenständige Schaltplanart zu entwickeln. Mit dem Funktionsplan wird eine problemorientierte Darstellung der Funktion einer Steuerung, unabhängig von der Art der verwendeten Betriebsmittel, der Leitungsführung, dem Einbauort und dergleichen erreicht. Dadurch sollen vor allem technische Mißverständnisse bei der Auslegung der noch sehr häufig anzutreffenden, verbale Beschreibungen durch die übersichtliche und eindeutige Darstellung der technologischen und betrieblich notwendigen Anforderungen im Funktionsplan vermieden werden. Grundlage und Anwendung des Funktionsplanes werden in dem Kapitel 6 näher beschrieben.

2.3 Gerätetechnisch orientierte Zuordnung von Steuerungsteilen nach VDE 0160

Ausgehend von den Vorzugswerten der Nennspannungen, die innerhalb der jeweiligen Steuerungsteile dominierend angewendet werden, wird in **VDE 0160** eine Einteilung der Steuerung in

Leistungsteile mit den Steuerungsteilen,
Informationsteile
und **Stromversorgungsteile**

vorgenommen (Bild 2.3).
Eine Steuerung könnte beispielsweise innerhalb der *Leistungsteile* eine Drehstrom-Netzspannung von 500 V bei 50 Hz und eine Steuerspannung von 220 V bei 50 Hz haben. Die verwendeten Geräte werden Industrie-Schaltgeräte und Schütze sein. Der *Informationsteil* könnte mit einer Gleichstrom-Steuerspannung von 24 V arbeiten. Die Gerätetechnik wird dann aus Kleinrelais mit kontaktsparenden Schaltungselementen auf gedruckten Leiterplatten aufgebaut sein.
Im *Stromversorgungsteil* werden die notwendigen Versorgungsspannungen gebildet. Als Geräte werden vorwiegend Transformatoren, Gleichrichter, Schutzgeräte und Baugruppen für die Spannungsstabilisierung oder beispielsweise

auch Notstromeinrichtungen für die Signalerhaltung zum Einsatz kommen.
Der Vorteil der Einteilung nach **VDE 0160** liegt in der gerätetechnischen Zuordnung. Eine Steuerung kann in Erweiterung dieses Einteilungskriteriums baugruppenorientiert aufgebaut werden. So können z.B. Stromversorgungsteile einheitlich für viele Steuerungen vorgefertigt werden. Dieses Prinzip kann beliebig erweitert werden und vereinfacht die Handhabung der Steuerung von der Projektierung bis hin zur Störungssuche.
Die einzelnen Steuerungsteile können noch beliebig feiner unterteilt werden. Der Informationsteil einer Aufzugssteuerung kann z.B. in solche Steuerteile aufgegliedert werden, die pro Stockwerk in immer gleicher Weise benötigt werden, und solche, die im Informationsteil nur einmal benötigt werden (Bild 2.4). Durch entsprechend geschickte Einteilung läßt sich dabei eine Verbindung zwischen funktionaler und gerätetechnischer Betrachtungsweise herstellen.

Bild 2.3 Gerätetechnisch orientierte Zuordnung von Steuerungsteilen

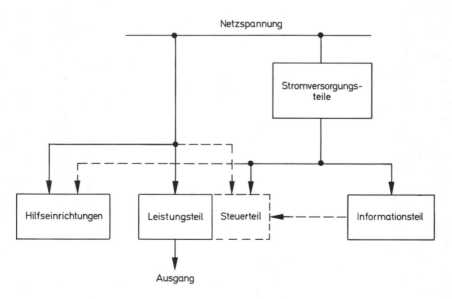

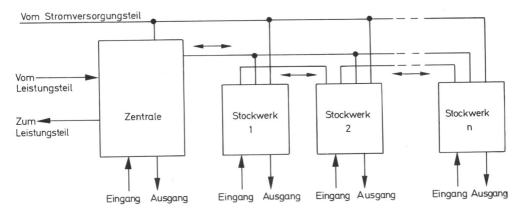

Vom Stromversorgungsteil

Vom Leistungsteil

Zum Leistungsteil

Zentrale

Stockwerk 1

Stockwerk 2

Stockwerk n

Eingang Ausgang   Eingang Ausgang   Eingang Ausgang   Eingang Ausgang

Bild 2.4   Gliederung des Informationsteils einer Aufzugssteuerung

2.4 Grundelemente der Schaltungstechnik bei Schütz- und Relaissteuerungen

Nach Kapitel 2.2 werden in Ablauf- und Verknüpfungssteuerungen zwei grundlegende Schaltungstechniken auftreten:
Die rein logischen Schaltungen bestehen aus booleschen Verknüpfungen und Speichern. Die *sequentiellen Schaltungen* sind mit Zeitfunktionen aufgebaut.
Im Bild 2.5 werden Grundelemente dieser beiden Schaltungstechniken miteinander verglichen. Bei den logischen Schaltungen wird dabei nach Vorliegen einer bestimmten *Konstellation* der Eingangsgrößen angenommen, daß sich die Ausgangsgrößen ohne Zeitverzug entsprechend den Gesetzmäßigkeiten der logischen Schaltung einstellen. Bei den sequentiellen Schaltungen wird sich der Ausgang nach der Änderung der Eingangskonstellation beim Ein- oder Ausschalten erst mit zeitlichem Verzug ändern.
In den Funktionstabellen des Bildes 2.5 werden die beiden Signalzustände der binären Signale (gem. Kapitel 2.1) mit 0 und 1 bezeichnet. Nach **DIN 41785, Blatt 4,** sollen die beiden Signalzustände eines Binärsignals mit den Zeichen L (von low — tief) und H (von high — hoch) gekennzeichnet werden. Die Anwendung dieser Zeichen hat sich aber noch nicht allgemein durchgesetzt. Bei kontaktbehafteten Schaltungen erscheint die bisherige Signalkennzeichnung 0 und 1 darüber hinaus auch sinnvoller zu sein. Bei 0-Signal ist ein Kontakt geöffnet und eine Spule nicht erregt, bei 1-Signal dagegen ist ein Kontakt geschlossen und eine Spule erregt.

2.4.1 Grundelemente logischer Schaltungen

Als einfachstes Grundelement logischer Schaltungen ist eine Schaltung anzusehen, die lediglich zur *Signalübersetzung* bzw. -anpassung angewendet wird. Wie Bild 2.6 zeigt, folgt dabei der Signalzustand am Ausgang dem am Eingang anstehenden Signal. Diese Schaltung ist auch als *Verstärkerschaltung* gebräuchlich, wenn z.B. die Schaltleistung des Kontaktes E nicht ausreicht, um direkt einen Verbraucher zu schalten.
Muß die Funktion eines Kontaktes umgedreht werden, so wird die Schaltung nach Bild 2.7 eingesetzt. Es ist auch üblich, diese Schaltung als **Nicht**-Schaltung oder **Inversions**-Schaltung zu bezeichnen.
Die in allen *Funktionstabellen* des Kapitels 2.4 eingetragenen Signalzustände beziehen sich einheitlich auf den Erregungszustand der Geräte.

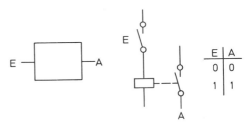

E	A
0	0
1	1

Bild 2.6   Folgeschaltung

23

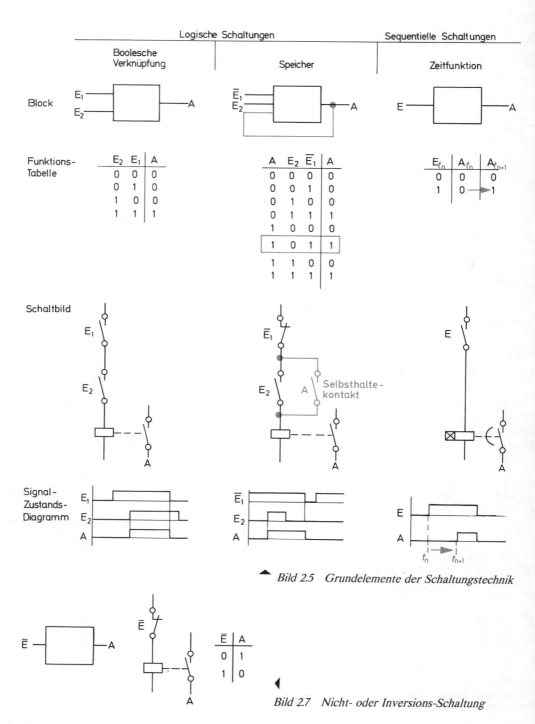

Bild 2.5 Grundelemente der Schaltungstechnik

Bild 2.7 Nicht- oder Inversions-Schaltung

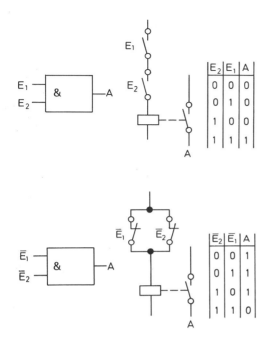

Bild 2.8 Und- und Nand-Schaltung

E_2	E_1	A
0	0	0
0	1	0
1	0	0
1	1	1

$\overline{E}_2$	$\overline{E}_1$	A
0	0	1
0	1	1
1	0	1
1	1	0

Wenn im Bild 2.7 also für $\overline{E}$ der Signalzustand 0 angenommen wird, so bedeutet dies, daß der Kontakt, der als sog. Öffner arbeitet, geschlossen hat. Wie es in Kapitel 4.2 erläutert ist, wird dies durch die Schreibweise als Großbuchstabe zum Ausdruck gebracht.

Bei den weiteren Grundelementen der Schaltungstechnik wird angenommen, daß zwei Eingangssignale E1 und E2 auf den Ausgang wirken. Als Grundelemente der booleschen Verknüpfungen sind im Bild 2.8 die **Und**-Schaltung und die **Nand**-Schaltung dargestellt. Bei der **Und**-Schaltung müssen beide Eingänge 1-Signal aufweisen, wenn auch der Ausgang 1-Signal haben soll. Für die **Nand**-Schaltung wird diese Aussage invertiert, d.h., erst wenn beide Eingänge 1-Signal haben, ist am Ausgang 0-Signal zu erwarten. Die **Oder**-Schaltung im Bild 2.9 weist am Ausgang bereits 1-Signal, wenn einer der beiden Eingänge oder beide Eingänge mit 1-Signal beaufschlagt werden. Die **Invertierung** bei der **Nor**-Schaltung bedeutet, daß am Ausgang nur dann ein 1-Signal zu erwarten ist, wenn beide Eingänge 0-Signal aufweisen. Man kann deshalb bei der **Nor**-Schaltung vereinfachend auch von einer **Und**-Schaltung für 0-Signale sprechen, und bei der **Nand**-Schaltung entsprechend von einer **Oder**-Schaltung für 0-Signale.

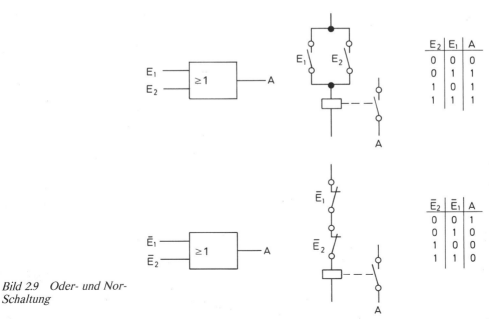

Bild 2.9 Oder- und Nor-Schaltung

E_2	E_1	A
0	0	0
0	1	1
1	0	1
1	1	1

$\overline{E}_2$	$\overline{E}_1$	A
0	0	1
0	1	0
1	0	0
1	1	0

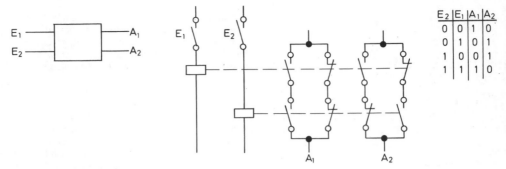

E_2	E_1	A_1	A_2
0	0	1	0
0	1	0	1
1	0	0	1
1	1	1	0

Bild 2.10   Exklusiv-Oder-Schaltung

Im Bild 2.10 ist die sog. **Exklusiv-Oder**-Schaltung dargestellt. Der Ausgang A1 weist **Äquivalenzverhalten** auf, er hat also dann 1-Signal, wenn entweder beide Eingänge 0-Signal oder beide Eingänge 1-Signal haben. Der Ausgang A2 weist **Antivalenzverhalten** auf, hat also nur dann 1-Signal, wenn entweder der Eingang E1 oder der Eingang E2 1-Signal haben.

Bereits im Kapitel 2.1 wurde bei der Erläuterung der Grundstrukturen binärer Schaltsysteme als Beispiel für eine Kreisstruktur die Selbsthalteschaltung angeführt. Durch Rückführung des Ausgangssignals auf den Eingang wird damit der Signalzustand des Ausgangs A im Bild 2.11 auch nach Wegnahme des 1-Signals am Eingang E2 erhalten. Im oberen Schaltbild und der zugehö-

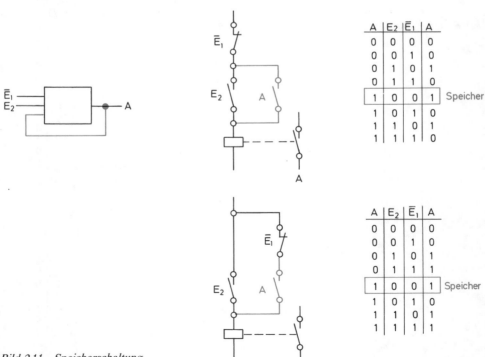

A	E_2	$\bar{E}_1$	A	
0	0	0	0	
0	0	1	0	
0	1	0	1	
0	1	1	0	
1	0	0	1	Speicher
1	0	1	0	
1	1	0	1	
1	1	1	0	

A	E_2	$\bar{E}_1$	A	
0	0	0	0	
0	0	1	0	
0	1	0	1	
0	1	1	1	
1	0	0	1	Speicher
1	0	1	0	
1	1	0	1	
1	1	1	1	

Bild 2.11   Speicherschaltung

rigen Funktionstabelle dominiert der Eingang $\overline{E1}$, im unteren Schaltbild und der entsprechenden Funktionstabelle dagegen der Eingang E2. Mit 1-Signal am Eingang E2 wird der Speicher gesetzt, während der Eingang $\overline{E1}$ zum Löschen des Speichers dient.

2.4.2 Grundelemente sequentieller Schaltungen

In der elektrischen Steuerungstechnik mit Schützen ist es üblich, für Zeitfunktionen fertige Geräte einzusetzen. Die Zeitfunktionen lassen sich in Funktionen für den *Zeitverzug,* also bei Zeitrelais mit *Anzug- und Abfallverzögerungen,* und in Funktionen für *Impulserzeugung,* bei einmaliger Impulsgabe als Wischrelais, bei ständig wiederholender Impulsgabe als Blinkrelais, einteilen.
Allen Geräten zur Erzeugung von Zeitfunktionen gemeinsam ist die *Zwischenspeicherung* einer Hilfsgröße. Nach Anlegen des Eingangssignales beginnt die Speicherung der Hilfsgröße. Ist der Speicher bis zu einem bestimmten Inhalt aufgela-

den, wird am Ausgang das Signal freigegeben. Eine ähnliche Betrachtungsweise gilt auch beim Abschalten des Eingangssignales. Allerdings wird man dabei sinnvollerweise einen Speicher bis zu einem bestimmten Inhalt entladen. Im Bild 2.12 sind die wesentlichen *Speicherarten* den jeweiligen Gerätearten zugeordnet.
Welche Art von Zwischenspeicher bzw. welche Bauart der Zeitrelais für eine bestimmte Anwendung am besten geeignet ist, hängt ab von der Länge des zu erzeugenden Zeitverzuges bzw. Zeitintervalles, von der gewünschten und erreichbaren Genauigkeit, von der Möglichkeit der Variation des Zeitverzuges bzw. Zeitintervalles, von der Häufigkeit der Wiederholung.
Im Bild 2.12 sind deshalb die erreichten Zeiten eingetragen.
Wird der Informationsteil einer elektrischen Steuerung mit Kleinrelais aufgebaut, so lassen sich in dieser Schaltungstechnik sehr leicht alle notwendigen Zeitfunktionen bilden. Im Kapitel 7 wird diese Schaltungstechnik ausführlich behandelt.

Geräteart	Zwischenspeicherung und Hilfsgröße	Erreichbarer Zeitverzug
Pneumatisches Zeitrelais	Luft in einem pneumatischen Dämpfer	50 ms bis 2 min
Thermisches Zeitrelais	Wärmekapazität von Werkstoffen	2 s bis 5 min
Motorzeitrelais	Umlaufwinkel von mechanischen Wellen	1 s bis 50 Std
Zeitrelais mit Uhrwerk	Uhrwerk	1 s bis mehrere Tage
Kondensator-Zeitrelais	Kapazität von Kondensatoren	1 ms bis 10 s
Magnetische Zeitrelais	Induktivität von Drosseln	5 ms bis 100 ms
Elektronische Zeitrelais	Kapazität von Kondensatoren in elektronischen Schaltungen	1 ms bis 20 min

Bild 2.12   Zusammenstellung der Wirkungsprinzipien von Zeitrelais

2.5 Schaltungsunterlagen

Das Verständigungsmittel der Schaltungstechniker ist der *Schaltplan*. Wie alle „Sprachen" wird auch die Schaltplandarstellung ständig weiterentwickelt, an internationale Darstellungsregeln angepaßt und, falls notwendig, ergänzt. Trotzdem versucht man in der Praxis, möglichst lange Zeit eine einheitliche Darstellung im Schaltplan zu erhalten, da das *„Lesen" von Schaltplänen* mit neuen Zeichen einen Lernprozeß voraussetzt. Aber gerade auch deshalb scheint es aus internationaler Sicht geboten, möglichst schnell die verschiedenen Darstellungsarten aneinander anzupassen. Im Rahmen dieses Buches werden die z.Z. gültigen DIN-Normen zugrunde gelegt und die wichtigsten davon kurz besprochen, damit sich der Leser selbst über den Stand der Normungsarbeiten informieren kann.

2.5.1 Maßgebende DIN-Normen und VDE-Bestimmungen

Die Normen für *Schaltzeichen* und Schaltpläne der Elektrotechnik sind im Deutschen Normenwerk unter den Bezeichnungen **DIN 40700, Teil 1,** bis **DIN 40772, Beiblatt 1,** eingeordnet [11]. Sie umfassen Normen und Normentwürfe und werden vom **Deutschen Normenausschuß** (DNA) herausgegeben.

In den **VDE-Bestimmungen** wird innerhalb deren Zuständigkeit angegeben, welche Schaltplanunterlagen zusammen mit der elektrischen Ausrüstung zu liefern sind. Sie müssen alle für den Anwender notwendigen Informationen für die Montage, Bedienung und Wartung der elektrischen Steuerung enthalten [13].

Wichtige Normen für Schaltzeichen:
DIN 40703 enthält Zusatzschaltzeichen, z.B. für mechanische Wirkverbindungen, Kraftantriebe u.ä.
DIN 40711 zeigt Schaltzeichen für Leitungsverbindungen.
DIN 40713 stellt gewissermaßen die Basisnorm für die Schaltplantechnik mit Schützen und Relais dar und wurde an die entsprechende **IEC-Publikation 117-3** angepaßt. Die wichtigsten Schaltzeichen sind in der Tabelle 2.2 zusammengestellt.

Normen für Schaltpläne:
In **DIN 40719, Teil 1,** werden die geltenden Begriffe zusammengestellt und die Schaltungsunterlagen eingeteilt. In **DIN 40719, Teil 2** [12], wird in Anpassung an die **IEC-Publikation 113-2**

eine neue Kennzeichnungsart für Betriebsmittel vorgestellt, die die bisherige Kennzeichnungsart nach **DIN 40719, Beiblatt 1,** ablöst (Tabelle 2.3). **DIN 40719, Teil 1,** beschreibt die in der Praxis üblichen Schaltpläne und gibt entsprechende Beispiele an. **DIN 40719, Teil 3** [12], erläutert sehr ausführlich die wichtigste und gebräuchlichste Schaltplanart: den Stromlaufplan. Regeln für den bei größeren Steuerungen bzw. Anlagen erforderlichen Übersichtsschaltplan werden in **DIN 40719, Teil 4** [12], angegeben. Schaltungsunterlagen für die Elektroinstallation werden von **DIN 40719, Teil 5,** beschrieben. In **DIN 40719, Teil 6** [6], werden Regeln für Funktionspläne beschrieben, die vor allem auch als Verständigungsmittel zwischen Hersteller und Anwender dienen sollen. In der Darstellungsart baut diese Norm auf **DIN 40700, Teil 14,** auf, in der Schaltzeichen der digitalen Informationsverarbeitung enthalten sind. Sehr wichtig ist die instandhaltungsfreundliche Gestaltung der Schaltpläne. **DIN 40719, Teil 7** gibt entsprechende Regeln an. **DIN 40719, Teil 9** [12], erläutert die Ausführung von Anschlußplänen, während in **DIN 40719, Teil 10** [12], Anordnungspläne beschrieben werden. Zeitablaufdiagramme und Schaltfolgediagramme zeigt **DIN 40719, Teil 11** [12]. Die direkt aus der IEC-Normung übernommene **DIN IEC 113, Teil 5** [11], erklärt die Ausführung von Verbindungsplänen und -tabellen ebenso wie **DIN IEC 113, Teil 6** [11], in der die Ausführung von Geräteverdrahtungsplänen und -tabellen beschrieben werden.

In Tabelle 2.4 sind die in der Praxis üblichen Schaltungsunterlagen zusammengestellt. In Abhängigkeit von der Größe der Anlage wurde die Notwendigkeit der jeweiligen Schaltplanart herausgestellt. Stromlaufplan und Geräteliste sind stets notwendig, während demgegenüber die anderen Schaltungsunterlagen mit zunehmender Anlagengröße ebenfalls zunehmen. Am Beispiel des Bauschaltplanes sieht man, daß dieser bei größeren Anlagen durch Verbindungsplan oder -tabelle und Anordnungsplan bzw. Gerätedisposition ersetzt wird. Gleichzeitig wird in der Tabelle 2.4 auf **DIN 40719** und **VDE 0113** hingewiesen.

Tabelle 2.2 Zusammenstellung wichtiger Schaltzeichen

Schaltzeichen			Benennung	Schaltzeichen			Benennung
neu		alt		neu		alt	
Entwurf DIN IEC 3A - 80	DIN 40713 wahlweise			Entwurf DIN IEC 3A - 80	DIN 40713 wahlweise		
		*)	Einschaltglied Schließer				Öffner, schließt verzögert
			Ausschaltglied Öffner				Öffner, öffnet verzögert
			Schließer, ohne selbsttätigen Rückgang nach Betätigungsende				Stellschalter, für Handbetätigung
			Öffner, ohne selbsttätigen Rückgang nach Betätigungsende				Tastschalter, für Handbetätigung
			Frühschließer				Grenztaster, Endschalter
			Spätöffner				Schütz-, Relaisspule
			Umschaltglied Wechsler				Zeitrelais mit Anzugsverzögerung
			Wechsler, Umschaltung erfolgt ohne Unterbrechung				Zeitrelais mit Abfallverzögerung
			Schließer, schließt verzögert				Lasthebemagnet
			Schließer, öffnet verzögert				magnetische Bremse

x) im Buch verwendet

2.5.2 Die wichtigsten Schaltplanarten

Nach **DIN 40719, Teil 1,** werden Schaltungsunterlagen grundsätzlich nach dem Zweck und der Art der Darstellung eingeteilt. Bei der zweckgebundenen Einteilung wird weiter unterschieden zwischen Schaltungsunterlagen zur Erläuterung der Arbeitsweise und Schaltungsunterlagen zur Erläuterung der Verbindungen und der räumlichen Lage.

Übersichts-, Stromlauf- und Funktionsschaltplan erläutern somit die Arbeitsweise der Steuerung. Der Bauschaltplan oder eine Verbindungstabelle zusammen mit einer Anschlußtabelle, einem Anordnungsplan und der Geräteliste stellen Erläuterungen der Verbindungen und der räumlichen Lage dar.

29

Tabelle 2.3   Kennbuchstaben für die Kennzeichnung der Art des Betriebsmittels

Art des Betriebsmittels	Kennbuchstaben nach		Art des Betriebsmittels	Kennbuchstaben nach	
	DIN 40719 Teil 2 (lat. Großbuchstabe)	DIN 40719 Beiblatt 1 (lat. Kleinbuchstabe)		DIN 40719 Teil 2 (lat. Großbuchstabe)	DIN 40719 Beiblatt 1 (lat. Kleinbuchstabe)
Baugruppen, Teilbaugruppen	A	u	Transformatoren	T	m
Umsetzer von nicht-elektrischen auf elektrische Größen oder umgekehrt	B	u	Modulatoren, Umset-zer von elektrischen und anderen Größen	U	u
			Röhren, Halbleiter	V	p
Kondensatoren	C	k	Übertragungswege, Hohlleiter	W	—
Binäre Elemente, Verzögerungseinrich-tungen, Speicherein-richtungen	D	u	Klemmen, Stecker, Steckdosen	X	—
			Elektrisch betätigte mechanische Einrich-tungen	Y	s
Verschiedenes	E	u			
Schutzeinrichtungen	F	e	Abschlüsse, Gabel-übertrager, Filter, Ent-zerrer, Begrenzer, Aus-gleichseinrichtungen, Gabelanschlüsse	Z	u
Generatoren, Strom-versorgungen	G	m			
Meldeeinrichtungen	H	h			
	J	—			
Relais	K	d	Kennzeichnungs-beispiel:		
Schütze	K	c	2. Schütz, Klemme 23 der 5. Fräsmaschine in der 3. Fertigungs-halle	K2:23	c2.23
Induktivitäten	L	k		=3E	C5
Motoren	M	m			
Verstärker, Regler	N	—	Zielzeichen	=3E— K2:23	C5c.2.23
Meßgeräte	P	g			
Prüfeinrichtungen	P	u			
Starkstrom-Schaltgeräte	Q	a	Vorzeichen Übergeordnete Zuord-nung (Anlage)	=	
Widerstände	R	r	Ort	+	
Schalter, Wähler	S	b	Art, Zähler, Funktion	—	
			Anschluß	:	

Tabelle 2.4 Schaltungsunterlagen von elektrischen Steuerungen

Schaltplanart	DIN 40719 Teil 1	VDE 0113	Notwendigkeit nach der Größe der Anlage						
			1	2	3	4	5	6	7
Übersichtsschaltplan	×				×	×	×	×	×
Stromlaufplan (Wirkschaltplan)	×	×	×	×	×	×	×	×	×
Ersatzschaltplan	×					O	O	×	×
Funktionsbeschreibung		×	O	O	O	O	×	×	×
Funktionsschaltplan			O	O	O	O	×	×	×
Ablaufdiagramm	×					O	O	×	×
Zeitablaufdiagramm	×					O	O	×	×
Bauschaltplan			O	×	×				
Geräte-Verdrahtungsplan	×					O	O	×	×
Verbindungsplan	×					×	×	×	×
Verbindungstabelle									
Anschlußplan	×	×				×	×	×	×
Anschlußtabelle									
Anordnungsplan (Gerätedisposition)	×		O	O	×	×	×	×	×
Aufstellungsplan (Endschalterplan)		×				O	O	×	×
Geräteliste	×	×	×	×	×	×	×	×	×
Montage- und Betriebsanleitung			O	O	O	O	×	×	×
Wartungsanleitung		×	O	O	O	×	×	×	×
Konstruktionszeichnungen						O	O	×	×
Schaltungsbuch			O	O	O	×	×	×	×

× in jedem Fall notwendig   O sinnvolle Ergänzung

Für das Schaltungsbeispiel eines einfachen Drehstromantriebs werden die o.g. Schaltplanarten dargestellt und ihre besonderen Merkmale näher beschrieben.

2.5.2.1 Übersichtsschaltplan

Ein *Übersichtsschaltplan* nach **DIN 40719, Teil 4,** ist die vereinfachte Darstellung einer Schaltung, wobei nur die wesentlichen Teile berücksichtigt werden. Er zeigt die Arbeitsweise und die Gliederung einer elektrischen Einrichtung.
Insbesondere bei größeren und umfangreichen elektrischen Anlagen wird beim Entwurf einer Schaltung mit dem Übersichtsschaltplan begonnen. Bild 2.13 zeigt für das erwähnte Beispiel eines Drehstromantriebs den Übersichtsschaltplan. Er stellt im allgemeinen in leicht überschaubarer Form den *Hauptstromkreis* zur besseren Übersichtlichkeit **einpolig** dar. Ein wichtiger Bestandteil der Übersichtsschaltpläne sind genaue technische Angaben an den Betriebsmitteln und an den Netzen.
Blockschaltpläne für Antriebsregelungen und Schaltpläne der Analog-Schaltungstechnik mit den Schaltzeichen nach **DIN 40700, Teil 18,** sowie Schaltpläne der digitalen Informationsverarbeitung [10] mit den Schaltzeichen nach **DIN**

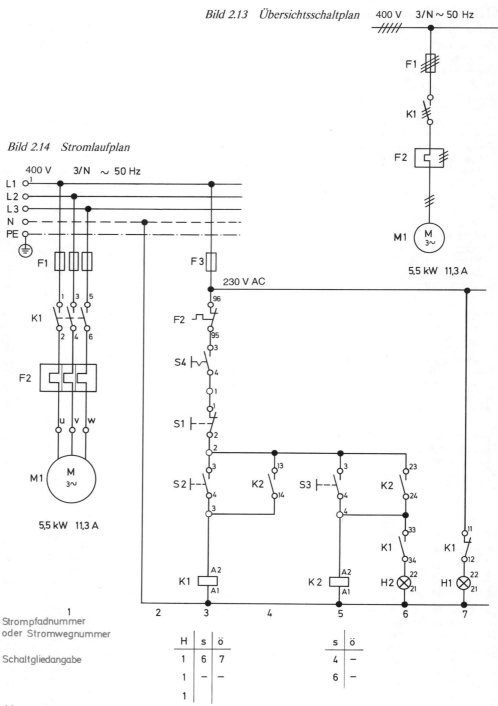

Bild 2.13   Übersichtsschaltplan   400 V   3/N ~ 50 Hz

Bild 2.14   Stromlaufplan

400 V   3/N ~ 50 Hz

L1
L2
L3
N
PE

F1

K1

F2

u   v   w

M1   M   3~

5,5 kW   11,3 A

F1

K1

F2

M1   M   3~

5,5 kW   11,3 A

230 V AC

F3

F2   96 / 95

S4   3 / 4

S1   1 / 2

S2   3 / 4

K2   13 / 14

S3   3 / 4

K2   23 / 24

K1   33 / 34

K1   11 / 12

K1   A2 / A1

K2   A2 / A1

H2   22 / 21

H1   22 / 21

1
Strompfadnummer
oder Stromwegnummer

Schaltgliedangabe

| | 2 | 3 | 4 | 5 | 6 | 7 |

H	s	ö		s	ö
1	6	7		4	–
1	–	–		6	–
1					

32

40700, Teil 14, werden als Übersichtsschaltpläne bezeichnet.

2.5.2.2 Stromlaufplan, Lesen von Stromlaufplänen

Ein *Stromlaufplan* gemäß **DIN 40719, Teil 3**, ist die ausführliche Darstellung einer Schaltung mit ihren Einzelheiten. Er zeigt die Wirkungsweise einer elektrischen Einrichtung. Im Stromlaufplan wird die Schaltung nach *Stromwegen* bzw. *Strompfaden* aufgelöst mit allen Einzelheiten, Leitungen und Verbindungsstellen dargestellt. Auf die räumliche Lage und den mechanischen Zusammenhang der einzelnen Teile und Geräte braucht keine Rücksicht genommen werden.

Für kleine Anlagen ist es durchaus üblich, Hauptstromkreis und *Steuerstromkreis* nur im Stromlaufplan darzustellen (Bild 2.14). Bei größeren Anlagen werden, wie bereits erwähnt, die Hauptstromkreise ausschließlich dem Übersichtsschaltplan und die Steuerstromkreise dem Stromlaufplan zugeordnet. Um den Stromlaufplan bei ausgedehnten Anlagen nicht zu lang und umfangreich werden zu lassen, sollte eine sinnvolle Auftrennung in kleinere Stromlaufpläne vorgenommen werden. Beispielsweise bietet sich eine Aufteilung der Stromlaufpläne nach Funktionsgruppen, wie Antriebe, Anlageteile o.ä., an. Das Stromlaufplanpapier kann dann formularartig vorbereitet werden und die Stromlaufpläne bei einheitlicher Länge (z.B. nur DIN-A3-Format oder Formathöhe wie DIN A4, aber Formatlänge wie DIN A1 in einem *Schaltungsbuch* zusammengefaßt werden [15].

Der Stromlaufplan hat sich aus dem *Wirkschaltplan* entwickelt. Wie Bild 2.15 zeigt, ist aber aus dem Wirkschaltplan nur sehr schwer die Funktion herauszulesen, da die Geräte zusammenhängend dargestellt werden und darunter die Übersichtlichkeit sehr stark leidet.

Der Stromlaufplan enthält waagerecht angeordnete **Potentiallinien** und senkrecht verlaufende **Stromwege** oder **Strompfade** (Bild 2.16). Die **Potentiallinie**, an der alle Spulen mit einem „Fuß" (Klemmenbezeichnung A2 bei Schützen) angeschlossen werden, wird deshalb **Fußpunktleiter** genannt. Potentiallinien besitzen meist einen bestimmten Informationsgehalt, im Bild 2.16 z.B. ($\overline{F3} \cdot \overline{S1}$). Unverzweigte Strompfade nennt man **Stammstrompfade**. Bei ihrer Unterbrechung erhält man Ausschaltdominanz, d.h. also ein sicheres Ausschalten der Schütze.

Alle Schaltelemente im Stromlaufplan werden stets in **spannungslosem Zustand** dargestellt. Automatische Kontaktgeber, wie Wächter, Endschalter usw., werden in ihrer Grundstellung bezüglich der Gesamtanlage gezeichnet. Sind abweichende Darstellungen unvermeidlich, so müssen sie unbedingt im Stromlaufplan vermerkt sein.

Alle Schaltzeichen sind in Stromwegrichtung, also **senkrecht**, anzuordnen (Bild 2.17). Die Bewegungsrichtung der Schaltzeichen soll symbolisch in der Zeichenebene immer einheitlich **von links nach rechts** erfolgen (Bild 2.18). Dies vereinfacht das Lesen von Schaltplänen insbesondere dann, wenn viele Wechselkontakte oder in der Grundstellung betätigte, automatische Kontaktgeber im Stromlaufplan gezeichnet sind.

Alle Geräte müssen eindeutig und einheitlich nach **DIN 40719, Teil 2**, gekennzeichnet sein (Tabelle 2.3).

Die Kennzeichnung der Anschlüsse elektrischer Betriebsmittel wird in **DIN 42400** neu festgelegt. So sollen z.B. die Außenleiter des Drehstromnetzes mit L1 (bisher R), L2 (bisher S) und L3 (bisher T), der Mittelpunktsleiter mit N (bisher Mp), der Schutzleiter mit PE (bisher SL) und der Nulleiter mit PEN (bisher Mp + SL) bezeichnet werden.

Klemmenbezeichnungen stehen auf der rechten Seite des Schaltzeichens, *Gerätebezeichnungen* stehen links vom Schaltzeichen (Bild 2.19). Unter die Gerätebezeichnung kann eine Strompfadnummer geschrieben werden. Sie gibt dann an, wo sich das Betätigungsglied für diesen Kontakt befindet. Bei einem Schützkontakt ist es die Spule und bei einem Endschalterkontakt der Betätigungsstößel. Direkte Schützverriegelungskontakte sind vor den Spulenanschluß mit der Klemmenbezeichnung A1 zu legen. Die Stromwegbzw. Strompfadbezeichnungen können direkt unterhalb des Fußpunktleiters oder oberhalb der Steuerpotentiallinie angezeichnet werden. Sehr häufig wird nicht jeder einzelne Stromweg bezeichnet, sondern abschnittsweise in regelmäßigen Abständen die Kennzeichnung angebracht (Bild 2.19). Falls die Steuerung einen fest eingeprägten Ablauf enthält, so ist dieser dem Stromlaufplan von links nach rechts fortlaufend einzuprägen. Grundsätzlich gibt es **zwei Leseverfahren** im Stromlaufplan. Ausgehend vom Bild 2.19 wendet sich die erste Lesemethode der Frage nach der Gesamtfunktion der Steuerung oder größerer Steuerungsgruppen zu. Man liest von oben nach unten. Wenn K2, Kontakt 43—44 im Stromweg 8 schließt, zieht das Hilfsschütz K3 im Stromweg 10 an. Unterhalb des Fußpunktleiters befindet sich eine Darstellung des Kontaktsystems oder eine entsprechende Tabelle. Bezüglich des Hilfsschützes K3 beinhaltet die Tabelle die Aussage, daß der erste Öffner von K3 im Stromweg 6 geöffnet hat, der erste Schließer im Abschnitt 13 des Stromlaufplanes geschlossen hat, und der zweite Schließer im Abschnitt 19 ebenfalls geschlossen hat. Für den zweiten Öffner bedeutet der Leerstrich in der Tabelle, daß er nicht angeschlossen ist. Konse-

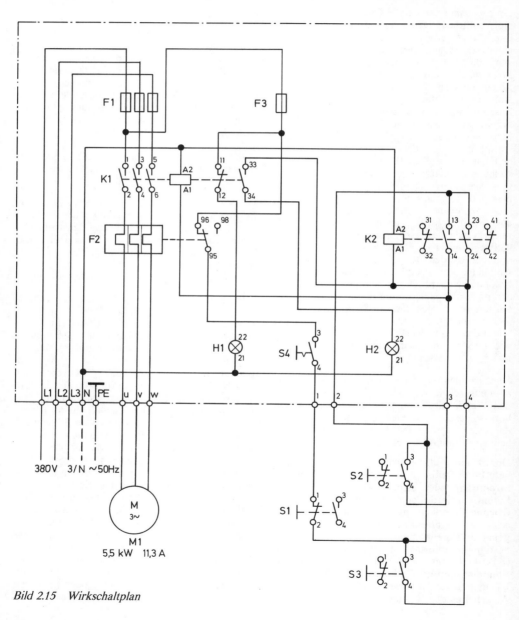

Bild 2.15   Wirkschaltplan

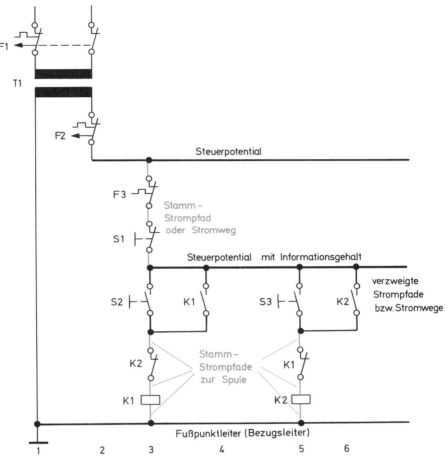

*Bild 2.16   Bezeichnungen der einzelnen Grund-
bestandteile des Stromlaufplanes*

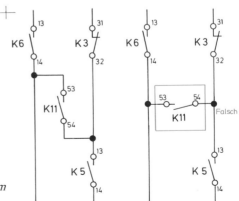

*Bild 2.17   Anordnung der Schaltzeichen im
Stromlaufplan*

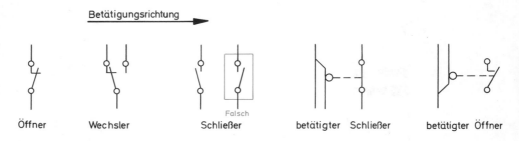

Betätigungsrichtung

| Öffner | Wechsler | Schließer | betätigter Schließer | betätigter Öffner |

Bild 2.18 Betätigungsrichtung von Schaltgliedern

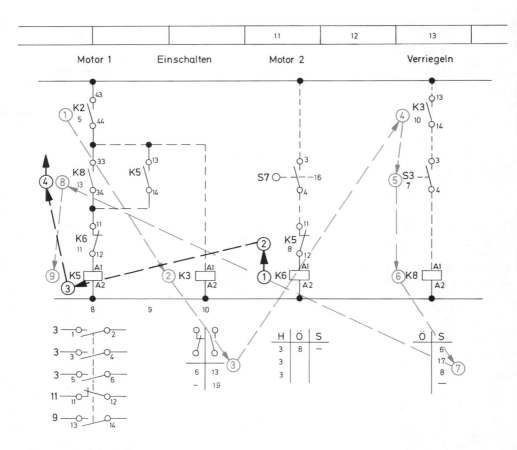

Bild 2.19 „Lesen" im Stromlaufplan

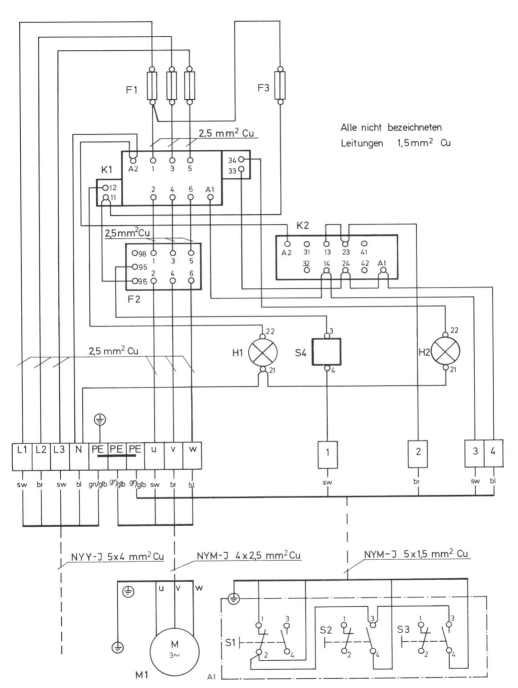

Bild 2.20   Bauschaltplan

Tabelle 2.5   Verbindungstabelle

Zeile Nr.	Leiter mm² Cu	Leitungs- farbe	Stromlauf- plan	Strompfad- Nr.	Leitungsverbindung			
1	2,5	sw	1		L1	— F1 (Fuß)		
	2,5	sw	1		L2	— F1 (Fuß)		
	2,5	sw	1		L3	— F1 (Fuß)		
	1,5	rt			N	— K1.A2	— K2.A2	— H1.21 — H2.21
5	2,5	gnglb			PE	— Masseanschluß		
	2,5	sw	1		F1	— K1.1		
	2,5	sw	1		F1	— K1.3		
	2,5	sw	1		F1	— K1.5		
	2,5	sw	1		K1.2	— F2.1		
10	2,5	sw	1		K1.4	— F2.3		
	2,5	sw	1		K1.6	— F2.5		
	2,5	sw	1		F2.2	— U		
	2,5	sw	1		F2.4	— V		
	2,5	sw	1		F2.6	— W		
15	1,5	rt	2		F1	— F3 (Fuß)		
	1,5	rt	2, 3, 7		F3	— K1.11	— F2.96	
	1,5	rt	3		F2.95	— S4.3		
	1,5	rt	3		S4.4	— 1		
	1,5	rt	3, 4, 6		2	— K2.13	— K2.23	
20	1,5	rt	3, 4		3	— K2.14	— K1.A1	
	1,5	rt	5, 6		4	— K2.24	— K2.A1	— K1.33
	1,5	rt	6		K1.34	— H2.22		
	1,5	rt			K1.12	— H1.22		

quenterweise müssen nun die Auswirkungen im Stromlaufplan durch das Schalten von K3 an allen drei Stellen weiterverfolgt werden. Im Abschnitt 13 des Stromlaufplanes schließt K3 Kontakt 13—14 und legt damit Spannung an die Klemme 3 des Endschalters S3. Wenn dieser betätigt wird, zieht das Hilfsschütz K8 an. Nun wird in gleicher Weise wie beim Hilfsschütz K5 weitergelesen. Bei der zweiten Lesemethode wird nach der Einzelfunktion gefragt. Man liest im Stromlaufplan von unten nach oben. Es wird z.B. gefragt: „Wann bzw. wodurch zieht das Schütz K6 an?" Von der Spule ausgehend, wird zunächst untersucht, wann das Schütz K5 abgefallen ist und damit der Öffner 11—12 von K5 geschlossen hat. Bei jedem Kontakt vor K5 muß wiederum nach der Betätigungsfunktion gefragt werden. Diese Lesemethode wird vor allem bei der Störungssuche angewendet.

2.5.2.3   Bauschaltplan

Der *Bauschaltplan* (Bild 2.20) gibt Hinweise auf die *Leitungsverbindungen* innerhalb eines Gerä-

tes, zwischen Geräten oder Geräteteilen und den Ein- und Ausgangselementen, die an der Maschine oder Anlage an verschiedenen Stellen montiert sind. Der Bauschaltplan dient also als Grundlage für die Verdrahtung in der Werkstatt und der Anschluß der Verbindungskabel bei der Montage der Steuerung und wird aufgrund des Stromlaufplanes erstellt. In der Form, wie ihn das Bild 2.20 zeigt, ist er aber nur für kleine Anlagen anwendbar. Er wird meist für die internen Verbindungen im Steuerschrank durch eine *Verbindungstabelle* (Tabelle 2.5) in Verbindung mit einem *Anordnungsplan* (Bild 2.21) nach **DIN 40719, Teil 10,** und für die externen Verbindungen durch eine *Anschlußtabelle* (Tabelle 2.6) nach **DIN 40719, Teil 9,** ersetzt. Eine *Geräteliste* (Tabelle 2.7) mit allen technischen Daten der verwendeten Betriebsmittel ergänzt die Verdrahtungsunterlagen und dient u.a. auch für die Beschaffung von Ersatzgeräten. Die Geräteliste ist neben dem Stromlaufplan die am häufigsten gebrauchte Schaltungsunterlage und kann natürlich auch in Verbindung mit *Bestellisten, Auftragsbestätigungen* o.ä. erstellt werden.

Tabelle 2.6 Anschlußtabelle

Anschlußleiste		L1	L2	L3	N	PE	PE	PE	U	V	W	1	2	3	4
Zielzeichen	Anschlußbezeichnung	(Fuß)	(Fuß)	(Fuß)	A2			2	4	6	4	13	14	24	
	Kennzeichen	F1	F1	F1	K1	⏚		F2	F2	F2	S4	K2	K2	K2	
Klemmen-Nr.		L1	L2	L3	N	PE	PE	PE	U	V	W	1	2	3	4
Laschenverbindung						▬	▬								
Zielzeichen	Anschlußbezeichnung						⏚	⏚	U	V	W	1	2	4	4
	Kennzeichen	L1	L2	L3	N	PE	M1	A1	M1	M1	M1	S1	S1	S2	S3

Kabel Nr.	Typ	L1	L2	L3	N	PE	PE	PE	U	V	W	1	2	3	4
1	NYY-J 5×4 mm² Cu	sw	br	sw	bl	gn glb									
2	NYM-J 4×2,5 mm² Cu						gn glb		sw	br	bl				
3	NYM-J 5×1,5 mm² Cu							gn glb	sw	br	sw	bl			

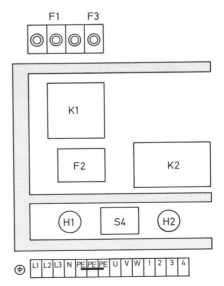

Bild 2.21 Gerätedisposition

Tabelle 2.7   Geräteliste

Kennzeichen	Verwendungszweck	Techn. Daten	Hersteller Bestellbez.	Hinweise
M1	Hauptmotor	Drehstrom-Asynchronmotor 400 V Δ, 5,5 kW, 11,3 A, 1380 1/min, Isol.kl. F n. VDE 0530 3 Kaltleiter		
F1	Motorsicherungen	Sicherungselemente E 27 mit Paßringen 20 A und Schraubkappen E 27 Schmelzsicherungen 20 A träge		
K1	Hauptschütz	Typ HS 10/4 AC 3, D 3 Spule 220 V, 50 Hz 4 Hilfskontakte 2 S + 2 ö mit Nennstrom 4 A/380 V		
F2	Motorschutzrelais	Typ MS 10 ohne Sperre 10 bis 15 A Einstellbereich		
F3	Steuersicherung	Sicherungselement E 27 mit Paßring 6 A und Schraubkappe E 27 Schmelzsicherung 6 A flink		
K2	Hilfsschütz	Typ SR 4 AC 11, D 10 Spule 220 V, 50 Hz 2 S + 2 ö mit Nennstrom 4 A/380 V		
S1	Befehlstaster Aus	Typ DT 10 Tastenschild 0 Farbe Rot		Fronteinbau
S2	Befehlstaster Tippen	Typ DT 10 Tastenschild II Farbe Grün		Fronteinbau
S3	Befehlstaster Ein	Typ DT 10 Tastenschild I Farbe Grün		Fronteinbau
S4	Steuerschalter	Typ PS 16 mit Schaltknebel und Bez.schild Ein-Aus		
H1	Signallampe „Anlage einschaltbereit"	Typ SM 2 Farbe Grün Glimmlampe 220 V		Vorsatzlinse für Fronteinbau
H2	Signallampe „Anlage in Betrieb"	Typ SM 2 Farbe Weiß Glimmlampe 220 V		Vorsatzlinse für Fronteinbau

2.5.2.4 Funktionsschaltplan

Sinn und Zweck der *Funktionsschaltpläne* wurde bereits im Kapitel 2.2 erläutert. Im Bild 2.22 wurde der Teil eines größeren Funktionsschaltplanes dargestellt. Hochlauf und Anlasserstellung eines größeren Antriebes werden überwacht. Wenn die Zeit t_2 abgelaufen ist und dabei der Hochlauf noch nicht beendet ist oder die Zeit t_3 abgelaufen ist und der Anlasser sich dabei noch nicht in Endstellung befindet, wird durch den Schritt 43 über die Abbruchstelle ⓓ der Antrieb ausgeschaltet. Die Störmeldung Anlauf wird gespeichert (S) und kann über den Eingang R (Reset-Löschen) quittiert werden, d.h., der Speicher wird damit zurückgesetzt.

Die Darstellung im Funktionsschaltplan ist gerätetechnisch völlig neutral. Die Steuerung selbst kann sowohl als elektronische Steuerung als auch als elektrische oder pneumatische Steuerung aufgebaut werden. Es ist also zu erwarten, daß der Funktionsschaltplan ein wichtiges Entwurfsinstrument der Steuerungstechniker wird [9] und außerdem die Inbetriebnahme und Störungssuche durch seine problemorientierte Darstellung der Steuerungsfunktionen wesentlich erleichtert.

Der Stromlaufplan ist demgegenüber eine gerätetechnisch orientierte Darstellung der Steuerungsfunktionen.

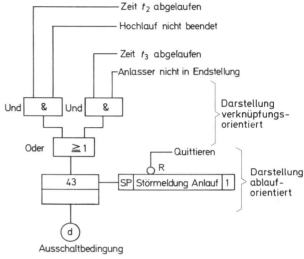

Bild 2.22   Funktionsschaltplan

41

3 Geräte und Bauelemente der elektrischen Steuerungstechnik

Die Vielzahl verschiedener Geräte und Bauelemente der elektrischen Steuerungstechnik läßt sich nur schwer in einem Schema nach einheitlichen Gesichtspunkten ordnen. Eine Möglichkeit bietet sich jedoch an, wenn man dabei sowohl gerätetechnische als auch funktionsorientierte Gesichtspunkte zugrunde legt.

Bei **booleschen Verknüpfungen und Speichern** der logischen Schaltungen werden fast ausschließlich kontaktbehaftete **Schaltgeräte** verwendet. In **sequentiellen Schaltungen** werden Zeitfunktionen durch **Zeitrelais** gebildet. An den **Eingangselementen** müssen nichtelektrische, physikalische Größen durch **Befehlsgeräte** und **Eingabewandler** in elektrische Größen so umgeformt werden, daß Signale entstehen, die in der elektrischen Steuerung verarbeitet werden können. Am Ausgang der Steuerung bzw. der Steuereinrichtung nach der Definition in **DIN 19226** wird am Stellort aufgabengemäß in eine Steuerstrecke eingegriffen. Häufig wird der Ausgangszustand der Steuereinrichtung und die Signalzustände an beliebigen anderen Stellen innerhalb der Steuereinrichtung durch **Meldegeräte** angezeigt. Befindet sich am Stellort der Steuerstrecke ein **Elektromotor,** so muß dieser gegen Überlastung und Kurzschluß durch **Schutzgeräte** geschützt sein. Auch an anderen Stellen innerhalb

der Steuerung, zum Beispiel am **Steuertransformator,** im **Steuerstromkreis** und zum **Leitungsschutz,** werden **Schutzgeräte** eingesetzt. Sie sind darüber hinaus notwendiger Bestandteil zur Erfüllung der Anforderungen aus **VDE 0100** und **VDE 0113,** wie sie im Kapitel 8 näher erläutert werden.

Eine Vielzahl verschiedener Bauelemente dient zum freien Aufbau von Schaltungen, wie sie vor allem in der **Relaistechnik** gebräuchlich sind. Es sind alle Bauarten von **Widerständen, Kondensatoren, Drosseln, Transformatoren** und **Halbleiterbauelemente.** Die Verbindung der Schaltungselemente untereinander erfolgt über **Leitungen, Kabel** oder auch über **gedruckte Leiterplatten.** Die Verdrahtung und Hilfsmittel zur Leitungsverlegung sind also wesentliche Bestandteile der Steuerung.

Geräte und Bauelemente elektrischer Steuerungen befinden sich in einem Prozeß ständiger Weiterentwicklung. Auch die Schaltungstechnik paßt sich an neue Geräte und Bauelemente an. Die grundlegenden Gesetzmäßigkeiten im Schaltungsaufbau werden davon aber nicht berührt. Es ist deshalb sicher sinnvoll, eine Zusammenstellung der in der elektrischen Steuerungstechnik verwendeten Geräte und Bauelemente „kurz und bündig" zu halten.

3.1 Schaltgeräte

Als gemeinsames Merkmal besitzen alle *Schaltgeräte* **Schaltglieder** oder **Kontakte,** die zum Öffnen bzw. Schließen von Stromkreisen verwendet werden, und **Betätigungsglieder,** um die Schaltglieder zu betätigen.

3.1.1 Schaltglieder

Nach ihrer Grundfunktion werden die *Schaltglieder* weiter unterteilt (Bild 3.1).

Der Schließer ist im Ruhezustand geöffnet und bei Betätigung geschlossen. Er wurde früher auch als **Arbeitskontakt** bezeichnet.

Der Öffner ist im Ruhezustand geschlossen und bei Betätigung geöffnet. Er wurde früher auch als **Ruhekontakt** bezeichnet.

Der Wechsler besteht eigentlich aus einem Schließer und einem Öffner, die ein gemeinsames Schaltstück besitzen.

Daneben gibt es noch Früh-Schließer und Spät-Öffner, die im Vergleich zum normalen Schließer oder Öffner, wie ihr Name sagt, früher schließen oder später öffnen. In ihrer Funktion zueinander arbeiten Früh-Schließer und Spät-Öffner überdeckend. Sinngemäß gilt diese Aussage auch für entsprechende Wechsler.

Zur Beurteilung der Schaltglieder und damit auch zu deren Auswahl wird man zunächst klären müssen, ob das Schaltglied in der Steuerung Leistung (im Zuge des Leistungsflusses) schalten muß oder im Steuerstromkreis (im Zuge des Signalflusses) zur Bildung von Steuerungskonstellationen gebraucht wird. Im ersten Fall muß geprüft werden, ob der Kontakt den großen Strom einschalten, führen und ausschalten kann, und im zweiten Fall wird man häufig zu überlegen haben, ob das Schaltglied einen kleinen Steuerstrom noch sicher und zuverlässig schaltet. Ganz allgemein wird das *Kontaktverhalten* und damit die Lebensdauer durch elektrische, durch konstruktionsbedingte mechanische und durch die am Betriebsort herrschenden chemischen Faktoren beeinflußt.

Elektrische Faktoren
Stromart (Gleich- oder Wechselstrom), Strom beim Schließen, im Betrieb und beim Öffnen, Spannung,
Art der Stromkreisbelastung, Funkenlöscheinrichtung.

Mechanische Faktoren
Kontaktkräfte (Schließkraft, Betriebskraft, Öffnungskraft), Kontaktbewegung (Schaltgeschwindigkeit), Kontaktprellen, Kontaktbeben, Kontaktflattern,
Schaltzahl und Schalthäufigkeit, konstruktive Faktoren.

Chemische Faktoren
Schutzart, Art der Atmosphäre, Temperatur, Verunreinigungen.

Kontaktversagen kann sich auf mehrere Arten äußern:
Der *Kontaktwiderstand* ist nach einer gewissen Betriebsdauer zu groß. Das ist besonders bei Schaltgliedern im Steuerstromkreis mit kleinen Strömen und oft auch kleinen Spannungen sehr gefährlich.
Kontakte bleiben durch Kleben oder Schweißen geschlossen. Dadurch können Fehlschaltungen hervorgerufen werden, die u.U. zu Unfällen führen. Tritt besonders häufig bei falsch dimensionierten Schaltgliedern im Leistungsfluß auf.
Die Kontaktoberfläche ist durch Abbrand oder mechanischen Verschleiß soweit abgetragen, daß die Kontaktabstände nicht mehr stimmen und der Strom unterbrochen bleibt.
Materialwanderungen führen durch ungünstige Formen zum Verhaken oder Verschweißen.

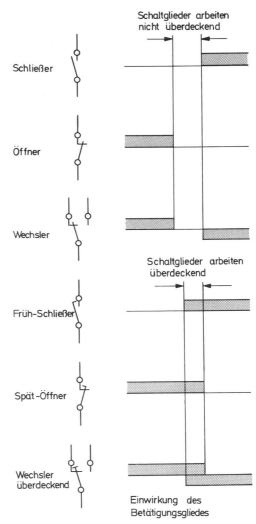

Bild 3.1   Grundfunktionen von Schaltgliedern

3.1.2   Betätigungsglieder

VDE 0660 unterscheidet nach der Betätigungsart in Geräte ohne Hilfsenergie zur Betätigung, Hand-(und Fuß-)Schalter

- ☐ Hauptschalter
- ☐ Wahlschalter
- ☐ Befehlstaster
- ☐ Anstoßschalter
- ☐ Endschalter

43

Gerät mit Hilfsenergie zur Betätigung, Fernschalter

☐ Schütze
☐ Hilfsschütze und Relais
☐ Remanenzschütze

Geräte mit Energiespeichern bei der Betätigung

☐ Sprungschalter
☐ Schnappschalter

3.1.3 Die wichtigsten Schaltgeräte

3.1.3.1 Schütze

Alle *Schütze* haben ein elektrisches Betätigungsglied, sie werden also mit Hilfsenergie betätigt. Die Schützspulen können entweder mit Wechselstrom oder Gleichstrom erregt werden, und je nach Auslegung der Spulen können verschieden hohe Steuerspannungen angeschlossen werden (Kapitel 8.4). Die Leistungsaufnahme der Schützspulen richtet sich nach der Schützgröße, wobei bei wechselstromerregten Spulen zwischen *Anzugs- und Halteleistung* unterschieden werden muß, was wiederum die Dimensionierung des Steuertransformators beeinflußt (Kapitel 8.6). Nach Beginn und Ende der Erregung an der Schützspule schließen und öffnen die Kontakte erst nach Ablauf der Anzugs- und Abfallzeiten (Kapitel 8.7.2).

Das Kontaktsystem der Leistungsschütze wird im wesentlichen vom geforderten *Schaltvermögen* und von der Stromart bestimmt. Jeder Leistungs- oder *Hauptkontakt* hat Doppelunterbrechung und eine eigene Lichtbogenlöschkammer. Die Hilfskontakte von Leistungsschützen und die Kontakte der Hilfs- bzw. Steuerschütze haben nur Schaltkammern ohne Löscheinrichtungen und werden für Nennströme von 2 A bis maximal 20 A gebaut. Sie bewirken durch ihre konstruk-

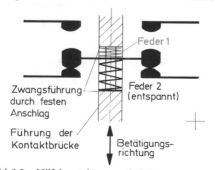

Bild 3.2 *Hilfskontakte von Schützen*

tive Gestaltung ebenfalls eine Doppelunterbrechung der Strombahn. Je nach Hersteller besitzen Hilfsschütze 4 bis 10 Schaltglieder, wobei Art der Schaltglieder (Öffner, Schließer, Spät-Öffner, Spätschließer usw.) je nach Hersteller in gewissem Rahmen frei gewählt werden kann. Hilfsschütze gewährleisten zuverlässige Verriegelungs- und Verknüpfungsfunktionen. Schließer und Öffner sind durch eine gemeinsame *Kontaktbrücke* (Bild 3.2) zwangsgeführt. Das bedeutet, daß z.B. bei Entregen der Schützspule und fehlerhaftem Hängenbleiben nur eines Schließerkontaktes die Öffnerkontakte ebenfalls geöffnet bleiben [55].

Die *Anschlußbezeichnungen* der Schütze sind in **DIN EN 50005, 50011 und 50012** genormt. Spulenanschlüsse erhalten die Kennbuchstaben A1 und A2, die Hauptkontakte einstellige Kennziffern und die Hilfskontakte zweistellige Kennziffern, wobei die erste Stelle der Kennziffer den Rang (= Ordnungsziffer) und die zweite Stelle der Kennziffer die Art (= Funktionsziffer) des Hilfskontaktes angibt. Mit 1−2 ist ein Öffner, mit 3−4 ein Schließer gekennzeichnet (Bild 3.3).

3.1.3.2 Relais

Relais erfüllen ähnliche Funktionen wie Hilfsschütze. Sie sind im allgemeinen für kleinere Erregerspannungen und vor allem fast ausschließlich für Gleichspannungserregung geeignet. Für die Kontaktsysteme werden Kontakte mit Strombelastungen von kleinsten Stromwerten bis etwa 15 A verwendet. Die Kontakte sind einfachunterbrechend und häufig als Wechsler ausgeführt. Als Kontaktmaterial kommen je nach Anwendung verschiedene Werkstoffe, wie z.B. Silber, Gold, Wolfram, Platin, und vor allem eine Vielzahl von Kontaktlegierungen zum Einsatz. Auch in der Kontaktkonstruktion wird eine breite Palette von Lösungen angeboten bis hin zu Quecksilberschaltröhren und Reed- bzw. Röhrchenkontakten in Herkonrelais (Herkon von hermetisch abgeschlossener Kontakt).

Die Zuordnung von Spule und Kontaktsystem der Relais können vom Anwender weitgehend selbst bestimmt werden. Der Relaishersteller gibt für jede Kontaktart die notwendige Erregerleistung der Spule an. Mit der Summe aller Kontakterregerleistungen und der vorhandenen Steuerspannung kann man dann die Spule mit ihren vom Hersteller vorgegebenen Werten selbst festlegen. Immer weitere Verbreitung finden die sog. *Kartenrelais* für den Einsatz auf gedruckten Leiterplatten. An der Trennstelle zwischen Lei-

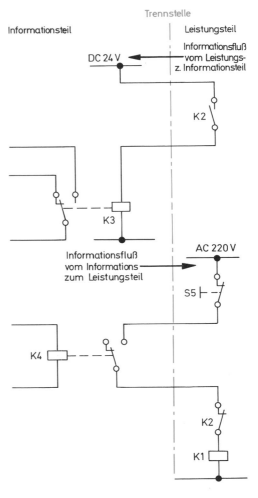

Bild 3.3
Anschlußbezeichnungen
der Schütze

Hauptkontakte **Spule** **Hilfskontakte**

| 1 | 3 | 5 | | A1 | 13 | 21 | 31 | 43 | 53 |
| 2 | 4 | 6 | | A2 | 14 | 22 | 32 | 44 | 54 | –Leistungsschütz

Rang 1 2 3 4 5 usw.

Spule **Hilfskontakte**

A1 A2 13 | 23 | 33 | 43 | 53 | 61 | 71 | 83 –Hilfsschütz
          14 | 24 | 34 | 44 | 54 | 62 | 72 | 84

Rang 1 2 3 4 5 6 7 8

Bild 3.4   Relais an der
Trennstelle zwischen
Leistungs- und
Informationsteil einer
Steuerung

stungsteil einer Steuerung mit Schützen und, Informationsteil mit elektronischen Schaltkreisen werden z.B. Relais auf gedruckten Leiterplatten eingesetzt, die bezüglich ihren Trenn-, Luft- und Kriechstrecken die Anforderung aus VDE 0110, Isolationsklasse C bei 250 V erfüllen müssen. Damit sind Leistungs- und Informationsteile von Steuerungen völlig voneinander unabhängige Baugruppen mit potentialfreien Übergangsstellen (Bild 3.4).

3.1.3.3   Nockenschalter

Nockenschalter besitzen wie Schütze doppelt unterbrechende Kontakte in eigenen Schaltkammern mit und ohne Lichtbogenlöscheinrichtungen und können deshalb sowohl als Leistungs- als auch als Steuerschalter eingesetzt werden. Die Betätigung der Kontakte erfolgt über Nockenscheiben, die Stellung des Schaltknebels wird, bezogen auf die Gesamtdrehung von 360°, durch Rastscheiben mit möglichen Raststellungen bei 30°, 36°, 45°, 60° und 90° bestimmt. Durch Kombination mehrerer Schaltkammerebenen läßt sich eine Vielzahl verschiedener Schaltprogramme verwirklichen.

3.1.3.4   Leistungsschalter

Leistungsschalter und auch *Leistungstrenner* werden in elektrischen Steuerungen als Hauptschalter nach **VDE 0113, 5.6.2**, eingesetzt. Wie bei sicherungsloser und sicherungsarmer Ausführung der Verteilernetze kann auch als Hauptschalter von Steuerungen ein *Leistungsselbst-*

45

schalter mit Bimetall- und elektromagnetischer Schnellauslösung verwendet werden. Zusätzliche Spannungsauslöser zur Fernausschaltung mit Not-Aus-Tastern und Hilfsschalter zur Überwachung und Anzeige der Schalterstellung können an die Leistungsschalter angebaut werden.

3.2 Zeitrelais

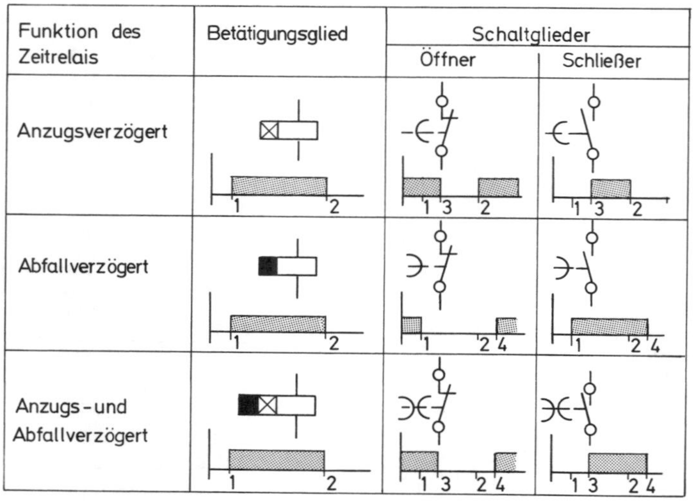

Funktion des Zeitrelais	Betätigungsglied	Schaltglieder	
		Öffner	Schließer
Anzugsverzögert			
Abfallverzögert			
Anzugs- und Abfallverzögert			

Von der Funktion her bietet ein *Zeitrelais* Anzugs- oder Abfallverzögerung und Anzugs- und Abfallverzögerung (Bild 3.5). Die verschiedenen Hilfsgrößen für die Zwischenspeicherung und die damit erreichbaren Zeitbereiche zeigt Bild 2.12 (Kapitel 2.4.2).

Bild 3.5
Grundfunktionen der Zeitrelais

3.3 Befehlsgeräte und Eingabewandler

3.3.1 Befehlstaster

Bei *Befehlsgeräten* sind nach **VDE 0113, 8.2.3.2** und **8.2.5**, die Farben der Tastelemente der Befehlsart und Funktion zugeordnet (Tabelle 3.1 und 3.2). Unabhängig von den Farben können weitere Bezeichnungen am Befehlsgerät vorhanden sein. Nach der konstruktiven Gestaltung der Tastelemente unterscheidet man Drucktaster, Wahltaster mit und ohne Raststellung, Pilztaster, Schlagtaster mit und ohne Verschlüsselung bei Entsperrung durch Drehen und Schlüsseltaster.

3.3.2 Grenztaster

Die am häufigsten verwendeten *Grenztaster* haben ein ähnlich aufgebautes Kontaktsystem wie Hilfsschütz (Bild 3.2) und gewährleisten damit dieselbe Zuverlässigkeit bei Verriegelungs- und Verknüpfungsfunktionen. Bild 3.6 zeigt in einem Betätigungsdiagramm den zuverlässigen *Anfahr-* *winkel* in Abhängigkeit von der *Anfahrgeschwindigkeit* bei verschiedenen, konstruktiven Ausführungen der Betätigungselemente. Das Schließen und Öffnen der Kontakte erfolgt in etwa mit derselben Geschwindigkeit wie die Betätigung. Bei sehr langsamer Betätigung werden deshalb sinnvollerweise Grenztaster mit Sprungkontakten eingesetzt, deren Kontaktsysteme allerdings meist keine Doppelunterbrechung haben. Berührungslose Grenztaster arbeiten bei Beachtung der Kenn- und Grenzwerte praktisch verschleiß- und damit auch wartungsfrei und können in vielen Fällen mit höherer Geschwindigkeit angefahren werden. *Magnetschalter* und induktiv arbeitende *Näherungsinitiatoren* benötigen einen Schaltmagneten, kapazitiv arbeitende Näherungsinitiatoren erfassen die Annäherung meist metallischer Gegenstände, und *Lichtschranken* ändern ihren Signalzustand bei Unterbrechung eines Lichtstrahles.

46

Tabelle 3.1 Farben für Drucktaster der Befehlsgeräte

Farbe	Bedeutung der Farbe	Typische Anwendungsbereiche
Rot	Handeln im Gefahrenfall	– NOT-AUS – Brandbekämpfung
	HALT oder AUS	– Alles stillsetzen – Stillsetzen (Stoppen) eines oder mehrerer Motoren – Stillsetzen eines Teiles der Maschine – Zyklusstillsetzen (wenn die Bedienungsperson den Drucktaster während eines Zyklus betätigt, hält die Maschine, nachdem der laufende Zyklus beendet ist) – Ausschalten eines Schaltgerätes – Rückstellung kombiniert mit HALT-Funktion
Gelb	Eingriff	Eingriff zur Beseitigung abnormaler Bedingungen oder zur Verhinderung unerwünschter Änderungen, beispielsweise: – Rücklauf von Maschineneinheiten zum Ausgangspunkt des Zyklus, falls dieser noch nicht abgeschlossen war. Das Betätigen des gelben Drucktasters kann andere, vorher gewählte Funktionen außer Kraft setzen.
Grün	START oder EIN	– Alles starten – Anlauf eines oder mehrerer Motoren – Anlauf eines Teiles der Maschine – Starten von Hilfsfunktionen – Einschalten eines Schaltgerätes – Steuerstromkreis an Spannung legen
Blau	Jede beliebige Bedeutung, für die keiner der obengenannten Farben gilt	Eine Funktion, für die keine der Farben Rot, Gelb und Grün gilt, kann in besonderen Fällen dieser Farbe zugeordnet werden.
Schwarz Grau Weiß	Keiner besonderen Bedeutung zugeordnet	Darf für jede Funktion angewendet sein mit Ausnahme der Drucktaster mit alleiniger HALT- oder AUS-Funktion. Beispiele: – Schwarz: Tippbetrieb, Tippen beim Einrichten – Weiß: Steuern von Hilfsfunktionen, die nicht direkt mit dem Arbeitszyklus zusammenhängen

3.3.3 Eingabewandler

Durch die *Eingabewandler* werden beliebige von Gebern erfaßte physikalische Größen, z.B. Druck, Weg, Beschleunigung, Temperatur, Feuchtigkeit, Lichtstärke, in eine analoge oder digitale elektrische Größe umgewandelt. In der elektrischen Steuerungstechnik kommen praktisch nur digitale Ausgangsgrößen in Form von potentialfreien Kontakten in Betracht.

Als Geber kommen grundsätzlich *aktive Geber* und *passive Geber* zur Anwendung. In **aktiven Gebern** wird die mechanische, thermische o.ä. Energie direkt in elektrische Größen umgewandelt, z.B. in piezoelektrischen Gebern. Bei **passiven Gebern** beeinflußt die physikalische Größe eine elektrische Größe, z.B. einen Widerstand. Ein Geber mit **direkter Umformung** ist beispielsweise ein Bimetallkontakt. Geber mit **indirekter Umformung** sind häufiger und haben oft mehrere Umformungsstufen im Eingabewandler.

Tabelle 3.2   Farben für Leuchttaster

Farbe und Anwendungsart	Bedeutung des aufleuchtenden Knopfes	Funktion des Knopfes	Anwendungsbeispiele und Hinweise
ROT Anzeige		HALT oder AUS und in bestimmten Anwendungsfällen RÜCKSTELLUNG (nur wenn die gleiche Taste auch für HALT verwendet wird)	
GELB (Bernstein) Anzeige	Achtung oder Vorsicht	Start einer Handlung zur Vermeidung gefährlicher Zustände	Ein Wert (Strom, Temperatur) nähert sich seinem zulässigen Grenzwert Die Betätigung des gelben Druckknopfes kann andere, vorher gewählte Funktionen außer Kraft setzen
GRÜN Anzeige	Maschine oder Einheit einschaltbereit	START oder EIN nach Freigabe durch Aufleuchten des Knopfes	– Start eines oder mehrerer Motoren für Hilfsfunktionen – Start von Maschinenteilen – Erregung magnetischer Spannfutter oder -platten – Start eines Zyklus oder eines Teilablaufes
BLAU Anzeige	Jede Bedeutung, die nicht durch die oben angegebenen Farben und WEISS erfaßt wird	Jede Funktion, die nicht durch die oben angegebenen Farben und WEISS abgedeckt ist	Anzeige oder Befehl an den Bedienenden, eine bestimmte Aufgabe auszuführen, beispielsweise Durchführung einer Einstellung. (Nachdem diese Forderung erfüllt ist, drückt er die Taste als Quittierung)
WEISS (Klar) Bestätigung	Ständige Bestätigung, daß ein Stromkreis an Spannung liegt oder daß eine Funktion oder Bewegung gestartet oder vorgewählt wurde	Schließen eines Stromkreises oder Start oder Vorwahl	Ein Hilfsstromkreis, der nicht zum Arbeitszyklus gehört, wird an Spannung gelegt Start oder Vorwahl – der Richtung der Vorschubbewegung – der Geschwindigkeiten usw.

Anmerkung: Rote Leuchttaster sollen möglichst nicht verwendet werden

3.4   Meldegeräte

Auch für *Meldeleuchten* sind in **VDE 0113, 8.2.4.3,** die zu verwendenden Farben vorgeschrieben (Tabelle 3.3). Meldeleuchten können durch zusätzliche Vorsatzlinsen ergänzt werden. In Industriesteuerungen sind Meldeleuchten mit 2-W-Glühlampen, evtl., falls notwendig, zusammen mit einem Anpassungstrafo oder mit Glimmlampen ausgerüstet.

Zu den optischen Meldegeräten sind auch elektromechanisch arbeitende *Fallklappenrelais,* gasgefüllte *Ziffernanzeigeröhren, Leuchtdioden-Anzeigeelemente* und *Flüssigkristall-Anzeigegeräte* zu rechnen.

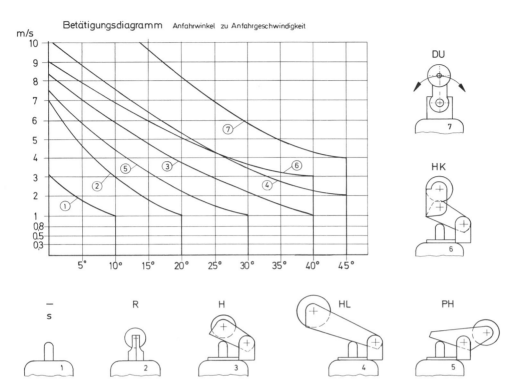

Bild 3.6 Betätigungsdiagramm von Grenztastern

Akustische Meldegeräte, wie *Sirenen, Wecker, Hupen, Gongs* und *Klingeln,* sind in verschiedenen Klangfarben und Lautstärken für alle üblichen Spannungen und Stromarten erhältlich. Sie werden häufig in Verbindung mit optischen Sichtmeldern eingesetzt, wobei durch das akustische Signal „unüberhörbar" auf das optische Signal aufmerksam gemacht werden soll.

3.5 Schutzgeräte

Schutzgeräte sollen Stromkreise und Geräte bei Überlastung und Kurzschlüssen vor Zerstörung schützen. Auf die speziellen Probleme des Motorschutzes wird im Kapitel 8.3 näher eingegangen.

3.5.1 Schmelzsicherungen

Abschaltendes Element aller *Schmelzsicherungen* ist ein **Schmelzleiter.** Querschnitt und Werkstoff der Schmelzleiter bestimmen im wesentlichen die *Abschaltcharakteristik* der Sicherung. Von der Bauform her gibt es *Glasrohrsicherungen, Schraubsicherungseinsätze* und *NH-Sicherungseinsätze* mit hochhitzebeständigen **Isolierkörpern aus Steatit.** Ab etwa 2 A Nennstrom wird im Sicherungskörper ein Löschmittel aus besonders ausgesuchtem **Quarzsand** verwendet.

Nach der Strom-Zeit-Ausschaltcharakteristik gibt es ein träges, ein flinkes und ein superflinkes Auslöseverhalten der Sicherung. Für den Schutz

Tabelle 3.3 Farben für die Anzeige von Betriebszuständen

Farbe	Bedeutung d. Farbe	Erklärung	Typische Anwendung
ROT	Gefahr oder Alarm	Warnung vor möglicher Gefahr oder einem Zustand, der ein sofortiges Eingreifen erfordert	– Druckausfall im Schmiersystem – Temperatur außerhalb vorgegebener (sicherer) Grenzen – Befehl, die Maschine sofort zu stoppen (beispielsweise wegen Überlast) – Wesentliche Teile der Ausrüstung gestoppt durch Ansprechen einer Schutzeinrichtung – Gefahr durch zugängliche aktive oder sich bewegende Teile
GELB	Vorsicht	Veränderung oder bevorstehende Änderung der Bedingungen	– Temperatur (oder Druck) abweichend vom Normalpegel – Überlast, deren Dauer nur innerhalb beschränkter Zeit zulässig ist – automatischer Zyklus läuft
GRÜN	Sicherheit	Anzeige eines sicheren Betriebs-zustandes oder Freigabe des weiteren Betriebsablaufes	– Kühlflüssigkeit läuft – Automatische Kesselsteuerung eingeschaltet – Maschine fertig zum Start: alle notwendigen Hilfseinrichtungen funktionieren, die Einheiten befinden sich in der Ausgangsstellung, und der hydraulische Druck oder die Ausgangsspannung eines Motorgenerators liegen innerhalb des vorgegebenen Bereiches – Zyklus beendet und Maschine bereit zu neuem Start
BLAU	Spezielle Bedeutung (Information, die ggf. gemäß den besonderen Anforderungen zugeordnet wird)	BLAU darf jede beliebige Bedeutung haben, die nicht durch die o.g. Farben ROT, GELB und GRÜN abgedeckt ist	– Anzeige für Fernsteuerung – Wahlschalter in der „Einricht"-Stellung – Eine Einheit in Vorwärtsstellung – Mikrovorschub eines Schlittens oder einer Einheit
WEISS	Keine spezielle Bedeutung zugeordnet (neutral) (allgemeine Information)	Beliebige Bedeutung; darf angewendet werden, wenn bezüglich der Anwendung der 3 Farben ROT, GELB und GRÜN Zweifel bestehen, z.B. als Bestätigung	– Hauptschalter in EIN-Stellung – Wahl der Geschwindigkeit oder der Drehrichtung – Nicht zum Arbeitszyklus gehörende Hilfseinrichtungen sind in Betrieb

Anmerkung: Es darf ein Blinklicht der entsprechenden Farbe benutzt werden

von Halbleiterbauelementen werden superflinke Gleichrichtersicherungen eingesetzt.
Schmelzsicherungen trennen die Strombahn beim Auslösen absolut sicher auf. Durch das Abschmelzen eines Schmelzleiters kann es zu keiner Fehlhandlung kommen, wie z.B. beim Öffnen von Kontakten infolge Kontaktschweißens.

3.5.2 Sicherungsselbstschalter

Sicherungsselbstschalter besitzen ein elektrothermisches Auslösesystem mit Bimetallelementen zum Schutz gegen Überlastung und ein elektromagnetisches Auslösesystem zum Schutz gegen Kurzschlüsse. Beide Systeme wirken unabhängig voneinander auf die mechanischen Abschaltorgane. Für Sonderfälle werden auch Sicherungsselbstschalter nur mit elektrothermischer oder nur mit elektromagnetischer Auslösung gebaut.

Kleine Sicherungsselbstschalter werden auch *Sicherungsautomaten* genannt. Nach der Strom-Zeit-Auslösecharakteristik gibt es **H-Automaten, L-Automaten, G-Automaten** und **K-Automaten**. Motorschutzschalter erlauben die Anpassung der elektrothermischen Auslösung an den Motornennstrom mit einer Stellschraube. Leistungsselbstschalter dienen vor allem in Energieverteilungsanlagen dem Anlagenschutz.

Gegenüber Schmelzsicherungen haben Sicherungsselbstschalter den Vorteil, daß die Strom-Zeit-Kennlinie anpassungsfähig ist. Bei falsch eingesetzten Sicherungsselbstschaltern kann es aber zum Verschweißen von Kontakten kommen. Schaltervorsicherungen sollen deshalb gruppenweise zusammengefaßten Sicherungsselbstschaltern vorgeschaltet werden. Die Größe der Vorsicherungen wird vom Hersteller der Sicherungsselbstschalter empfohlen. Auf jeden Fall muß sichergestellt sein, daß alle Sicherungsbauteile selektiv zueinander arbeiten, d.h., es müssen immer die der Fehlerstelle nächstliegenden Sicherungsselbstschalter oder Schmelzsicherungen auslösen.

3.6 Bauelemente

3.6.1 Widerstände

Unterscheidungsmerkmale:
Die **Baugröße** steht in direktem Zusammenhang zur zulässigen Verlustleistung des Widerstandes. Sie wird in Watt angegeben.
Die **Bauart** wird bestimmt durch den Verwendungszweck. Es sind dies Festwiderstände mit und ohne Anzapfungen, veränderbare Widerstände mit stetiger oder stufiger Verstellbarkeit und evtl. mit Hilfsantrieben. Als *Widerstandsmaterial* dienen Kohleschichten, Metallfilme und Metalldrähte verschiedener Werkstoffe. Keramik wird als Träger des Widerstandsmaterials eingesetzt, zu dessen Schutz kommen Glasuren oder bei Kleinwiderständen Speziallacke zur Anwendung.
Die zulässigen Toleranzen des angegebenen Widerstandswertes werden vom Werkstoff des Widerstandsmaterials bestimmt. Durch statistische Auslese bei der Werksprüfung werden die gefertigten Widerstände darüber hinaus in Toleranzgruppen eingeteilt und entsprechend gekennzeichnet. Bei kleinen Widerständen werden Widerstandswert und Toleranz durch einen *Farbcode* angebracht (Tabelle 3.4). Entsprechend den verlangten Toleranzen werden die Widerstandswerte nach einer Vorzugsreihe festgelegt (Tabelle 3.5). Temperaturabhängige Widerstände, auch *Thermistoren* genannt, verändern ihren Widerstandswert sehr stark mit der **Temperatur. NTC-Wider**stände bzw. *Heißleiter* haben einen negativen Temperaturkoeffizienten und sind deshalb in heißem Zustand leitend. **PTC-Widerstände** bzw. *Kaltleiter* haben dagegen einen positiven Temperaturkoeffizienten und leiten in kaltem Zustand wesentlich besser. Bei der Kenntemperatur (eigentlich innerhalb eines Bereiches von 5 bis 10 °C) nimmt der Widerstandswert um mindestens drei Dekaden zu.
Bei spannungsabhängigen Widerständen, auch **Varistoren** oder **VDR-Widerstände** (von voltage dependent resistor) genannt, nimmt der Widerstandswert bei einem bestimmten **Spannungswert** fast schlagartig sehr stark zu. Man verwendet deshalb Varistoren zur Spannungsspitzenbedämpfung (Kapitel 8.7.2).

3.6.2 Kondensatoren

Festkondensatoren als Kunststoffolienkondensatoren, als Papier- und Metallpapierkondensatoren und als Keramikkondensatoren sind ungepolte Kondensatoren und werden vor allem bei Wechselspannungsanwendung mit Nennspannungen bis 630 V~ eingesetzt. Festkondensatoren als Aluminium- und Tantal-Elektrolytkondensatoren sind im allgemeinen gepolte Kondensatoren für Gleichstromanwendung und erreichen bei kleinen Spannungen hohe Kapazitätswerte in kleinsten Baugrößen.
Veränderbare Kondensatoren haben in der elek-

Tabelle 3.4 Farbcode von Widerständen

Internationaler Farbcode
für Widerstände und Kondensatoren

Farbe	1.Ring oder Punkt gleich 1. Ziffer	2.Ring oder Punkt gleich 2. Ziffer	3.Ring oder Punkt gleich Zahl d. Nullen	4.Ring oder Punkt gleich Toleranz	5.Ring b. Kondens.gleich Betr.-Spg.	bei Widerständen Gütekl.
Schwarz	0	0	keine 0	± 0,5 %		
Braun	1	1	0	± 1 %	100 V	
Rot	2	2	00	± 2 %	200 V	0,5 DIN
Orange	3	3	000		300 V	
Gelb	4	4	0 000		400 V	2 DIN
Grün	5	5	00 000		500 V	
Blau	6	6	000 000		600 V	
Violett	7	7		± 30 %	700 V	
Grau	8	8			800 V	
Weiß	9	9			900 V	
Gold			x 0,1	± 5 %	1 000 V	
Silber			x 0,01	± 10 %	2 000 V	
Keine Kennzeichnung				± 20 %	500 V	5 DIN

Rot Violett Gelb Braun

Beispiel: 2   7   0000   ± 1 % = 270 kΩ

trischen Steuerungstechnik praktisch keine Bedeutung.

Bestimmende Größen bei Kondensatoren sind
die **Nennkapazität** in F (Farad) bzw. in μF (Mikrofarad),
die **Nennbetriebsspannung**,
der **Toleranzbereich** für die Kapazität (vor allem bei *Elektrolytkondensatoren*),

der **Betriebs-Temperaturbereich**,
die **Grenzfrequenz** f_g (z.B. bei *Papierkondensatoren*)

Motorkondensatoren für den Anlauf bei Wechselstrommotoren und *Funkentstörungskondensatoren* sind Kondensatoren, die für ihren besonderen Anwendungsfall entwickelt und gebaut werden.

Der *kapazitive Blindwiderstand* X_C eines Kondensators ist

$$X_C = \frac{1}{\omega \cdot C}$$

mit $\quad \omega = 2 \cdot \pi \cdot f \quad$ in Hz

und $\quad C \quad$ in F (Farad)

Bei $f = 0$ geht also $X_C \to \infty$, d.h., der Gleichstromwiderstand einer reinen Kapazität ist unendlich groß. Man kann mit Kondensatoren demgemäß Gleichströme abblocken. Je höher die Frequenz f wird, um so kleiner wird der kapazitive Blindwiderstand.

3.6.3 Drosseln und Transformatoren

Drosseln sind induktive Blindwiderstände mit niedrigem ohmschen Widerstandsanteil. Der *induktive Blindwiderstand* X_L wird

$$X_L = \omega \cdot L$$

mit $\quad \omega = 2 \cdot \pi \cdot f \quad$ in Hz

und $\quad L \quad$ in H (Henry)

Drosseln sind als Kupferspule auf einem Eisenkern aus lamelliertem Blech, z.T. mit Luftspalt oder auf einem Ferritkern aufgebaut.
Transformatoren besitzen mindestens eine Primärwicklung und eine Sekundärwicklung auf einem gemeinsamen Eisenkern. In der Steuerungstechnik ist es vor allem der Steuertransformator (Bild 3.7), der praktisch in jeder Steuerung angewendet wird (Kapitel 8.6).

Das *Übersetzungsverhältnis*

$$\ddot{U} = \frac{W_1}{W_2} \approx \frac{U_{10}}{U_{20}}$$

mit W_1 = Primärwindungszahl
$\quad W_2$ = Sekundärwindungszahl
$\quad U_{10}$ = Primär-Leerlaufspannung
$\quad U_{20}$ = Sekundär-Leerlaufspannung

ist die bestimmende Größe bei der Transformatorauslegung. Die Transformator-Durchgangsleistung in VA (Volt-Ampere) bestimmt die Baugröße des Transformators und wird von der angeschlossenen Belastung gefordert. Setzt man vereinfacht die Primärleistung P_1 gleich der Sekundärleistung P_2 und vernachlässigt also den *Wirkungsgrad* η des Transformators, so ergibt sich

Tabelle 3.5 Vorzugswerte für Widerstände

Internationale Vorzugsreihen nach IEC und DIN 41920
zum Erreichen einer kleinen Lagerhaltung

Toleranz ± 20% Reihe E6	Toleranz ± 10% E12	Toleranz ± 5% E24
10	10	10
		11
	12	12
		13
15	15	15
		16
	18	18
		20
22	22	22
		24
	27	27
		30
33	33	33
		36
	39	39
		43
47	47	47
		51
	56	56
		62
68	68	68
		75
	82	82
		91

$$P_1 \approx P_2$$

$$U_1 \cdot I_1 \approx U_2 \cdot I_2$$

$$\frac{U_1}{U_2} \approx \frac{I_2}{I_1}$$

d.h., das Verhältnis der Spannungen ist umgekehrt proportional zum Verhältnis der Ströme. Der Wirkungsgrad η üblicher Steuertransformatoren liegt zwischen 0,90 und 0,95.
Neben der Durchgangsleistung ist auch der Leistungsfaktor der sekundärseitig angeschlossenen Verbraucher für die Transformatorauslegung von Bedeutung.

Bild 3.7 Anschlußbezeichnungen eines Steuertransformators

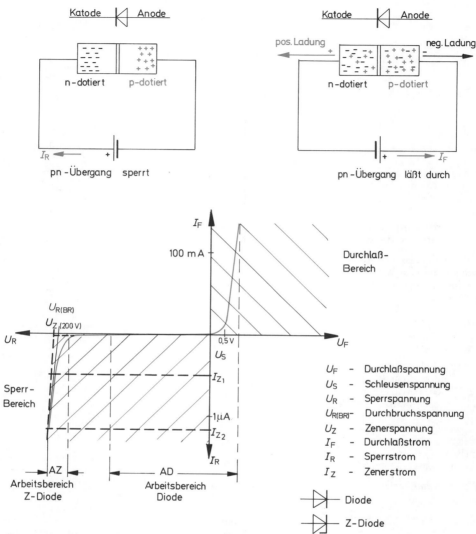

Bild 3.8   Wirkungsprinzip und Kennlinie einer Diode

3.6.4   Halbleiterbauelemente

Halbleiterbauelemente sind elektronische Bauelemente, die vor allem auch bei Relaissteuerungen und bei Steuerungshilfsfunktionen innerhalb von elektrischen Steuerungen zum Einsatz kommen. Die *Diode* ist nur für eine Stromrichtung durchlässig (Ventilwirkung). Für die andere Stromrichtung stellt sie einen sehr hohen Widerstand dar.

Wie Bild 3.8 zeigt, besteht eine Diode aus einer p-dotierten Halbleiterschicht, in dem die positiven Ladungsträger im Überschuß sind, und aus einer n-dotierten Halbleiterschicht, in dem die negativen Ladungsträger im Überschuß sind. Je nach Polarität der Spannungsquelle wird der pn-Übergang gesperrt, d.h. praktisch frei von Ladungsträgern, oder durchlässig und damit von Ladungsträgern überschwemmt. Die (I, U)-Kennlinie hat demgemäß einen *Durchlaßbereich* und einen *Sperrbereich*. Die charakteristischen Werte für eine kleine Schaltdiode sind im Bild 3.8 eingetragen.

Der *Arbeitsbereich* AD einer Diode befindet sich im Durchlaßbereich und in dem Teil des Sperrbereiches, wo der Sperrstrom I_R einen sehr kleinen Wert hat. Besonders gezüchtete Dioden, die Z-Dioden oder Zenerdioden, arbeiten in dem für normale Dioden verbotenen Teil des Sperrbereiches AZ bei der Durchbruchsspannung U_R. Gegenüber normalen Dioden erfolgt der Durchbruch aber sehr scharf mit sehr steilem Verlauf der Kennlinie. Bei den durch die äußere Beschaltung bestimmten Strömen I_{Z1} und I_{Z2} ändert sich die Spannung U_Z an der Z-Diode (Zenerdiode) nur unwesentlich. Die Z-Diode wird deshalb vor allem als *Referenzelement* in Stabilisierungs- und Regelungsschaltungen eingesetzt.

Ein *Transistor* stellt eine Halbleiteranordnung dar, bei der drei unterschiedlich dotierte Zonen schichtweise aufeinanderfolgen. Je nach Anordnung der Schichten kann nach npn- oder pnp-Transistoren unterschieden werden (Bild 3.9). Bedingt durch den einfacheren Herstellungsprozeß werden heute vorwiegend npn-Transistoren eingesetzt.

Ein Transistor besitzt jeweils einen pn-Übergang zwischen Basis und Kollektor. Elektrisch wird normalerweise ein Transistor nun so vorgespannt, daß der Basis-Emitter-pn-Übergang in Durchlaßrichtung, der Basis-Kollektor-pn-Übergang in Sperrichtung betrieben wird (Bild 3.10). Die Spannung U_{BE} ist so gepolt, daß der pn-Übergang zwischen Basis und Emitter in Durchlaßrichtung betrieben wird und dadurch niederohmig ist. Aus der stark dotierten Emitterzone strömen negative Ladungsträger (Elektronen) in die dünne, schwach dotierte Basiszone. Aufgrund der geringen Basisdicke gelangen die meisten Elektronen in den Bereich der Kollektor-Basis-Grenzschicht und werden durch das hier herrschende elektrische Feld, hervorgerufen durch U_{CB}, in die Kollektorzone gezogen. Mit dem Strom I_B von der Basis zum Emitter kann also der Strom I_C vom Kollektor zum Emitter gesteuert werden. Das Ausgangskennlinienfeld im Bild 3.11 zeigt diesen Zusammenhang. Für die Anwendung des Transistors als Schalter wird nur zwischen den Bereichen I (Transistor gesperrt, Schalter offen) und III (Transistor leitend = Schalter geschlossen) umgeschaltet. Der eigentliche aktive Verstärkerbereich II muß dabei so schnell wie möglich durchlaufen werden. Die Analogie zwi-

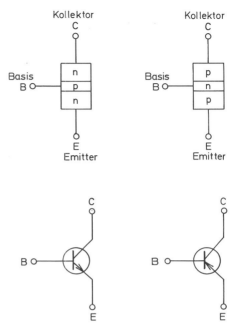

Bild 3.9 Aufbau von Transistoren

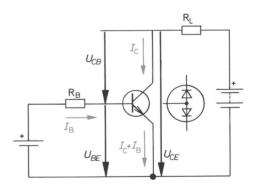

Bild 3.10 Schaltung eines npn-Transistors

schen Relais und Transistor bei dieser Betrachtungsweise zeigt Bild 3.12.

Weitere Halbleiterbauelemente, wie Thyristoren, Triac, Unijunction-Transistoren, Feldeffekttransistoren und die große Gruppe der integrierten Schaltkreise, werden im Rahmen dieses Buches nicht besprochen [10, 30, 34, 37, 50, 59, 61].

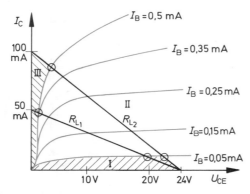

Bild 3.11   Transistor-Ausgangslinienfeld

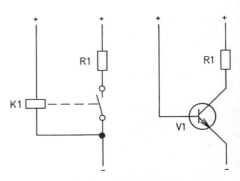

Bild 3.12   Analogie zwischen Relais und Transistor

3.7   Verdrahtungshilfsmittel

3.7.1   Leitungen und Kabel

Die Gruppierung der *Leitungen* und *Kabel* ist vielfältig und umfangreich [28]. Unterscheidungen nach der Verlegungsart, ortsfest oder beweglich, nach der mechanischen Beanspruchung, nach dem Verwendungszweck usw. bestimmen die Auswahl der Leitung. Mindestquerschnitte von Kupferleitern und weitere Anforderungen an Leitungen enthalten VDE-Vorschriften, wie z.B. **VDE 0113** und **VDE 0100**.

Die Bezeichnung der Leitungen ist genormt. Es bedeutet beispielsweise in der älteren Bezeichnungsweise

NYM-J   Normen kunststoffisolierte Mantelleitung **mit** grün-gelb gekennzeichnetem Schutzleiter

NYM-O   Normen kunststoffisolierte Mantelleitung **ohne** grün-gelb gekennzeichneten Schutzleiter

Die neuere Bezeichnungsweise nach **DIN 57281/VDE 0281** und **DIN 57282/VDE 0282** wurde für die sog. harmonisierten Leitungstypen eingeführt.

Um die Verständigung zu erleichtern, erhalten die harmonisierten Leitungstypen eine neue Kurzbezeichnung (siehe auch **DIN 57292/VDE 0292**). Diese setzt sich aus 3 Blöcken zusammen (siehe **Tabelle 3.6**). Der erste Block bezeichnet die Bestimmung oder Norm, nach der die Leitung gefertigt ist und die Nennspannung.

Der zweite Block gibt das Kurzzeichen für die verwendeten Isolier- und Mantelwerkstoffe, eine besondere Leitungsbauform (z.B. flache Ausführung) und die Leiterart.

Der dritte Block enthält Aderzahl und Leiter-querschnitt sowie Kurzzeichen des Schutzleiters. Die Kurzzeichen des ersten und zweiten Blocks folgen einander ohne Abstand, die Leiterform wird am Ende des zweiten Blocks stets nach einem Bindestrich angegeben. Der dritte Block wird durch einen Abstand von dem zweiten Block getrennt.

Beispiele:

Harmonisierte mittlere Kunststoffschlauchleitung ohne grüngelben Schutzleiter 2 × 1,5 mm² : H05VV-F 2X1,5.

Harmonisierte schwere Gummischlauchleitung 3 × 1,5 mm² mit grüngelbem Schutzleiter: HO7RN-F 3G1,5.

Anerkannter nationaler Typ der schweren Gummischlauchleitung 12 × 2,5 mm² mit grüngelbem Schutzleiter: A07RN-F 12G2,5.

Auch die Kennzeichnung der einzelnen Adern einer Mantelleitung ist genormt [27]. Neben der farblichen Kennzeichnung bei Leitungen mit bis zu 5 Adern je Leitungen ist die Numerierung der einzelnen Adern insbesondere bei Steuerleitungen üblich.

3.7.2   Verbindungsmaterial

Klemmen aller Art und *Stecker* in ein- und mehrpoliger Ausführung bilden das Verbindungsmaterial der Steuerung.

Die Klemmstellen müssen **gegen Selbstlockern gesichert** sein. Lötverbindungen sollten nur in Ausnahmefällen verwendet werden. Alle Klemmen müssen mit Bezeichnungen versehen sein, die mit dem Schaltplan übereinstimmen. Vielfach-

Tabelle 3.6   Typenkurzzeichen für harmonisierte Leitungen

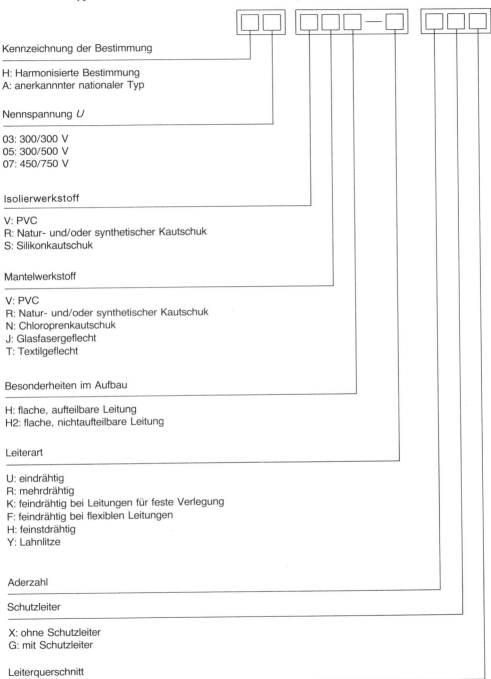

Kennzeichnung der Bestimmung

H: Harmonisierte Bestimmung
A: anerkannnter nationaler Typ

Nennspannung *U*

03: 300/300 V
05: 300/500 V
07: 450/750 V

Isolierwerkstoff

V: PVC
R: Natur- und/oder synthetischer Kautschuk
S: Silikonkautschuk

Mantelwerkstoff

V: PVC
R: Natur- und/oder synthetischer Kautschuk
N: Chloroprenkautschuk
J: Glasfasergeflecht
T: Textilgeflecht

Besonderheiten im Aufbau

H: flache, aufteilbare Leitung
H2: flache, nichtaufteilbare Leitung

Leiterart

U: eindrähtig
R: mehrdrähtig
K: feindrähtig bei Leitungen für feste Verlegung
F: feindrähtig bei flexiblen Leitungen
H: feinstdrähtig
Y: Lahnlitze

Aderzahl

Schutzleiter

X: ohne Schutzleiter
G: mit Schutzleiter

Leiterquerschnitt

stecker, die ohne zusätzliche Hilfsmittel (Werkzeuge) gelöst werden können, dürfen in keine andere Steckvorrichtung eingesteckt werden können. Alle Anschlußstellen müssen für Querschnitt und Art der anzuschließenden Leiter geeignet sein. An eine Klemmstelle sollte **möglichst nur ein Leiter** angeschlossen werden.

3.7.3 Verlege- und Hilfsmittel

Im Steuerschrank können die Aderleitungen auf vier verschiedene Arten verlegt werden:
In einem **Kabelbaum** werden alle Aderleitungen zusammengefaßt. Der Kabelbaum wird mehrfach mechanisch durch Kabelbinder abgestützt.
Bei der **X-Verdrahtung** werden die Aderleitungen von vorne durch die Befestigungsplatte geführt und hinter ihr „wild" bis zum nächsten Anschlußpunkt nach vorne wieder durchgeführt.
Bei der **Kanalverdrahtung** werden die Aderleitungen in Kabelkanäle verlegt, die vorne zwischen den Geräten montiert werden.
Die erhöhte Montage der Schaltgeräte und speziellen Kabelkanäle erreicht eine **Kombination** von X-Verdrahtung und Kanalverdrahtung.

4 Anwendung der Schaltalgebra bei Schütz- und Relaissteuerungen

Eine Schaltung wird nach einer vorgegebenen Aufgabe entwickelt und aufgebaut. Die Aufgabenstellung könnte als verbale Beschreibung, z.B. in Form eines Pflichtenheftes, oder als Funktionsschaltplan vorliegen. Zur weiteren Lösung der Schaltungsaufgabe lassen sich nun drei verschiedene Wege beschreiten:

Beim **intuitiven Lösungsweg** wird man durch Probieren aufgrund von Erfahrung und Wissen eine Schaltung entwickeln. Dieses Lösungsverfahren läßt sich nicht objektivieren, und für ein und dieselbe Aufgabe wird jeder Schaltungstechniker seine mehr oder weniger optimale Aufgabenlösung vorlegen können.

Beim **mathematischen Lösungsweg** wird durch Anwendung der aus der *booleschen Algebra* entstandenen *Schaltalgebra* [30] die Schaltung durch mathematische Gleichungen beschrieben. Auf diese Weise ist es möglich, Schaltungen auch mit Hilfe von EDV-Anlagen zu entwickeln. Beim Ausarbeiten von elektronischen Steuerungen wird die Schaltalgebra allgemein angewendet. Bei elektrischen Steuerungen dagegen, die vorwiegend mit Schaltgeräten arbeiten, ist die mathematische Lösung einer Schaltungsaufgabe bisher wenig gebräuchlich.

Beim **Lösungsweg mit Grundschaltungen** wird die Schaltungsaufgabe durch Zusammenfügen bereits erprobter Schaltungsbausteine, der *Grundschaltungen,* erarbeitet. Grundschaltungen in diesem Sinne können sowohl kleine Schaltungen mit zwei Hilfsschützen sein als auch Schaltungen von kompletten Werkzeugmaschinen. Entscheidend ist die Wiederverwendbarkeit bei ähnlichen Steuerungsaufgaben. Notwendige schaltungstechnische Ergänzungen zur Anpassung an die neue Aufgabenstellung werden meist intuitiv erarbeitet, sie können aber auch mit Hilfe der Schaltalgebra beschrieben werden.

Es ist zu erwarten, daß in Zukunft vermehrt *hybride Steuerungsaufbauten* zur Anwendung gelangen werden. Entsprechend der gerätetechnischen Einteilung nach **VDE 0160,** wie sie in Kapitel 2.3 beschrieben wurde, könnte dieser hybride oder gemischte Steuerungsaufbau im Informationsteil mit einer elektronischen Steuerung ausgestattet sein und im Leistungsteil einen umfangreichen Steuerteil mit Leistungs- und Hilfsschützen besitzen. Da elektronische Steuerungen praktisch ausschließlich mit mathematischen Verfahren entwickelt werden, wird im folgenden versucht, ein ähnliches Entwicklungsverfahren für elektrische Steuerungen zu erarbeiten.

4.1 Voraussetzungen für die Anwendung der Schaltalgebra

Die möglichen binären Signalzustände werden, wie in Kapitel 2.4 bereits erläutert, in diesem Buch mit **Signal vorhanden = 1, Signal nicht vorhanden = 0** bezeichnet. Es war lange Zeit üblich, den Signalzustand 1 mit dem Zeichen L zur besseren Abgrenzung gegenüber der mathematischen Algebra zu bezeichnen [32, 33]. Z.Z. beginnt sich in der Anwendung bei elektronischen Steuerungen die Bezeichnung

H (von high) für Signal vorhanden
L (von low) für Signal nicht vorhanden

gem. **DIN 41785, Teil 4,** durchzusetzen.

In der Schaltalgebra wird mit den Grundverknüpfungen **Und** (Konjunktion), **Oder** (Disjunktion) und der Negation **Nicht** gearbeitet. Als Symbolik werden verwendet

für Und = $\cdot$, $\wedge$
für Oder = $+$, $\vee$
für Nicht = $^{-}$, $\neg$

Im weiteren Verlauf wird hier die erstgenannte Symbolik verwendet, obwohl die zweitgenannten Symbole in **DIN 66000** genormt sind und durch Einführung der „Neuen Mathematik" an den Schulen [35] eine größere Verbreitung erfahren

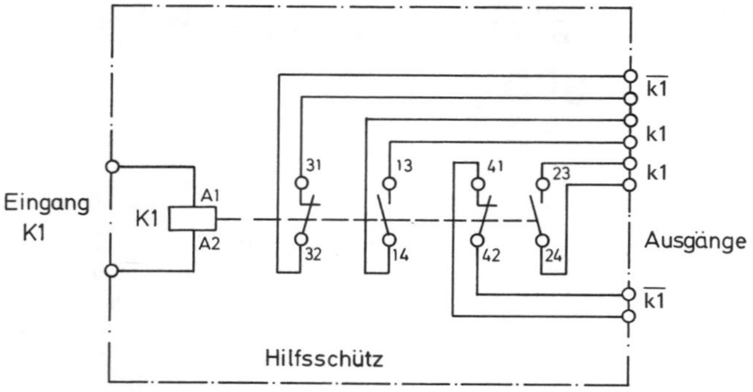

Eingang K1

K1 A1 A2 31 32 13 14 41 42 23 24

k1
k1
k1
Ausgänge
$\overline{k1}$

Hilfsschütz

werden und in Datenbüchern für elektronische Bauteile bereits verwendet werden [34].
Im Bild 4.1 ist das Geräteschaltbild eines Hilfsschützes K1 vollständig und mit allen Klemmenbezeichnungen dargestellt. Bei der Anwendung in der Schaltalgebra ist aber zunächst noch nicht bekannt, welche Kontaktbelegung sich aus dem Entwurf der Schaltung letztlich ergeben wird. Man wird deshalb sinnvollerweise so vorgehen, daß man die Bezeichnungen gemäß **DIN 40719, Teil 2** [12], anwendet, die Spulen aber mit Großbuchstaben, z.B. K1 versieht und die Kontakte mit Kleinbuchstaben und dem funktionalen Zusammenhang zur Spule hin kennzeichnet, z.B. k1 für Schließer und $\overline{k1}$ für Öffner.
Wie Bild 4.2 zeigt, ist es auch möglich, die Funktion Zeitverzug in die Symbolik der Schaltalgebra aufzunehmen. Der nach oben gerichtete Pfeil (↑) bedeutet „Anzugsverzögerung" und „Schließer schließt verzögert" oder „Öffner öffnet verzögert", der nach unten gerichtete Pfeil (↓) „Abfallverzögerung" und „Schließer öffnet verzögert" oder „Öffner schließt verzögert".
Ist bereits bekannt, welche Schaltglieder die Funktion eines Schützes bestimmen werden,

ohne zunächst die genaue *Einschaltfunktion* der Schaltglieder erarbeitet zu haben, so kann man nach Bild 4.3 auch schreiben

$$f(K5) = f(S3, S5, k2, k8)$$

(In Worten:
Funktionen von K5 = Funktion von S3, S5, k2, k8).

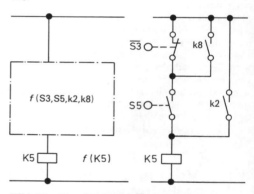

Bild 4.3   Einschaltfunktion eines Schützes

Entsprechend der Aufgabenstellung könnte man durch weitere Anwendung schaltalgebraische Methoden beispielsweise zu folgender Lösung kommen:

$$f(K5) = k2 + S5\,(\overline{S3} + k8)$$

oder einfacher geschrieben

$$K5 = k2 + S5\,(\overline{S3} + k8)$$

Damit ist dann auch

$$f(S3, S5, k2, k8) = k2 + S5\,(\overline{S3} + k8)$$

Eingang K2

K2 A1 A2 17 18 25 26

k2 ↑
Ausgänge
k2 ↑

Zeitrelais, anzugsverzögert

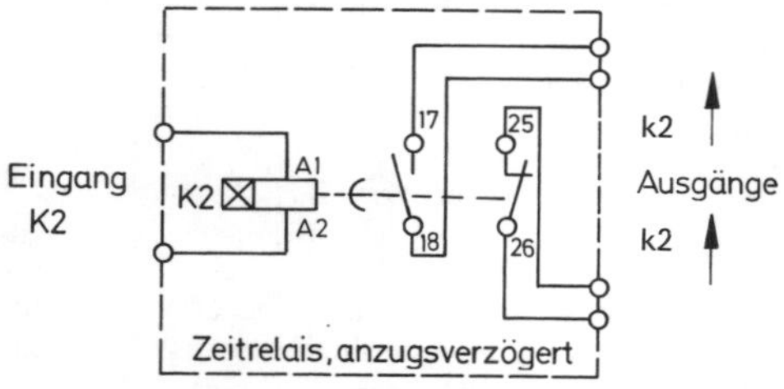

Bild 4.2   Geräteschaltbild eines Zeitrelais mit Anzugsverzögerung

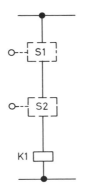

Bild 4.4 Mögliche Konstellationen einer Schaltung mit zwei Eingangsgliedern

Mögliche Endschalter-stellungen (Konstellationen)		Kombinationen der Schaltglieder (Konstituenten) f. die Einschaltbedingung
S1	S2	K1 = 1
0	0	$\overline{S1} \cdot \overline{S2}$
0	1	$\overline{S1} \cdot S2$
1	0	$S1 \cdot \overline{S2}$
1	1	$S1 \cdot S2$

4.2 Einschaltbedingungen eines Schaltgerätes

Es sei angenommen, ein Hilfsschütz K1 würde von zwei in Reihe geschalteten Endschaltern S1 und S2 betätigt. Die Eingangsseite der Endschalter im schaltalgebraischen Sinn stellen die mechanischen Betätigungsglieder, z.B. Stößel, Rollen o.ä. dar. Bei S1 = 1 ist der Endschalter also sinngemäß in Analogie zu einem Schütz „erregt", d.h. betätigt.

Mit diesen Voraussetzungen wurde im Bild 4.4 für die Einschaltbedingung des Hilfsschützes untersucht, welche Kombinationen der Schaltglieder bei den möglichen Endschalterstellungen zum Einschalten des Hilfsschützes K1 führen werden. Bei 2 Endschaltern ergaben sich 4 mögliche Endschalter*konstellationen*. Allgemein ausgedrückt bedeutet dies

$$K = 2^n$$

K = Zahl der Konstellationen
n = Anzahl der Befehlsgeräte

Von den beiden Endschaltern in dem vorgenannten Beispiel wurde nur jeweils ein Schaltglied für die Schaltgliedkombinationen (*Konstituenten*) der Schaltung verwendet. Stellt man aber die Einschaltbedingungen des Hilfsschützen d1 aus allen möglichen und sich unterscheidenden Schaltgliedkombinationen zusammen, so ergeben sich mit Bild 4.5 für die 2 Befehlsgeräte insgesamt 16 verschiedene Einschaltbedingungen.

$$m = 2^k = 2^{2^n}$$

m = Anzahl der möglichen Einschaltfunktionen

Wird z.B. die Einschaltfunktion Nr. 11 aus Bild 4.5

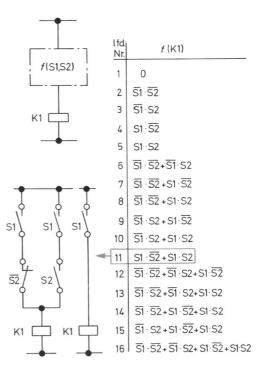

lfd. Nr.	$f(K1)$
1	0
2	$\overline{S1} \cdot \overline{S2}$
3	$\overline{S1} \cdot S2$
4	$S1 \cdot \overline{S2}$
5	$S1 \cdot S2$
6	$\overline{S1} \cdot \overline{S2} + \overline{S1} \cdot S2$
7	$S1 \cdot \overline{S2} + S1 \cdot S2$
8	$\overline{S1} \cdot \overline{S2} + S1 \cdot S2$
9	$\overline{S1} \cdot S2 + S1 \cdot \overline{S2}$
10	$\overline{S1} \cdot S2 + S1 \cdot S2$
11	$S1 \cdot \overline{S2} + S1 \cdot S2$
12	$\overline{S1} \cdot \overline{S2} + \overline{S1} \cdot S2 + S1 \cdot \overline{S2}$
13	$\overline{S1} \cdot \overline{S2} + \overline{S1} \cdot S2 + S1 \cdot S2$
14	$\overline{S1} \cdot \overline{S2} + S1 \cdot \overline{S2} + S1 \cdot S2$
15	$\overline{S1} \cdot S2 + S1 \cdot \overline{S2} + S1 \cdot S2$
16	$\overline{S1} \cdot \overline{S2} + \overline{S1} \cdot S2 + S1 \cdot \overline{S2} + S1 \cdot S2$

Bild 4.5 Mögliche Einschaltbedingungen einer Schaltung mit zwei Eingangsgliedern

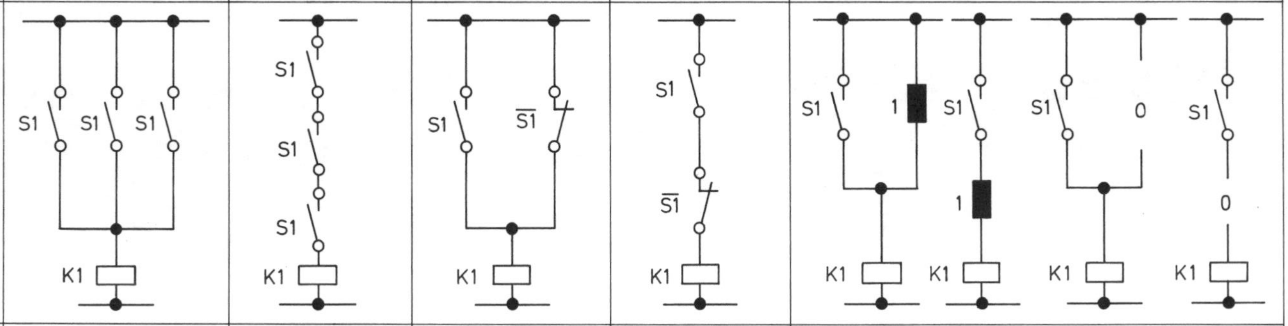

Bild 4.6 Grundregeln der Schaltalgebra

Nr.	Schaltbild	Gleichung
1	(S1, S1, S1 parallel → K1)	$S1+S1+S1=K1$; $1=K1$; $S1+S1+S1=S1$
2	(S1, S1, S1 in series → K1)	$S1 \cdot S1 \cdot S1=K1$; $S1=K1$; $S1 \cdot S1 \cdot S1=S1$
3	($\overline{S1}$, S1 parallel → K1)	$S1+\overline{S1}=K1$; $1=K1$; $S1+\overline{S1}=1$
4	(S1, $\overline{S1}$ in series → K1)	$S1 \cdot \overline{S1}=K1$; $0=K1$; $S1 \cdot \overline{S1}=0$
5	(S1+1 → K1)	$S1+1=K1$; $1=K1$; $S1+1=1$
5	(S1·1 → K1)	$S1 \cdot 1=K1$; $S1=K1$; $S1 \cdot 1=S1$
5	(S1+0 → K1)	$S1+0=K1$; $S1=K1$; $S1+0=S1$
5	(S1·0 → K1)	$S1 \cdot 0=K1$; $0=K1$; $S1 \cdot 0=0$
6	(S1·S2+S1·S3 → K1)	$S1 \cdot S2+S1 \cdot S3=K1$; $S1(S2+S3)=K1$; $S1 \cdot S2+S1 \cdot S3=S1 \cdot (S2+S3)$
7	((S1+S2)(S1+S3) → K1)	$(S1+S2)(S1+S3)=K1$; $S1+S2 \cdot S3=K1$; $(S1+S2)(S1+S3)=S1+S2 \cdot S3$
8	(S1+$\overline{S1}$·S2 → K1)	$S1+\overline{S1} \cdot S2=K1$; $S1+S2=K1$; $S1+\overline{S1} \cdot S2=S1+S2$
9	($\overline{S1}$+S1·S2 → K1)	$\overline{S1}+S1 \cdot S2=K1$; $\overline{S1}+S2=K1$; $\overline{S1}+S1 \cdot S2=\overline{S1}+S2$

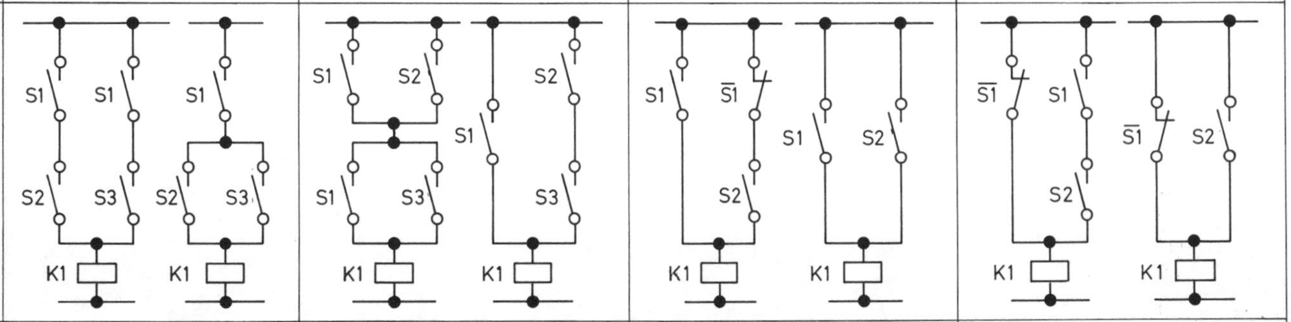

$$K1 = S1\overline{S2} + S1S2 \qquad\qquad K1 = S1$$

in einem Schaltbild dargestellt, so kann man erkennen, daß dabei zuviele Schaltglieder eingesetzt wurden. Intuitiv läßt sich leicht die vereinfachte Einschaltfunktion

ableiten. Es ist nun also notwendig, im Rahmen der Schaltalgebra Regeln oder Verfahren zur Anwendung zu bringen, mit denen diese Vereinfachungen vorgenommen werden können.

4.3 Grundregeln der Schaltalgebra

Die Grundregeln Nr. 6 und Nr. 7 aus dem Bild 4.6 lassen erkennen, daß die Verknüpfungszeichen (·) für die Und- und (+) für die Oder-Verknüpfung völlig gleichartig behandelt werden können, obwohl ansonsten auch in der Schaltalgebra wie in der normalen Algebra der Grundsatz „Punktrechnen vor Strichrechnen" gilt. Der Nachweis für die Richtigkeit der Grundregel Nr. 7 kann aber auch so geführt werden:

$$(S1 + S2) \cdot (S1 + S3)$$
$$= S1 \cdot S1 + S1 \cdot S2 + S1 \cdot S3 + S2 \cdot S3$$

Setzt man für $S1 \cdot S1 = S1 \cdot 1$ ein, so ergibt sich

$$(S1 + S2) \cdot (S1 + S3)$$
$$= S1 \cdot 1 + S1 \cdot S2 + S1 \cdot S3 + S2 \cdot S3$$
$$(S1 + S2) \cdot (S1 + S3)$$
$$= S1 \cdot (1 + S2 + S3) + S2 \cdot S3$$

Der Ausdruck $(1 + S2 + S3)$ ist nach der Grundregel Nr. 5 gleich 1. Der entstehende Ausdruck $S1 \cdot 1$ ist ebenfalls nach der Grundregel Nr. 5 gleich S1. Damit ergibt sich nun

$$(S1 + S2) \cdot (S1 + S3) = S1 + S2 \cdot S3$$

Für die Grundregeln Nr. 8 und Nr. 9 soll der Beweis für die Richtigkeit über *Funktionstabellen* geführt werden. Wie Bild 4.7 zeigt, sind die Schaltungen jeweils völlig funktionsgleich.
Für die Umwandlung von Schaltungen oder die Bildung von inversen Funktionen, z.B. der Erstellung von *Ausschaltbedingungen* aus bereits bekannten Einschaltbedingungen oder umgekehrt, sind die *De Morganschen Gesetze* von großer Bedeutung.
Unter der Annahme, daß die **Ausschaltbedingung** für ein Schütz K1 mit

$$\overline{K1} = S1 \cdot S2$$

bekannt wäre, könnte die Einschaltbedingung durch Inversion beider Gleichungsseiten gefunden werden.

$$\overline{\overline{K1}} = \overline{S1 \cdot S2}$$

Nach den De Morganschen Gesetzen gilt nun

$$\overline{\overline{K1}} = K1$$

Bei doppelter Inversion tritt also der ursprüngliche Zustand ein, bzw. in diesem Fall ergibt sich die Einschaltbedingung K1.
Es gilt aber auch

$$\overline{S1 \cdot S2} = \overline{S1} + \overline{S2}$$

Mit Auflösen des Inversionszeichens über dem Gesamtausdruck $\overline{S1 \cdot S2}$ wird das Verknüpfungszeichen umgedreht.

$$K1 = \overline{S1} + \overline{S2}$$

stellt also die Einschaltbedingung für das Schütz K1 dar.
Hätte die Ausschaltbedingung für das Schütz

$$\overline{K1} = S1 + S2$$

gelautet, so hätte sich bei Anwendung der De Morganschen Gesetze die Einschaltbedingung zu

$$\overline{\overline{K1}} = \overline{S1 + S2}$$
$$K1 = \overline{S1} \cdot \overline{S2}$$

ergeben.
Mit der willkürlich gewählten Schaltung aus Bild 4.8 soll die Anwendung und Richtigkeit der De Morganschen Gesetze gezeigt werden. Die Einschaltfunktion lautete

$$\overline{K5} = k2 + S5 \cdot (\overline{S3} + k8)$$

Zur Bildung der zugehörigen Ausschaltfunktion müssen nun beide Seiten der Gleichung invertiert werden.

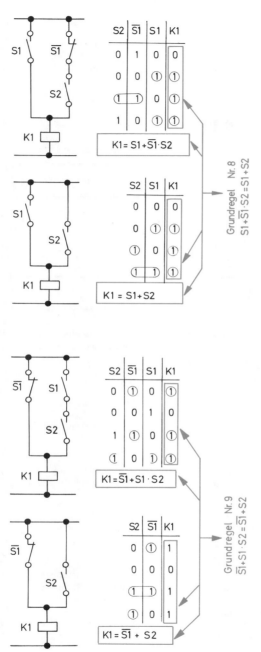

Bild 4.7 Funktionstabellen für die Grundregeln Nr. 8 und Nr. 9

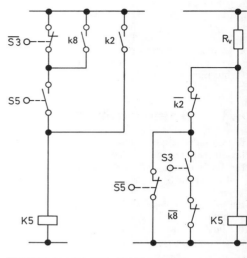

$\overline{k8}$	K8 k8	$\overline{k2}$	K2 k2	$\overline{S5}$	S5	S3	$\overline{S3}$	K5 k5	$\overline{K5}$
1	0	1	0	1	0	0	1	0	1
1	0	1	0	1	0	1	0	0	1
1	0	1	0	0	1	0	1	1	0
1	0	1	0	0	1	1	0	0	1
1	0	0	1	1	0	0	1	1	0
1	0	0	1	1	0	1	0	1	0
1	0	0	1	0	1	0	1	1	0
1	0	0	1	0	1	1	0	1	0
0	1	1	0	1	0	0	1	0	1
0	1	1	0	1	0	1	0	0	1
0	1	1	0	0	1	0	1	1	0
0	1	1	0	0	1	1	0	1	0
0	1	0	1	1	0	0	1	1	0
0	1	0	1	1	0	1	0	1	0
0	1	0	1	0	1	0	1	1	0
0	1	0	1	0	1	1	0	1	0

Bild 4.8 Anwendung der De Morganschen Gesetze

$$\overline{K5} = \overline{k2 \oplus S5(S3 + k8)}$$

$$\overline{K5} = \overline{k2} \cdot [\overline{S5 \odot (S3 + k8)}]$$

$$\overline{K5} = \overline{k2} \cdot [\overline{S5} + \overline{(S3 \oplus k8)}]$$

$$\overline{K5} = \overline{k2} \cdot (\overline{S5} + S3 \cdot \overline{k8})$$

Zur schaltungstechnischen Darstellung reicht allerdings dieser Lösungsansatz nicht aus. Gliedert man K5 im Bild 4.8 mit in denselben schaltalgebraischen Ausdruck ein, so ergibt sich

$$\boxed{\text{Einschaltfunktion} = \text{K5}\left[\text{k2} + \text{S5}\left(\overline{\text{S3}} + \text{k8}\right)\right]}$$

Mit der gezeigten Methode ergibt sich nun

$$\boxed{\text{Ausschaltfunktion} = \overline{\text{K5}} + \overline{\text{k2}} \cdot \left(\overline{\text{S5}} + \text{S3}\,\overline{\text{k8}}\right)}$$

Im Bild 4.8 ist die schaltungstechnische Realisierung der Ein- und Ausschaltfunktion dargestellt. Die Funktionstabellen sollen zeigen, daß beide Schaltungen gleichwertig arbeiten. Vor der Schaltung nach der Ausschaltfunktion liegt ein Vorwiderstand, der bei Kurzschluß der Spule (entspricht Abfall bzw. Entregung des Schützes) den Strom auf ein zulässiges Maß begrenzt.

4.4   Schaltungsvereinfachung mit KV-Tafeln

Wie in Kapitel 4.2 dargestellt wurde, lassen sich für 2 Befehlsgeräte, die ein Hilfsschütz betätigen, insgesamt 16 verschiedene Einschaltbedingungen ermitteln. Für die Einschaltbedingung Nr. 11

$$\text{K1} = \text{S1}\,\overline{\text{S2}} + \text{S1S2}$$

erhielt man allein durch intuitive Anschauung die vereinfachte Einschaltbedingung

$$\text{K1} = \text{S1}$$

Dasselbe Ergebnis hätte man auch durch Vereinfachung mit den Regeln der Schaltalgebra nach Bild 4.6 erhalten.

$$\text{K1} = \text{S1} \cdot \overline{\text{S2}} + \text{S1} \cdot \text{S2}$$

Mit der Grundregel Nr. 6 wird nun

$$\text{K1} = \text{S1} \cdot \left(\overline{\text{S2}} + \text{S2}\right)$$

Der Klammerausdruck wird nach der Grundregel Nr. 3

$$\overline{\text{S2}} + \text{S2} = 1$$

Eingesetzt in die Gleichung wird nun

$$\text{K1} = \text{S1} \cdot 1$$

Die Grundregel Nr. 5 besagt aber

$$\text{S1} \cdot 1 = \text{S1}$$

Damit erhält man dann die endgültige Form der Gleichung

$$\boxed{\text{K1} = \text{S1}}$$

Zum Arbeiten mit den Grundregeln der Schaltalgebra beim Vereinfachen von Gleichungen oder schaltalgebraischen Ausdrücken ist es sicher von Vorteil, Erfahrung durch häufiges Anwenden zu besitzen.
Ohne diese ständige Anwendung besteht die Gefahr, daß die eine oder andere zutreffende Grundregel beim Vereinfachen nicht angewendet wird.
Ein Vereinfachungsverfahren, das wesentlich leichter zu handhaben ist, bietet die Anwendung der *KV-Tafeln* oder *Kombinativtabellen*. Es wurde von Karnaugh und Veitch entwickelt, was zu der Bezeichnung Karnaugh-Veitch-Tafel bzw. abgekürzt KV-Tafel geführt hat. Die KV-Tafel stellt eine besondere Form einer Funktionstabelle dar. Durch die Aufgabenstellung ist vorgegeben und festgelegt, bei welchen Konstellationen der Eingangsvariablen der Ausgang den Signalzustand 0 oder 1 haben soll. In einem Beispiel soll die Anwendung der KV-Tafeln erklärt werden.
Der Funktionstabelle im Bild 4.9 sind die Einschaltbedingungen zu entnehmen. Wo bei K1 der Signalzustand 1 angegeben ist, muß folglich eine Einschaltbedingung vorliegen. Zur Bildung der zugehörigen Schaltungskonstituente werden die Schaltglieder konjunktiv verknüpft. Im angenommenen Beispiel entstehen insgesamt 5 verschiedene Einschaltbedingungen, die untereinander disjunktiv verknüpft werden müssen. Die entstandene Gleichung im Bild 4.9 würde eine sehr aufwendige Schaltung ergeben. Durch Bildung einer KV-Tafel läßt sich nun schnell eine wesentlich einfachere Schaltung finden.
Die Anzahl der Felder z der KV-Tafel wird

$$z = 2^n$$

$$n = \text{Anzahl der Eingangsglieder}$$

Für das Beispiel muß also eine KV-Tafel mit $2^3 = 8$ Felder gezeichnet werden. Den Spalten und

Funktionstabelle

K2	S2	S1	K1	
0	0	0	0	
0	0	1	0	
0	1	0	1	①
0	1	1	1	②
1	0	0	0	
1	0	1	1	③
1	1	0	1	④
1	1	1	1	⑤

Schaltbild

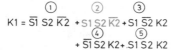

Einschaltbedingungen

$$K1 = \overline{S1}\ S2\ \overline{K2} + S1\ S2\ \overline{K2} + S1\ \overline{S2}\ K2$$
$$+\ \overline{S1}\ S2\ K2 + S1\ S2\ K2$$

(mit ① ② ③ ④ ⑤)

KV - Tafel

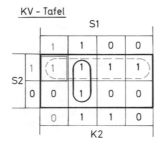

Schaltalgebraische Gleichung

$$K1 = S2 + S1 \cdot K2$$

Bild 4.9 Vereinfachung von Schaltungen mit KV-Tafeln

Zeilen werden die möglichen Signalzustände der Eingangsglieder nach einem festen System zugeordnet. So wird z.B. der Signalzustand des Ausgangsgliedes aus der 4. Zeile der Funktionstabelle in das linke, obere Feld der KV-Tafel eingetragen, da nur für dieses Feld S1 = 1, S2 = 1 und K2 = 0 gilt. Zur Bildung der Schaltalgebraischen Gleichung aus der KV-Tafel können nun alle nebeneinanderliegenden Felder mit dem Signalzustand 1 zusammengefaßt werden, wobei allerdings beachtet werden muß, daß nur 1, 2, 4 oder 8 Felder einen konjunktiv verknüpften, schaltalgebraischen Ausdruck ergeben. Die gefundenen Ausdrücke werden untereinander disjunktiv verknüpft. Die rote Zusammenfassung im Bild 4.9 umfaßt 4 Felder in einer Zeile. Sowohl für S1 als auch für K2 tritt dabei der Ausgangssignalzustand 1 bei dem jeweiligen Eingangssignalzustand 0 oder 1 auf.

Diese Schaltglieder sind also offensichtlich für den Zustand des Ausgangssignales nicht bestimmend. Nur S2 bestimmt den Signalzustand des Ausganges. Die schwarze Zusammenfassung ergibt für das Eingangsglied S2 am Ausgang-1-Signal, unabhängig davon, ob S2 0-Signal oder 1-Signal aufweist. Nur S1 und K2, die konjunktiv verknüpft werden müssen, bestimmen den Signalzustand des Ausganges. Die schaltalgebraische Gleichung lautet also

$$K1 = S2 + S1 \cdot K2$$

Hieraus läßt sich dann das Schaltbild ableiten. Das Beispiel sollte zeigen, daß mit den KV-Tafeln eine Methode zur Vereinfachung von schaltalgebraischen Ausdrücken entwickelt wurde, die sehr schnell und praktisch ohne Fehlermöglichkeiten zum erwünschten Ziel führt. Eine KV-Tafel gilt aber nur für eine Ausgangsgröße und wird bei mehr als 5 Eingangsgrößen unübersichtlich. Es sind deshalb Vereinfachungsverfahren entwickelt worden, die eine weitergehende Anwendung ermöglichen. Ihre Erklärung würde aber den Rahmen dieses Buches sprengen.

5 Entwicklung und Aufbau von Grundschaltungen der elektrischen Steuerungstechnik

Wie bereits in Kapitel 4 beschrieben, sind *Grundschaltungen* Bausteine für umfangreichere Schaltungen. Sie sind gewissermaßen das Arbeitsmaterial, aus dem dann eine Schaltung entsprechend der Aufgabenstellung aufgebaut wird. Notwendige Ergänzungen der zu entwerfenden Schaltung werden intuitiv oder unter Anwendung der Schaltalgebra vorgenommen.

Im Rahmen dieses Buches werden ausgewählte Grundschaltungen vorgestellt, von denen angenommen werden kann, daß sie einen größeren Kreis von Anwendern interessieren. Darüber hinaus wird es eine große Zahl von Grundschaltungen geben, die speziell in bestimmten Fachdisziplinen zur Anwendung gelangen und dort bis zur Grundschaltung für eine komplett ausgerüstete Arbeitsmaschine reichen können.

Einzelheiten in den Schaltplänen der Grundschaltungen, die nicht unbedingt zum Erkennen der Funktion notwendig sind, wie z.B. Klemmenbezeichnungen, Strompfadnumerierung o.ä., werden zugunsten einer besseren Übersichtlichkeit weggelassen. Zum Verständnis der Gesamtschaltungen werden aber die zu den Steuerstromkreisen gehörigen Hauptstromkreise mit diesen gemeinsam als Grundschaltung dargestellt.

5.1 Entstehung von Grundschaltungen

An einem Beispiel soll das Entstehen einer Grundschaltung erklärt werden. Das dabei angewendete Prinzip läßt sich in dieser Form durchaus verallgemeinern.

Zunächst wird angenommen, daß ein Drehstrom-Asynchronmotor durch einen Schütz ein- und ausgeschaltet wird. Der Befehl zum Ein- und Ausschalten wird über Taster erteilt. Der Ein-Befehl soll gespeichert werden, der Aus-Befehl soll Löschdominanz besitzen, d.h., beim gleichzeitigen Betätigen des Ein- und Aus-Tasters ist der Aus-Taster bevorrechtigt.

Durch Abwandlung des Grundelementes der Schaltungstechnik aus Bild 2.11 entsteht die Grundschaltung des Bildes 5.1. Der Aus-Taster S1 hat *Löschdominanz* und muß damit im rot gezeichneten Stammstrompfad angeordnet werden. Das Bild 5.1 zeigt im Hauptstromkreis auch die Bauteile, die dem Schutz des Motors dienen. Schmelzsicherungen in jeder Drehstromphase schützen den Motor gegen Schlüsse, wie z.B. Kurzschluß, Erdschluß, Masseschluß und teilweise auch Windungsschluß. Ein thermisches Bimetallrelais spricht an, wenn längere Zeit ein größerer Strom als der Nennstrom des Motors fließt und enthält einen Steuerkontakt, der mit Löschdominanz die Steuerschaltung des Motors abschaltet. Er muß deshalb auch im roten Stamm-

strompfad angeordnet werden. Alle Spulen werden mit einem „Fuß", also einem Anschluß, direkt an den Fußpunktleiter gelegt. In diesem Teil des

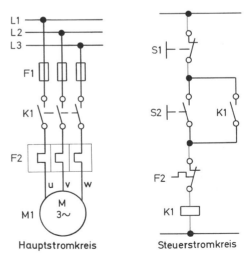

Bild 5.1 Grundschaltung eines Drehstrommotors

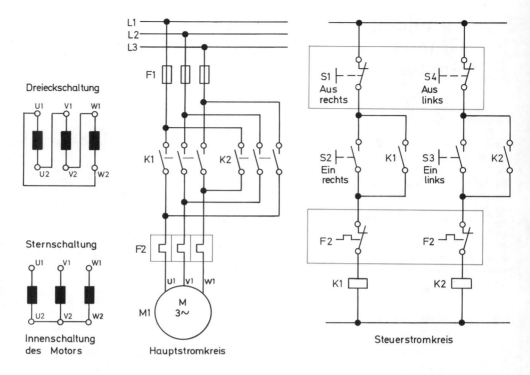

Dreieckschaltung

Sternschaltung

Innenschaltung
des Motors

Hauptstromkreis

Steuerstromkreis

Bild 5.2   Erste Entwicklungsstufe zum Aufbau einer Grundschaltung für Drehrichtungsumkehr

Stammstrompfades, der zum Fußpunktleiter führt, darf kein Schaltglied angeordnet werden. Aus dieser einfachen Grundschaltung soll nun durch Erweiterung eine neue Grundschaltung entwickelt werden. Es ist sehr häufig notwendig, den Drehstrom-Asynchronmotor des gewählten Beispiels in beiden Drehrichtungen zu betreiben. Die *Drehrichtungsumkehr* läßt sich bei Drehstrommotoren sehr einfach durch Umkehr der *Drehfeldrichtung* im Motor vornehmen. Die *Ständerwicklung* eines Drehstrommotors besteht aus drei voneinander unabhängigen *Wicklungsteilen* U1 — U2, V1 — V2 und W1 — W2, wobei beim Betrieb jede dieser drei Wicklungsteile wiederum je einer Phase des Drehstromnetzes zugeordnet wird. Die Wicklungsteile sind nun räumlich im *Stator* so angeordnet, daß die Wicklungen U1 — U2, V1 — V2 und W1 — W2 ein von der *Polzahl* des Motors abhängiges Segment am Statorumfang einnehmen. Die Phasenfolge des Drehstromes L1 — L2 — L3 ist vom Netz her fest vorgegeben. Je nachdem, in welcher Reihenfolge nun die Wicklungsteile durch entsprechende

Schaltungsmaßnahmen den Phasen des Drehstromnetzes zugeordnet werden, wird im Motor ein Links-Drehfeld oder Rechts-Drehfeld entstehen und sich der Läufer des Motors dadurch links- oder rechtsherum drehen.

Die Zuordnung der Phasen des Drehstromnetzes zu den Wicklungen des Drehstrommotors wird nach Bild 5.2 durch zwei Schütze vorgenommen, die die Phasen L1 und L3 am Motor gegeneinander vertauschen. Bei Betätigen des Schützes K1 liegt die Phase L1 am Wicklungsanschluß U1, die Phase L2 am Wicklungsanschluß V1 und die Phase L3 am Wicklungsanschluß W1 des Motors. Wird das Schütz K2 betätigt, so liegt die Phase L1 am Wicklungsanschluß W1, die Phase L2 am Wicklungsanschluß V1 und die Phase L3 am Wicklungsanschluß U1 des Motors.

Der Phasenfolge L1 — L2 — L3 ist also durch K1 die Wicklungsfolge U1 — V1 — W1 und durch K2 die Wicklungsfolge W1 — V1 — U1 zugeordnet. Für das Beispiel sei nun angenommen, daß K1 das Schütz für Rechtslauf und K2 das Schütz für Linkslauf des Motors ist.

Beim Aufbau des Steuerstromkreises wird in konsequenter Weise auf die bereits bekannte Grundschaltung des Bildes 5.1 zurückgegriffen. Nach Bild 5.2 wird bei Betätigen des Tasters S2 „Ein rechts" der Schütz K1 anziehen, und der Motor M1 beginnt, sich dadurch rechtsherum zu drehen. Der Ein-Befehl wird durch den Schließer von K1, der parallel zum Taster S2 geschaltet ist, gespeichert. Der Schütz K1 hält sich also selbst. Durch Betätigen von S1 „Aus rechts" fällt der Schütz K1 wieder ab und der Motor wird stillgesetzt. Durch Betätigen von S3 „Ein links" zieht das Schütz K2 an, und der Motor dreht linksherum. Auch das Schütz K2 hält sich selbst und fällt erst bei Betätigen des Tasters S4 „Aus links" wieder ab, was zum Stillstand des Motors führt. Zum Schutz des Motors gegen Überlastung ist wie beschrieben im Hauptstromkreis ein Bimetallrelais F2 vor dem Motor angeordnet, dessen Hilfskontakte im Steuerstromkreis direkt vor den Spulen von K1 und K2 geschaltet sind und somit, wie die Taster S1 und S4, Löschdominanz besitzen.
Mit der Trivialaussage

$$Aus = Aus$$

oder anders ausgedrückt

$$\text{„Aus rechts"} = \text{„Aus links"}$$

kann einer der beiden Taster S1 und S4 entfallen. Ob der Motor rechts- oder linksherum läuft, bei Betätigen des Tasters „Aus" muß er auf jeden Fall zum Stillstand kommen. Dasselbe trifft auch für die Funktion des Bimetallrelais F2 für den Überstromschutz zu. Wenn es wegen Überlastung des Motors anspricht, ist es unmaßgeblich, ob der Motor gerade rechts- oder linksherum läuft. Beide Schaltglieder werden also nach Bild 5.3 in dem rot bezeichneten, gemeinsamen Stammstrompfad zu den Spulen K1 und K2 angeordnet. Werden die Ein-Taster S2 und S3 gleichzeitig betätigt, ziehen auch die Schütze K1 und K2 gemeinsam an. Im Hauptstromkreis des Bildes 5.2 werden dadurch die Phasen L1 und L3 kurzgeschlossen, was zu einem satten Kurzschluß über die entsprechenden Hauptstromkontakte der Schütze K1 und K2 führt. Wenn von einer niedrigen Netzimpedanz ausgegangen wird, kann der Kurzschluß sogar zum Verschweißen von Kontakten führen, falls die vorgeschaltete Schmelzsicherung nicht schnell genug anspricht. Durch ein gegenseitiges *Verriegeln* der beiden Schütze K1 und K2 kann ein gemeinsames Ansprechen und damit eine nichtgewollte Schalthandlung verhindert werden. Neben der rein mechanischen Ver-

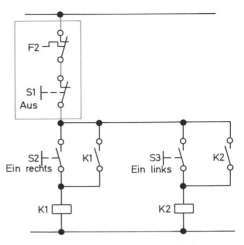

Bild 5.3   Zweite Entwicklungsstufe der Grundschaltung

riegelung ist ein Verriegeln durch Einfügen von sog. *Verriegelungskontakten* in die Stammstrompfade vor die Spulen K1 und K2 gebräuchlich (Bild 5.4).
Werden allein die Schütze K1 und K2 gegeneinander verriegelt, so können bei exakt gleichzeitigem Drücken der Taster S2 und S3 trotzdem beide Schützspulen kurzzeitig gemeinsam erregt sein. Die Verriegelungskontakte sind Öffner des gegeneinanderwirkenden Schützes und können den Strompfad natürlich erst dann öffnen, wenn sich der Anker der Schützspule schon bewegt hat. Wie im *Ablaufdiagramm* des Bildes 5.4 dargestellt wurde, wird der Öffner des Schützes K1 nach der Zeit t_1 den Strompfad zur Spule K2 unterbrechen. Der Öffner des Schützes K2 öffnet etwas später, und somit wird der Schütz K1 letztlich vollends anziehen. Die Schaltung beinhaltet allerdings zwei Gefahren:
Der Unterschied zwischen t_1 und t_2 ist so gering, daß zu beiden Schützen K1 und K2 der Strompfad praktisch gleichzeitig unterbrochen wird. Sofort anschließend werden beide Spulen wieder erregt usf. Es kommen dadurch keine eindeutigen Ein- und Ausschaltbedingungen zustande.
Die kinetische Energie des Betätigungssystems der Schütze reicht trotz Abschalten der Spule aus, daß die Hauptkontakte zur Berührung gelangen und damit der bereits beschriebene Kurzschluß entsteht.

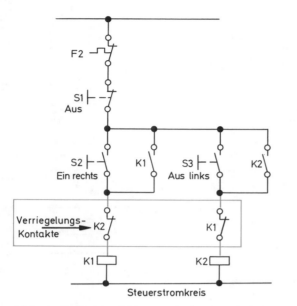

Bild 5.4   Dritte Entwicklungsstufe der Grundschaltung

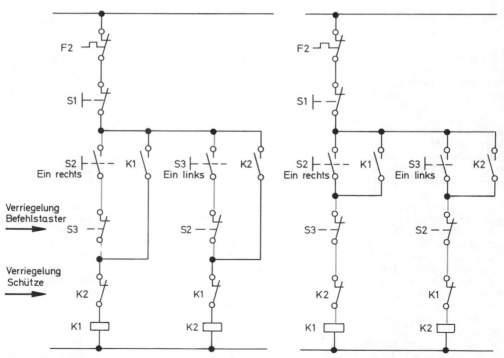

Bild 5.5   Fertige Grundschaltungen für die Drehrichtungsumkehr von Drehstrommotoren

Es ist deshalb notwendig, nicht nur die gegeneinanderwirkenden Ausgänge K1 und K2 der Schaltung zu verriegeln, sondern auch die gegeneinanderwirkenden Eingänge S2 und S3. Nach Bild 5.5 gibt es nun zwei Möglichkeiten, die Verriegelung der Taster S2 und S3 vorzunehmen. Legt man die Verriegelungskontakte jeweils in die verzweigten Strompfade vor den Spulen K1 und K2, so besitzen sie keine Löschdominanz gegenüber der Speicherung des Ein-Befehles bzw. der Selbsthalteschaltung der Schütze. Hat z.B. der Schütz K1 angezogen, so fällt er bei Betätigung von S3 nicht ab. Erst bei Drücken des Aus-Tasters S1 fällt K1 ab. Werden die Verriegelungskontakte der Taster dagegen in die Stammstrompfade zu den Spulen K1 und K2 gelegt, so wird das Schütz K1 bei Betätigen des Tasters S3 abfallen. Die Drehrichtung des Motors kann also direkt, ohne zunächst den Aus-Taster betätigen zu müssen, durch Drükken des gegenwirkenden Tasters geändert werden. Der Motor wird zunächst im *Gegenstromverfahren* abgebremst und dreht sich dann in der neugewählten, entgegengesetzten Drehrichtung. Der Ausschaltverzug, also die Zeit vom Unterbrechen des Strompfades zur Spule bis zum mechanischen Öffnen der Schaltstücke, liegt bei Schaltschützen mit Wechselstromerregung zwischen 8 bis 120 ms (je nach Schützgröße). Der Einschaltverzug ist die Zeit vom Beginn der Erregung an der Spule bis zum Schließen der Hauptkontakte und liegt zwischen 6 bis 60 ms.

Die *Lösch- und Entionisierungszeit* an den Hauptkontakten des abschaltenden Schützes beträgt beim Schalten von Drehstrommotoren üblicher Bauart 10 bis 30 ms. Ist diese Zeit länger als die Zeit zwischen Öffnen der Hauptkontakte des abschaltenden Schützes und Schließen der Hauptkontakte des einschaltenden Schützes (Bild 5.7), so muß unter Zwischenschalten eines Hilfsschützes K3 die Umschaltzeit bei direkter Umsteuerung verlängert werden. Bild 5.6 zeigt die schaltungstechnische Erweiterung der Grundschaltung aus Bild 5.5. Falls der Einschaltverzug, der durch das Hilfsschütz K3 hervorgerufen wird, nicht ausreicht, kann es durch ein anzugsverzögertes Zeitrelais ersetzt werden. Die Umschaltzeit wird aber auch in extremen Fällen erfahrungsgemäß 80 ms nicht übersteigen.

Im Bild 5.6 wurde zusätzlich ein Ausschalter S0 benötigt, damit bei einem länger andauernden Ruhezustand der Hilfsschütz K3 (bzw. das Zeitrelais K4) nicht andauernd an Spannung liegt. Ist dies nicht erwünscht, so muß ein zweites Hilfsschütz K5 in die Schaltung eingefügt werden. Im Bild 5.8 werden zwei Zeitrelais K4 und K5 einge-

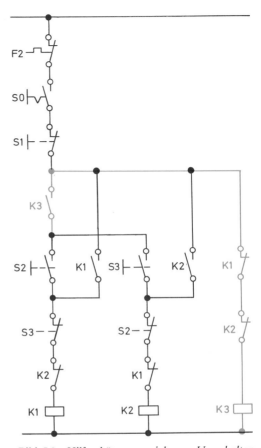

Bild 5.6   Hilfsschütz zum sicheren Umschalten bei direktem Drehrichtungswechsel

setzt, die sowohl einen Einschaltverzug von 25 ms als auch einen Ausschaltverzug von etwa 40 ms haben. Dadurch ergibt sich eine sichere Umschaltzeit von > 65 ms.

Konstruktiv sind moderne Industrieschütze so ausgelegt, daß bei den zulässigen Spannungen und Schaltströmen der üblichen Wechselstrombzw. Drehstromverbraucher an 50 Hz, z.B. der Drehstrom-Standardmotoren mit Käfigläufer, die Umschaltzeit der Schütze immer größer ist als die Lösch- und Entionisierungszeit an den abschaltenden Hauptkontakten. Entsprechende Großversuchsreihen der Schützenhersteller haben dies bestätigt. In Sonderfällen, z.B. beim

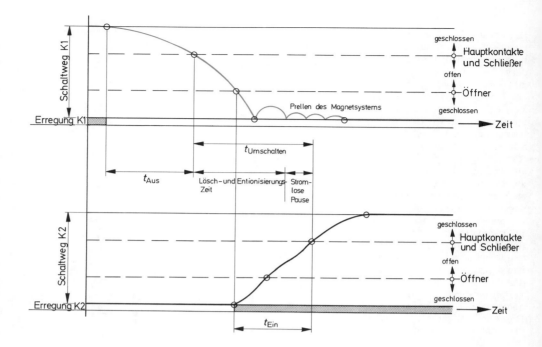

geschlossen
Hauptkontakte
und Schließer
offen

Öffner

geschlossen

Prellen des Magnetsystems

Zeit

$t_{Umschalten}$

t_{Aus}

Lösch- und Entionisierungs- Zeit

Strom- lose Pause

Entionisierungs

geschlossen
Hauptkontakte
und Schließer
offen

Öffner

geschlossen

Zeit

t_{Ein}

Schaltweg K1

Erregung K1

Schaltweg K2

Erregung K2

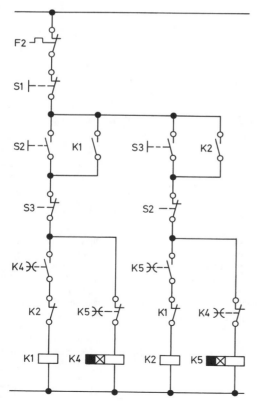

Bild 5.7   Ein- und Ausschaltdiagramm von Wendeschützen bei direktem Drehrichtungswechsel

Schalten von kleinen, stillstandsfesten Drehstrommotoren und Drehfeldmagneten mit schnellen Schützen kleinerer Leistung, wird allerdings eine zusätzliche Umschaltzeit unumgänglich sein. Es ist deshalb empfehlenswert, sich grundsätzlich bei Sonderproblemen im Zusammenhang mit dem direkten Umsteuern von Drehstrommotoren mit den Schützherstellern abzustimmen.

In sehr ausführlicher Art und Weise wurde das Entstehen und die Abwandlungsfähigkeit einer Grundschaltung beispielhaft gezeigt. Weitere, bereits fertig durchentwickelte Grundschaltungen sollen nun im Rahmen abgeschlossener Themenkreise vorgestellt werden, wobei selbstverständlich keine vollständige Zusammenstellung aller bekannten Grundschaltungen angeboten wird, sondern „kurz und bündig" typische Grundschaltungen der jeweiligen Themenkreise.

Bild 5.8   Erweiterte Grundschaltung zum sicheren Umschalten bei direktem Drehrichtungswechsel

5.2   Grundschaltungen allgemeiner Steuerungsaufgaben

In vielen Fällen reicht die Schaltleistung von Installationsschaltern nicht aus, um alle angeschlossenen Verbraucher, z.B. Leuchtstofflampen einer Beleuchtungsanlage, direkt zu schalten. Die Schalter müssen dann durch Leistungsschütze „übersetzt" werden (Bild 5.9). Der Schaltschütz folgt in seinem Schaltzustand direkt dem Schaltzustand des Betätigungsschalters und wird deshalb auch als **Folgeschütz** bezeichnet. Im Kapitel 2.4.1 wurde bereits festgestellt, daß diese Schaltung auch als Verstärker betrachtet werden kann. Mit einer kleinen Steuerleistung kann damit eine große Verbraucherleistung geschaltet werden. Befehlstaster haben im allgemeinen nur zwei Schaltglieder, einen Schließer und einen Öffner. Werden in einer Schaltung aber mehr Schaltkontakte benötigt, so kann man wiederum diesen Befehlstaster auf einen Hilfsschütz mit einer größeren Anzahl von Schaltgliedern übersetzen (Bild 5.10). Bei dieser Schaltung soll durch den *Folgeschütz* keine Schaltleistungsverstärkung, sondern eine **Signalvervielfachung** erreicht werden. Es ist auch denkbar, daß bei berührungslosen Grenztastern, z.B. Magnetschaltern, die geringe Schaltleistung nicht ausreicht, um einen Leistungsschütz direkt ein- und auszuschalten. Auch in diesem Fall wird ein Hilfsschütz als Folgeschütz zum Grenztaster eingesetzt, dessen Schaltleistung ausreicht, um den Leistungsschütz zu betätigen. In Steuerstromkreisen mit Steuerspannung 220 V~, 50 Hz müssen die Schaltkontakte bestimmte Anforderungen hinsichtlich ihrer Kriech-, Luft- und Trennstrecken erfüllen. Trifft dies für den Schaltkontakt K1 des Bildes 5.11 nicht zu, so muß dieser Schaltkontakt auf ein Hilfsrelais K2 mit kleinerer Steuerspannung, z.B. 24 V, übersetzt werden. Die Kriech-, Luft- und Trennstrecken der Schaltglieder des Hilfsrelais K2 müssen so groß sein, daß dadurch die Anforderungen für die höhere Steuerspannung erfüllt werden.

Muß der Dauerkontakt des Schalters S1 in einen Impulskontakt umgeformt werden, wie ihn ein Befehlstaster an und für sich liefern würde, so muß in den Stammstrompfad zur Spule des Hilfsschützes K1 zusätzlich eine **impulsbildende Schaltung** eingefügt werden (Bild 5.12). Wird durch Betätigen des Schalters S1 Spannung an den Gleichrichter V1 gelegt, so fließt durch die Spule des Hilfsschützes K1 nur so lange Strom, bis der Kondensator C1 aufgeladen ist. Der Hilfsschütz K1 zieht also nur kurz an und fällt dann wieder ab.

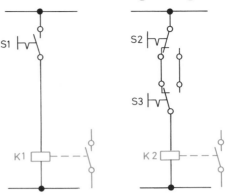

Bild 5.9   Folgeschütz zur Leistungsübersetzung

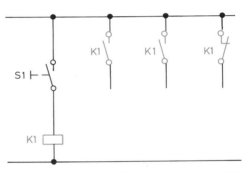

Bild 5.10   Signalvervielfachung durch einen Folgeschütz

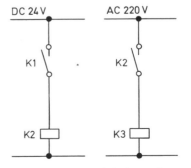

Bild 5.11   Folgeschütz mit höherer Steuerspannung

73

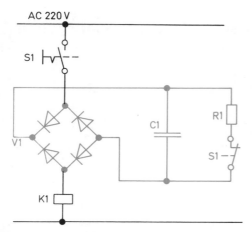

Bild 5.12 *Umformung eines Dauerkontaktes in einen Impulskontakt*

Die mit dieser Schaltung erreichbaren *Impulszeiten* liegen im Mittel bei 500 ms. Der Widerstand R1 dient zur Entladung des Kondensators C1, wenn der Schalter S1 wieder in seine Ausgangsstellung zurückgestellt wurde.

Soll mit ein und demselben Befehlstaster S1 in einer **Stromstoßschaltung** ein Schütz K1 abwechslungsweise ein- und ausgeschaltet werden, so muß für die Funktionen Ein und Aus je ein Hilfsschütz K2 und K3 vorgesehen werden. Die

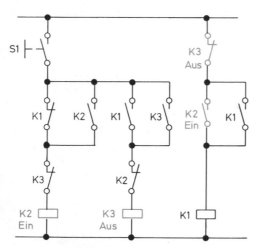

Bild 5.13 *Stromstoßschaltung*

Schaltung des Schützes K1 entspricht dann vollkommen dem Speicher-Grundelement mit Löschdominanz (Bild 2.11) aus dem Kapitel 2.4. Da die Ein- und Aus-Funktionen einander entgegen wirken, müssen die Hilfsschütze K2 und K3 gegenseitig verriegelt werden. Solange der Befehlstaster S1 gedrückt ist, muß die gerade wirkende Ein- oder Aus-Funktion durch Selbsthaltung der Hilfsschütze K2 oder K3 gespeichert werden (Bild 5.13).

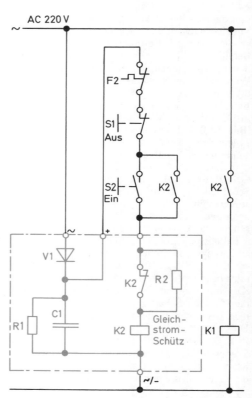

Bild 5.14 *Schaltung zur Überbrückung kurzzeitiger Spannungsausfälle*

In Netzen, die häufig mit kurzzeitigen *Spannungsausfällen* (bis maximal 800 ms Dauer!) behaftet sind, wird dabei jedesmal der Schütz K1 nach Bild 5.14 abfallen. Soll nach Wiederkehr der Spannung auch das Schütz K1 ohne zusätzliche Befehlsgabe wieder anziehen, so kann dies mit der Zusatzschaltung des Bildes 5.14 erreicht wer-

74

den. Dem Hilfsschütz K2 mit Gleichstrombetätigungsspule ist nach dem Einweggleichrichter V1 ein Glättungskondensator C1 parallel geschaltet, dessen gespeicherte Energie bei Spannungsausfall bis maximal 800 ms Dauer ausreicht, um den Hilfsschütz K2 in eingeschaltetem Zustand zu halten. Der Schütz K1 fällt dann wohl kurzzeitig ab, zieht mit der wiederkehrenden Spannung aber erneut an. Der der Spule K2 vorgeschaltete *Sparwiderstand* R2 dient zur Reduzierung der Erregerleistung in der Spule, die zur *Schnellerregung* bzw. zum Erreichen einer kürzeren Anzugszeit erhöht wird.

Soll ein Schütz K1 von mehreren Stellen aus betätigt werden, so muß eine Oder-Schaltung für die Ein-Taster und eine Nand-Schaltung für die Aus-Taster eingesetzt werden. Wie im Kapitel 2.4 beschrieben wurde, kann die Nand-Schaltung auch als Oder-Schaltung für 0-Signale betrachtet werden. Wie Bild 5.15 zeigt, kann damit das Schütz K1 von der Betätigungsstelle I oder der Betätigungsstelle II oder von der Betätigungsstelle III ein- und ausgeschaltet werden.

Bei Werkzeugmaschinenantrieben und dort insbesondere bei Vorschubantrieben soll zum Einrichten bei Werkstück- oder Werkzeugwechsel der Antrieb auch im **Tippbetrieb** gefahren werden können, d.h., der Motorschütz K1 soll nur so lange angezogen bleiben, wie auch der Ein-Befehl vom Befehlstaster her vorliegt. Prinzipiell darf

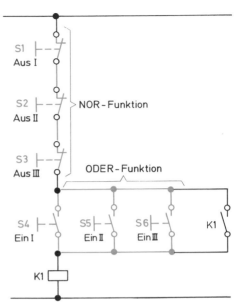

Bild 5.15   *Betätigung eines Schützes von mehreren Stellen aus*

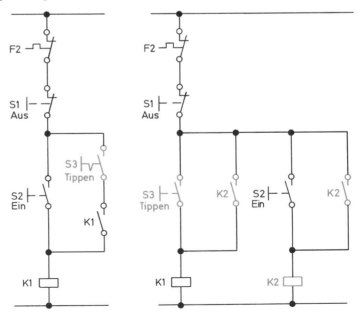

Bild 5.16   *Schaltung für Tippbetrieb*

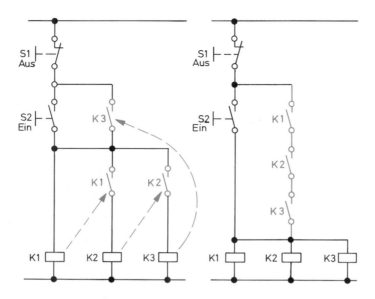

also bei *Tippen* die Selbsthaltung des Schützes nicht wirksam werden. Im Bild 5.16 sind sich die hierfür üblichen Schaltungsarten gegenüberge- stellt. Mit einem Schalter S3 „Tippen" wird der Selbsthaltezweig des Schützes K1 unterbrochen und damit die Speicherung des Ein-Befehls vom Taster S2 unwirksam. Verwendet man einen Befehlstaster S3 „Tippen", so muß der Motor- schütz K1 zu diesem als Folgeschütz arbeiten, während die Speicherung des Ein-Befehls vom Taster S2 durch das Hilfsschütz K2 vorgenom- men wird.

Im Bild 5.17 werden mehrere Verbraucher, z.B. Heizungen, von gemeinsamen Befehlstastern ein- und ausgeschaltet. Die Speicherung des Ein- Befehles erfolgt in beiden Schaltungsvarianten erst dann, wenn alle Schütze angezogen haben. Sollte also ein Schütz nicht sicher anziehen oder klemmen, so fallen auch die anderen Schütze nach dem Loslassen des Ein-Tasters wieder ab. Eine Unterscheidung zwischen den beiden Schaltun- gen des Bildes 5.17 ist beim Einschalten gegeben. In der linken Schaltung zieht ein Schütz nach dem anderen an, während in der rechten Schaltung alle Schütze zu derselben Zeit anziehen.

Gegenseitige **Verriegelungen** spielen in der Steuerungstechnik eine bedeutende Rolle. Im Bild 5.18 wirken drei Förderbänder in einer Schüttgut-Transportanlage nach dem stark ver- einfacht dargestellten Funktionsprinzip zusam- men. Bei der Inbetriebnahme muß zunächst das

Förderband B3, dann das Förderband B2 und erst zuletzt das Förderband B1 eingeschaltet werden, da sonst eine unzulässige Schüttgutanhäufung entstehen würde. Sollen die Förderbänder stillge- setzt werden, so muß in umgekehrter Reihenfolge zunächst das Band B1, in der Folge davon das Förderband B2 und zum Schluß das Förderband B3 abgeschaltet werden. Um die beschriebene Reihenfolge beim Ein- und Ausschalten von der Steuerung her zwangsläufig gewährleisten zu können, werden die *Einschalt-Verriegelungen* und *Ausschalt-Verriegelungen* in die Schaltung des Bildes 5.18 eingefügt. Dabei bewirkt die Ausschalt-Verriegelung, daß ein Aus-Taster erst wirksam werden kann, wenn die Motorschütze der Förderbänder entsprechend der geforderten Ausschalt-Reihenfolge abgefallen sind. Die Ein- schaltverriegelung demgegenüber wird durch Schließer von Motorschützen im Stammstrom- pfad zur Spule der in der Einschalt-Reihenfolge nachfolgenden Motorschütze wirksam.

In größeren haustechnischen Anlagen sind *Not- stromnetze* erwünscht und in bestimmten Fällen, z.B. bei öffentlichen Versammlungsstätten, durch die Landesbauordnungen (LBO) vorgeschrieben. Die dabei auftretenden elektrotechnischen Pro- bleme werden von **VDE 0108** behandelt. Eine einfache Prinzipschaltung für die Umschaltung von dem normalen *Betriebsnetz* auf das Not- stromnetz zeigt das Bild 5.19. Das Relais d1 arbeitet als *Spannungswächter,* dessen Empfind-

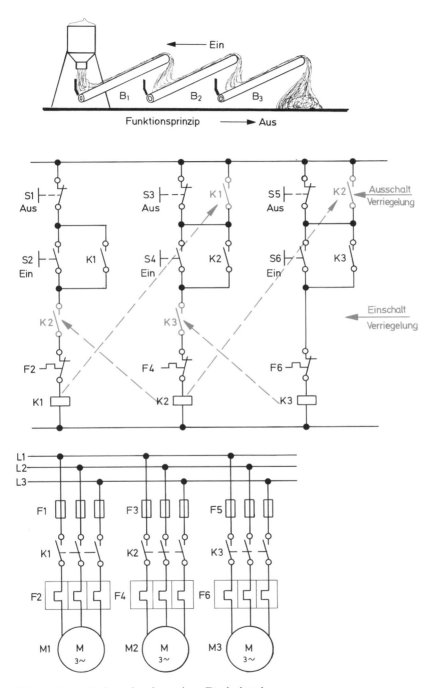

Bild 5.18   Ein- und Ausschaltverriegelung eines Förderbandes

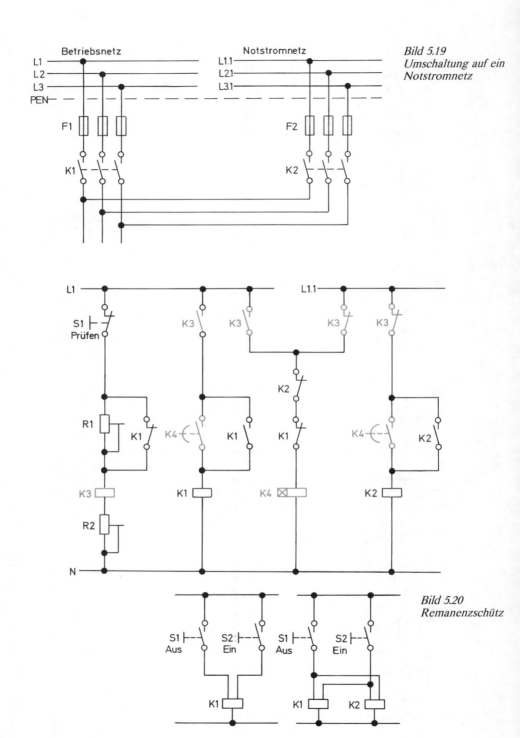

Bild 5.19
Umschaltung auf ein
Notstromnetz

Bild 5.20
Remanenzschütz

lichkeit durch die Widerstände R1 und R2 eingestellt werden kann. Fällt die Spannung des Betriebsnetzes auf ein unzulässiges Maß ab oder ganz aus, dann fallen in der Folge K3 und das Verbraucherschütz K1 ab. Über das Notstromnetz und die abgefallenen Schütze K3 und K1 sowie das noch abgefallene Notstrom-Verbraucherschütz K2 wird das anzugsverzögerte Zeitrelais K4 erregt. Nach der dort eingestellten Umschaltzeit wird K2 anziehen und damit das Notstromnetz an die Verbraucher anlegen. Durch die Umschaltzeit wird ein Umschalten vom Betriebsnetz auf das Notstromnetz bei kurzzeitigen Netzausfällen verhindert.

Eine Möglichkeit, den augenblicklichen Betriebszustand einer Steuerung auch bei einem Netzausfall zu erhalten, bieten die sog. *Remanenzschütze*. Sie haben gegenüber normalen Schützen ein bistabiles Verhalten durch ein besonders gestaltetes Magnetsystem. Für die Ein- und Ausschalterregung werden getrennte Wicklungen benötigt (Bild 5.20).

5.3 Antriebsschaltungen von Drehstrommotoren

Ein üblicher Drehstrommotor belastet das Netz beim Einschalten kurzzeitig mit dem 6- bis 8fachen Wert seines Nennstromes. Ist dies nicht zulässig, so muß durch besondere **Anlaßschaltungen** eine Verminderung des *Anlaufstromes* gewährleistet werden. In vielen Fällen belastet das bei Einschalten eines Drehstrommotors zusammen mit dem erhöhten Anlaufstrom auftretende Anlaufmoment mechanische Bauelemente, wie Getriebe oder Förderbehälter, oder auch zu bearbeitende Werkstoffe, z.B. bei Textil- und Papiermaschinen, in verstärktem Maße. Abhilfe wird auch dabei durch besondere **Anlauf- bzw. Hochlaufschaltungen** erreicht. Jeder Antriebsmotor dreht sich ohne zusätzliche Maßnahmen mit einer durch sein *Lastmoment* gegebenen Betriebsdrehzahl. Eine Änderung der Drehzahl kann durch *Frequenzverstellung, Polzahländerung* oder *Schlupfverstellung* erfolgen. Am einfachsten anzuwenden ist die **Drehzahlverstellung** durch Änderung der Polzahl. Der Motor erhält dann bei der **Dahlander-Schaltung** eine Spezialwicklung oder in allen anderen Fällen weitere, voneinander getrennte Ständerwicklungen. Die Verstellung der Drehzahl kann aber damit nur in Stufen erfolgen. Durch Frequenzoder Schlupfänderung ist eine stufenlose Drehzahlverstellung möglich, was aber auch einen wesentlich höheren Aufwand zur Folge hat. Das Stillsetzen eines Antriebs wird in den meisten Fällen durch einfaches Abschalten des Motors vorgenommen. Sollte dies aber nicht ausreichen, so muß durch **Bremsschaltungen** ein zusätzliches *Bremsmoment* am Antrieb wirksam gemacht werden. Neben rein mechanischen Bremsverfahren kommen vor allem elektrische Bremsverfahren mit *generatorischer Bremsung*, z.B. im übersynchronen Bereich durch Umschaltung auf eine separate Motorwicklung mit höherer Polzahl oder mit Verlustbremsung durch Erregung der Motorwicklung mit Gleichstrom, zur Anwendung.

Aus den beschriebenen **Problemkreisen der Antriebstechnik**

- ☐ Anlassen
- ☐ Anlauf bzw. Hochlauf
- ☐ Drehzahlverstellung
- ☐ Abbremsen

werden im folgenden einige typische Schaltungen vorgestellt. Auf die rein antriebstechnischen oder motorspezifischen Probleme wird nur insoweit eingegangen, wie dies zum Verständnis der Schaltung notwendig erscheint. Für diese Fachgebiete wird auf entsprechende Fachliteratur verwiesen [3, 47, 57].

Für die Gruppe der **Anlaßschaltungen** soll als Beispiel die weitverbreitete **Stern-Dreieck-Schaltung** dienen. Eine Drehstromwicklung besteht, wie im Kapitel 5.1 bereits erwähnt, im Normalfall aus drei voneinander unabhängigen Wicklungsteilen, deren Anschlüsse durch die *Stern-* oder die *Dreieckschaltung* miteinander verbunden werden. Bei der *Sternschaltung* sind die drei Wicklungsenden U2, V2 und W2 durch die Sternbrücke zusammengeschaltet, und wie Bild 5.21 zeigt, fließt bei einer Netzspannung U in jeder Phase bzw. in jeden Strang des Drehstromnetzes

$$\text{der Strom } \frac{I}{\sqrt{3}}$$

Bei der *Dreieckschaltung* sind jeweils Wicklungsende mit Wicklungsanfang der nebenliegenden

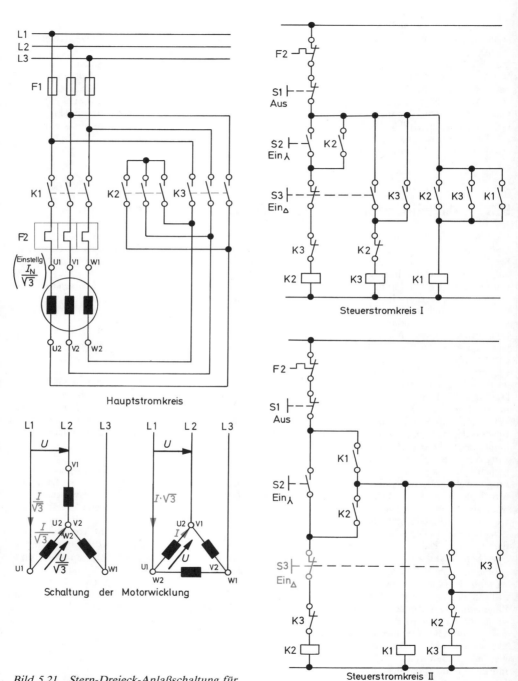

Bild 5.21 Stern-Dreieck-Anlaßschaltung für
Drehstrom-Käfigläufermotoren

80

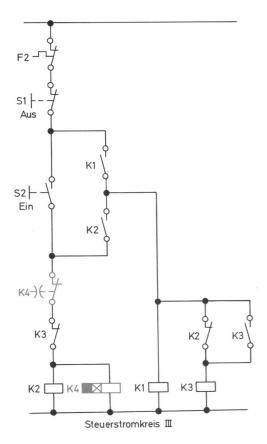

Steuerstromkreis Ⅲ

Wicklung verbunden. In jeder Phase fließt dabei mit derselben Netzspannung U der Strom $I \cdot \sqrt{3}$ [19]. Es gilt also

$$I_{\text{Stern}} = \frac{I}{\sqrt{3}}$$

oder auch

$$I = I_{\text{Stern}} \cdot \sqrt{3}$$

Ebenso gilt

$$I_{\text{Dreieck}} = I \cdot \sqrt{3}$$

und

$$I = \frac{I_{\text{Dreieck}}}{\sqrt{3}}$$

Da aber

$$I = I$$

ist auch

$$I_{\text{Stern}} \cdot \sqrt{3} = \frac{I_{\text{Dreieck}}}{\sqrt{3}}$$

Durch Umwandlung der gefundenen Gleichung erhält man

$$\boxed{I_{\text{Stern}} = \frac{I_{\text{Dreieck}}}{3}}$$

Diesem Ergebnis entspricht die Absicht, die man mit der *Stern-Dreieck-Schaltung* verfolgt: Der hohe Anlaufstrom (6- bis 8facher Nennstrom) wird durch diese Anlaßschaltung auf $1/3$ reduziert. Da das abgegebene Drehmoment des Motors aber direkt proportional zum aufgenommenen Strom ist, wird bei der Stern-Dreieck-Schaltung das Anlaufmoment ebenfalls auf $1/3$ reduziert. Beim Anlauf gegen das volle Lastmoment einer Arbeitsmaschine muß deshalb von Fall zu Fall die Brauchbarkeit der Stern-Dreieck-Schaltung geprüft werden. Im Hauptstromkreis ist zu beachten, daß das Bimetallrelais auf $[0{,}58 \cdot I_{\text{Nenn}}]$ des Motors einzustellen ist.

Im Steuerstromkreis I des Bildes 5.21 kann der Motor wahlweise über die Sternschaltung oder direkt im Dreieck eingeschaltet werden. Bei allen Stern-Dreieck-Schaltungen sind die gegeneinanderwirkenden Schütze K2 und K3 zu verriegeln. Das *Netzschütz* K1 wird entweder durch das *Sternschütz* K2 oder das *Dreieckschütz* K3 betätigt und übernimmt damit die gesamte Schaltleistung des Motors.

Der Motor kann durch die Steuerstromkreise II und III nur über Sternschaltung eingeschaltet werden. Im Steuerstromkreis II erfolgt die Umschaltung von Stern- auf Dreieckschaltung durch Handbetätigung, während im Steuerstromkreis III die Umschaltung durch das Zeitrelais K4 mit Anzugs- und Abfallverzögerung vorgenommen wird. Durch die Abfallverzögerung wird eine zusätzliche Wartezeit vor Wiedereinschaltung gewährleistet. Es sind aber auch Schaltungen mit ausschließlich anzugsverzögerten Zeitrelais K4 gebräuchlich [40].

Bei der *Kurzschlußläufer-Sanftanlauf-Schaltung*, die allgemein als **KUSA-Schaltung** bezeichnet wird, wird in eine Phase bzw. in einen Strang der Drehstromzuleitung ein zusätzlicher *Anlaßwiderstand* R1 geschaltet (Bild 5.22). Die Größe des

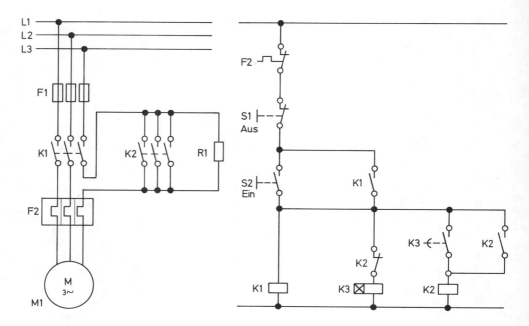

Bild 5.22   KUSA-Anlaufschaltung

Anlaßwiderstandes R1 bestimmt das *Anlaufmoment* M_A des Motors. Für die Dimensionierung des Anlaßwiderstandes R1 sind die Anlaufzeit (gegeben durch die Einstellung des Zeitrelais K3) und die Häufigkeit der Anlaufschaltungen pro Stunde Maßgebend. Für die Bestimmung der Größe des Anlaßwiderstandes gelten keine linearen Zusammenhänge [47]. Falls das verminderte Anlaufmoment M_A^* aber nicht kleiner als 40% des ursprünglich anstehenden Anlaufmomentes M_A zu sein braucht, kann mit dem ursprünglich anstehenden Anlaufstrom I_A bei der Netzspannung U_N die Größe von R1 näherungsweise bestimmt werden.

$$R1 \approx \frac{1 - \dfrac{M_A^*}{M_A}}{0{,}3} \cdot \frac{U_N}{\sqrt{3} \cdot I_A}$$

für $\qquad \dfrac{M_A^*}{M_A} \geqq 0{,}4$

Mit Drücken des Ein-Tasters S2 im Bild 5.22 zieht

zunächst nur das Hauptschütz K1 an. In der Phase L3 wird der KUSA-Anlaßwiderstand R1 wirksam. Nach der am Zeitrelais K3 eingestellten Verzögerungszeit zieht nach der Schütz K2 an, der den KUSA-Anlaßwiderstand R1 überbrückt. Damit wird nun am Motor das volle Drehmoment wirksam.

Anlaufschaltungen mit Anlaßtransformatoren, elektronischen Anlaßgeräten und Anlaßwiderständen im Läuferkreis von Drehstrom-Schleifringläufermotoren sind in der Praxis ebenfalls üblich. Entscheidend für die Auswahl der verschiedenen Anlauf-Schaltungen sind Aufwand, Anlauf-Häufigkeit und Güte der Anpassung des Anlauf-Drehmomentes an die Anforderungen der Arbeitsmaschine.

Die **Dahlander-Schaltung** nach Bild 5.23 bietet die einfachste Möglichkeit der Drehzahlverstellung bei Drehstrommotoren mit Kurzschlußläufer. Nach der Gleichung

$$n = \frac{f}{p}$$

ist die Drehzahl eines Drehstrommotors proportional der Frequenz f und umgekehrt proportional der *Polpaarzahl p*. Ein vierpoliger Motor

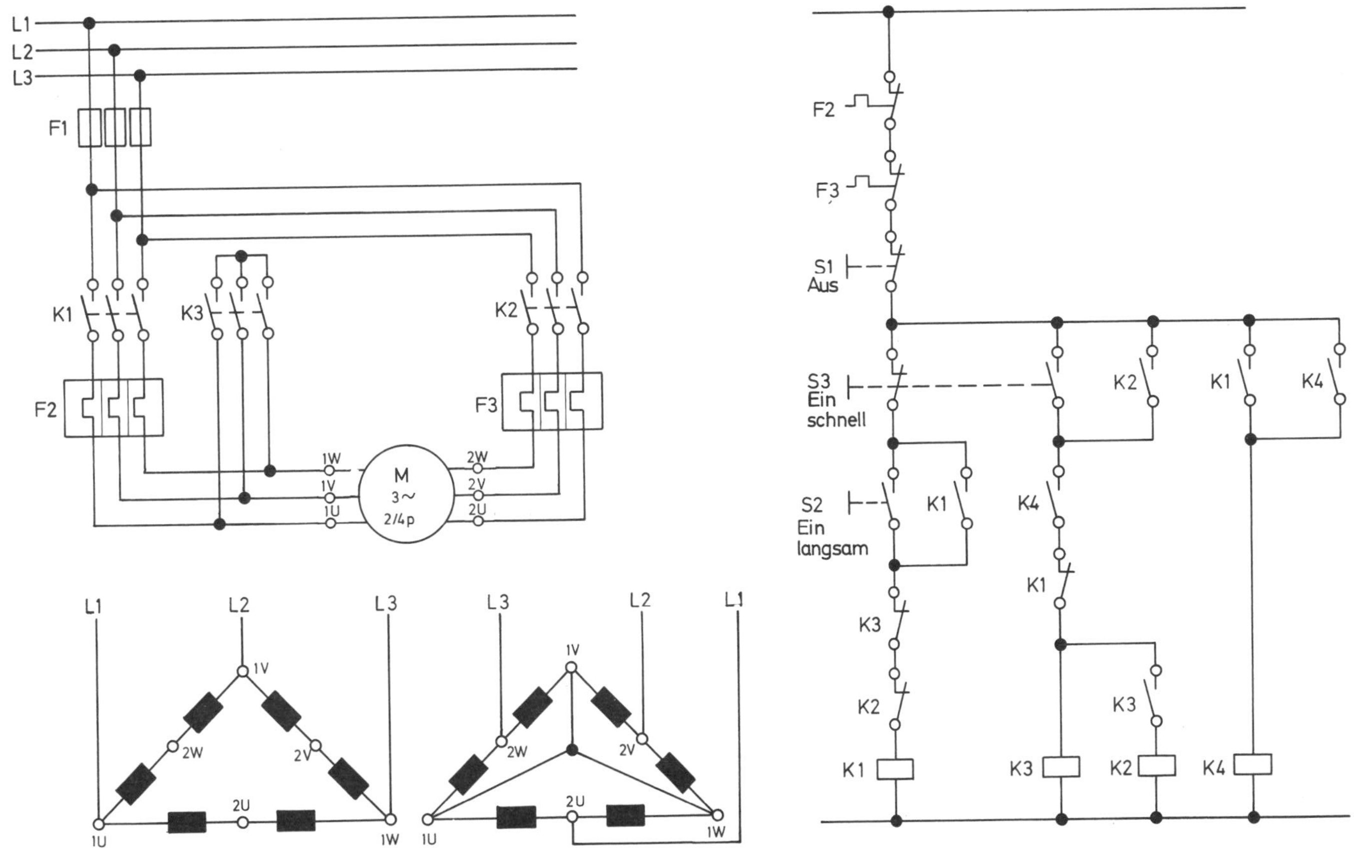

Bild 5.23 Dahlander-Schaltung

83

hat z.B. die Polpaarzahl $p = 2$. An einem Netz mit der Frequenz $f = 50$ Hz dreht sich das Drehfeld im Ständer des Motors mit der synchronen Drehzahl

$$n = \frac{f}{p} = \frac{50\ \text{Hz}}{2} = 25\ \frac{1}{\text{s}}$$

$$n = 25\ \frac{1}{\text{s}} \cdot 60\ \frac{\text{s}}{\text{min}} = 1500\ \frac{1}{\text{min}}$$

Diese Drehzahl entspricht in etwa der Leerlaufdrehzahl n_0 des Motorläufers. Wird nun die Polpaarzahl auf $p = 4$ erhöht, so dreht sich das Drehfeld im Motorständer bei derselben Frequenz nur noch mit

$$n = 750\ \frac{1}{\text{min}}$$

Die einfachste Möglichkeit der *Polumschaltung* kann durch Anordnung mehrerer schaltungstechnisch voneinander unabhängiger Wicklungen im Ständer des Motors erreicht werden. Für diese Wicklungen wird zusätzliches Bauvolumen des Motors benötigt. Eine bestimmte Motorbaugröße wird also in polumschaltbarer Ausführung pro Wicklung eine kleinere Leistung abgeben können gegenüber der Ausführung mit nur einer Wicklung.

Die **Dahlander-Schaltung** erfordert nur eine Wicklung im Ständer, die pro Strang allerdings je 2 Wicklungshälften aufweist. In der niedrigen Drehzahl wird die Wicklung im Dreieck und in der hohen Drehzahl im Doppelstern geschaltet (Bild 5.23). Damit sich beim Umlauf des Drehfeldes die gewünschte Drehzahl entsprechend der Polzahl einstellt, müssen die 6 Wicklungsteile nach einem ganz bestimmten Wicklungsschema im Ständer angeordnet werden.

Im Steuerstromkreis wird durch Betätigen des Tasters S2 „Ein langsam" der Schütz K1 anziehen. Damit wird im Hauptstromkreis die Netzspannung an die Wicklungsanschlüsse 1U, 1V und 1W gelegt. Die beiden Schütze K2 und K3 werden durch einen Öffner des Schützes K1 verriegelt. Ein Hilfsschütz K4 zieht in der Folge von Schütz K1 an, geht in Selbsthaltung und bereitet damit die Einschaltung der beiden Schütze K2 und K3

vor. Die Einschaltung „schnell" kann also nur über „langsam" erfolgen. Bei Betätigung von S3 „Ein schnell" fällt zunächst das Schütz K1 ab und gibt über den Verriegelungskontakt den Anzug des Schützes K3 frei, mit dem im Hauptstromkreis die Doppelbrücke gebildet wird. Vom Schütz K3 wird in der Folge das Schütz K2 eingeschaltet, das im Hauptstromkreis die Netzspannung an die Klemmen 2U, 2V und 2W legt. Der Ein-Befehl für „schnell" wird durch einen Selbsthaltekontakt des zuletzt anziehenden Schützes K2 gespeichert. Durch Öffner der Schütze K2 und K3 wird das im Hauptstromkreis entgegenwirkende Schütz K1 verriegelt. Der Taster S1 „Aus" und die Hilfskontakte der Bimetall-Motorschutzrelais F2 und F3 sind im Stammstrompfad zu der gesamten Schützgruppe angeordnet. Betätigen von S1 bzw. An-sprechen von F2 oder F3 wird sich dadurch der Ausgangszustand der Schaltung einstellen, unabhängig vom augenblicklichen Betriebszustand der Schaltung.

Als Beispiel für eine **Bremsschaltung** zeigt das Bild 5.24 eine Antriebsschaltung mit zusätzlicher *Gleichstrombremsung*. Unter der Annahme, daß nach Betätigen von S3 „Ein" K1 angezogen hat, wird bei Drücken des Tasters S2 „Aus" das abfallverzögerte Zeitrelais K3 sofort anziehen. Der Schütz K1 fällt ab, und in der Folge davon zieht das Bremsschütz K2 an, dessen Einschaltung von einem Schließer des Zeitrelais K3 bereits vorbereitet war. Durch einen Öffner K2 wird die Spule von K3 entregt, und nach der eingestellten Bremszeit fällt auch das Bremsschütz K2 ab, und die Schaltung hat damit ihre Ausgangsstellung angenommen. Ein Taster S1 „Not-Aus" und der Hilfskontakt des Motorschutzrelais F2 liegen im Stammstrompfad zur gesamten Schaltung.

Die Größe des Bremsstromes I_B hängt ab von der Schaltung der Motorwicklung und der Größe der Sekundärspannung am Transformator. Wie Bild 5.24 zeigt, kann die Motorwicklung im Dreieck oder Stern geschaltet werden, wobei jeweils zusätzlich 2 Anschlußklemmen verbunden werden können. In der Praxis wird meist die Sternschaltung angewendet. Die im Läufer entstehenden Wirbelströme bewirken im Bremsmoment, dessen Größe wiederum direkt von der Größe des Bremsstromes I_B abhängig ist [47].

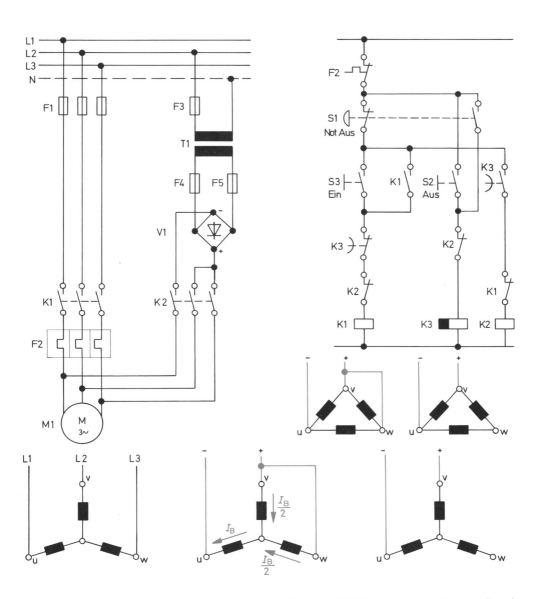

Bild 5.24 Gleichstrom-Bremsschaltung für einen Drehstrom-Käfigläufermotor

5.4   Sicherheitsschaltungen

Über die rein logischen Anforderungen hinaus müssen in vielen Schaltungen Maßnahmen zur Erhöhung der *Bedienungs-* und *Funktionssicherheit* getroffen werden. Viele dieser Schaltungen entstanden aufgrund von Erfahrungen mit bestehenden Anlagen. Es zeigt sich dabei, daß häufig Grundschaltungen aus früheren Problemlösungen heraus entstehen. Bei der erneuten Anwendung dieser Grundschaltungen geht man dann davon aus, daß dieselben Schwierigkeiten nicht mehr auftreten werden. Die Voraussetzung dafür ist die konsequente Anwendung eben dieser bestehenden Grundschaltungen in unveränderter Form, wobei natürlich Ergänzungen zulässig sind.

Kriterien für die Bedienungs- und Funktionssicherheit an einer Anlage stellen sich natürlich auch in Form von Anordnung, Zugänglichkeit, mechanischem Anbau, zwangsläufiger Betätigung, Art der Schaltgeräte und ähnlicher Faktoren dar. Im Rahmen dieses Kapitels sollen aber ausschließlich entsprechende Maßnahmen in der Schaltungstechnik beschrieben werden, die nach folgenden Gesichtspunkten geordnet werden können:

☐ Zeitfunktionen zur Überwachung der eingetretenen Schaltzustände nach Schalthandlungen

☐ Einfache und kontrollierte Redundanz

☐ Ruhestromprinzip

☐ Hilfs- und Zwischenspeicher

☐ Kontrollierter Schützabfall

5.4.1   Grundschaltungen zur Erhöhung der Bedienungssicherheit

In den meisten Fällen, bei denen der Ein-Befehl des Tasters S2 durch Selbsthaltung des Schützes K1 gespeichert wird, erhält der Aus-Taster S1 Löschdominanz. Es soll also absolut sicher gestellt sein, daß nach Betätigung des Aus-Tasters S1 der Schütz K1 auch tatsächlich abgefallen ist. Bei der Schaltung nach Bild 5.25 kommt zusätzlich ein Zeitrelais K2 zur Anwendung, mit dem ein mögliches **Blockieren** oder **Klemmen** des Ein-Kontaktes überwacht wird. Nach dem Öffnen des Aus-Kontaktes fällt das Schütz K1 mit einer Verzögerung von 20 ms ab. Die kürzeste Betätigungszeit an einem Befehlstaster üblicher Bauart liegt bei etwa 150 ms. Liegt also innerhalb dieses

Zeitraumes durch den noch geschlossenen Kontakt am blockierten Ein-Befehlstaster S2 und den bei Abfall von K2 schließenden Öffner von K1 Spannung an der Spule des Zeitrelais K2 an, so wird nach der eingestellten Zeit, z.B. 100 ms, der Öffner des Zeitrelais K2 den Strompfad zur Spule von K1 so lange unterbrechen, bis die Blockierung am Taster S2 wieder aufgehoben wird.

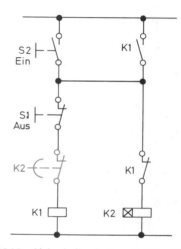

Bild 5.25   Sicherheitsschaltung bei Blockieren eines Ein-Tasters

Diese Schaltung enthält eine Zeitfunktion, die als eines der wichtigsten Grundprinzipien von Sicherheitsschaltungen zu betrachten ist. Nach einer bestimmten Zeit wird dabei abgefragt, ob die Schaltung den gewünschten Zustand eingenommen hat.

Auch die Schaltung nach Bild 5.26 arbeitet nach diesem Grundprinzip. Das Magnetventil Y1 soll an einer Pressensteuerung eingesetzt sein. Um die Unfallgefahr zu vermindern, kann die Presse nur bei gleichzeitigem Betätigen durch beide Hände von zwei räumlich auseinanderliegenden Ein-Tastern S1 und S2 einen Hub ausführen. Die Ein-Befehle dürfen nicht gespeichert werden. Das Hilfsschütz K2 arbeitet als Folgeschütz zu den beiden Ein-Tastern. Ist ein Betätigungstaster mutwillig oder unbeabsichtigt blockiert, so wird der Strompfad zur Spule von K2 vom Öffner des

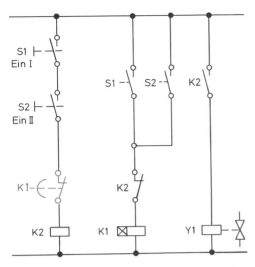

Bild 5.26   Sicherheitsschaltung bei Zweihandbedienung mit Zeitrelais

cher Weise arbeiten. Man spricht in diesem Zusammenhang auch von mehrkanaliger Ausführung der Schaltungen. Eine Erweiterung des *Redundanzprinzipes* bieten noch die sog. **Wertungsschaltungen**. Dabei muß mindestens eine Verdreifachung der Funktionen vorgenommen werden, d.h., die Schaltungen müssen dreikanalig aufgebaut werden. Durch die Wertungsschaltung wird nun abgefragt, ob mindestens 2 Kanäle dieselbe schaltungstechnische Aussage ergeben. Der Zustand dieser 2 Kanäle wird in der Schaltung normal weiterverarbeitet, während der abweichende Zustand des 3. Kanales zur Störungsmeldung führt [44, 58, 61].

Zeitrelais K1 so lange unterbrochen, bis der blokkierte Ein-Taster wieder freigegeben wird.
Die Schaltung nach Bild 5.27 enthält ein Hilfsrelais K1, das bei jedem Arbeitsspiel am Hubende des Hydraulikzylinders bei Öffnen des Endschalters S3 abfällt. Ist nun ein Taster blockiert, so kann das Hilfsrelais nicht mehr anziehen, und der Strompfad zur Spule des Magnetventils Y1 bleibt durch den Schließer von K1 so lange unterbrochen, bis der blockierte Taster freigegeben wird.
Bei dieser Schaltung ist ein weiteres Grundprinzip der Sicherheitsschaltung zu erkennen. Die Zeitfunktion wird hier durch einen zeitlich nachfolgenden Takt der Schaltung gebildet.

5.4.2   Grundschaltungen zur Verbesserung der Funktionssicherheit

Redundant (bzw. weitschweifig) aufgebaute Schaltungen bieten durch Verdoppelung oder Verdreifachung eine wesentliche höhere Funktionssicherheit. Bei der **einfachen Redundanz** werden über die Mehrfachanordnung hinaus keine weiteren Maßnahmen getroffen. In Schaltungen mit **kontrollierter Redundanz** wird zusätzlich noch geprüft, ob in der Mehrfachanordnung die entsprechenden Schaltglieder in gleicher

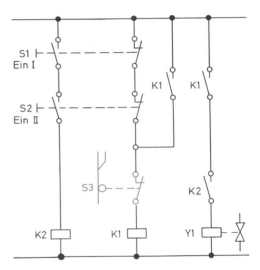

Bild 5.27   Sicherheitsschaltung bei Zweihandbedienung mit Endschalter

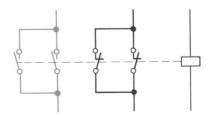

Bild 5.28   Kontaktvervielfachung zum zuverlässigen Schließen von Strompfaden

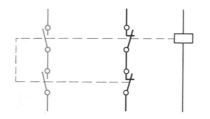

Bild 5.29   Kontaktvervielfachung zum zuverlässigen Öffnen von Strompfaden

Wie das Bild 5.28 zeigt, kann durch *Kontaktvervielfachung* eine Verbesserung der Zuverlässigkeit von Schaltgliedern erreicht werden. Bei Parallelschaltung von Schaltgliedern will man ein zuverlässiges Schließen von Strompfaden erreichen, während das zuverlässige Öffnen von Strompfaden die Reihenschaltung von Schaltgliedern erforderlich macht (Bild 5.29). Eine weitere Verbesserung ist zu erreichen, wenn man auch die Schaltgeräte selbst in die Verdoppelung einbezieht (Bild 5.30).

Im Bild 5.31 soll das Schütz K1 sicher abfallen, wenn einer der Endschalter S1, S2 oder S3 von einer Betätigungskurve zwangsläufig geöffnet wird. Die **Zwangsläufigkeit** wird dabei mit dem sicheren, mechanischen Öffnen der Schaltglieder bei Auflaufen der Endschalterstößel auf die Betätigungskurve durch die Konstruktion des Endschalters gewährleistet. Werden nun z.B. aus Verschleißgründen die zwangsläufig betätigten Sicherheitsschalter durch berührungslos betätigte Magnetschalter ersetzt, so kann dieselbe Funktionssicherheit nur mit einer sog. **Sicherheitsschaltung** gewährleistet werden. Die Sicherheitsschaltung nach Bild 5.32 ist redundant aufgebaut. Jeder zwangsläufig betätigte *Sicherheitsschalter* wird jeweils durch zwei berührungslos betätigte Magnetschalter ersetzt. Der Sicherheitsschalter S1 wird also z.B. durch die Magnetschalter S1 und S2 ersetzt. Der Magnetschalter S1 wirkt auf das Hilfsrelais K2, der Magnetschalter S2 auf das Hilfsrelais K3. Je ein Schließer von K2 und K3 sind vor der Spule des Hauptschützes K1 ange-

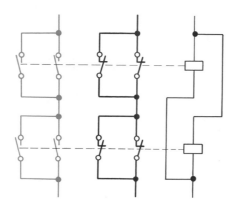

Bild 5.30   Verdoppelung von Schützen

Bild 5.31   Schaltung mit Sicherheitsendschalter

Bild 5.32   Sicherheitsschaltung mit Magnetschalter

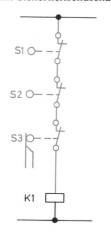

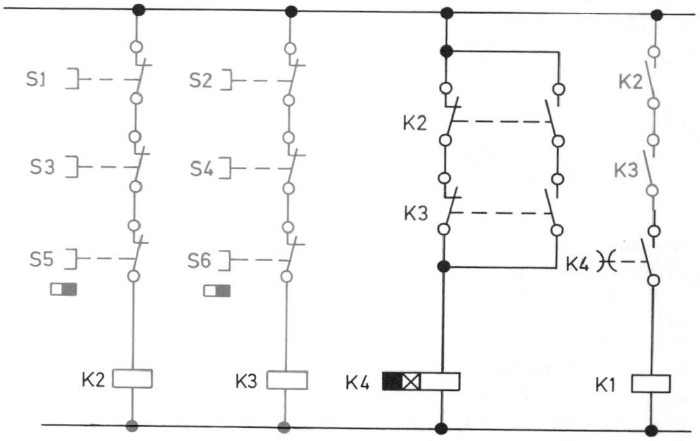

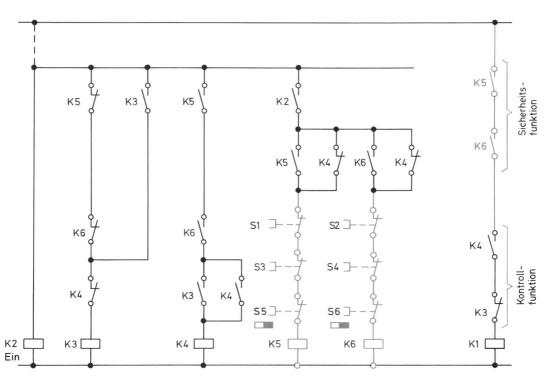

Bild 5.33   Sicherheitsschaltung mit Anzug- und Abfallkontrolle

ordnet. Durch ein Zeitrelais K4 wird kontrolliert, ob beide Hilfschütze K2 und K3 denselben Schaltzustand einnehmen. Ist dies nicht der Fall, fällt das anzugs- und abfallverzögerte Zeitrelais K4 ab und verhindert damit den Anzug von K1. Die Einstellung der Verzögerungszeiten von Zeitrelais K4 ergibt sich aus möglichen Überschneidungen durch verschiedene Ansprechpunkte der Magnetschalter und durch Anzugs- und Abfallverzögerung der Hilfsschütze K2 und K3.

Eine verbesserte Überwachung der Redundanz einer Sicherheitsschaltung zeigt Bild 5.33. Anstelle eines Zeitrelais wird die **Abfall- und Anzugskontrolle** auf je ein Hilfsschütz K3 und K4 aufgeteilt. Innerhalb eines Funktionsspiels müssen die Schütze K3, K4, K5, K6 und K1 anziehen und abfallen. Der Ausfall eines Schaltgerätes wird also sofort bemerkt, während in der Schaltung nach Bild 5.32 das Zeitrelais K4 im normalen Betriebszustand ständig angezogen hat. Bei Wiederkehr der Spannung nach Netzausfall oder

nach Ansprechen anderer Sicherheitseinrichtungen im gestrichelten Strompfad des Bildes 5.33 verhindert das Hilfsschütz K2 mit seinem Schließer vor den Spulen der beiden Hilfsschütze K5 und K6, daß die Spulen von K3, K5 und K6 praktisch gleichzeitig Spannung bekommen und damit ein undefinierter Schaltzustand entsteht.

Bei Betätigen eines Notruf-Tasters soll ein Kontakt schließen, der eine Alarmeinrichtung betätigt. Dabei soll weiter vorausgesetzt werden, daß mehrere Notruf-Taster auf ein Hilfsschütz K1 wirken. Nach der Oder-Schaltung A im Bild 5.34 zieht das Hilfsschütz K1 an, wenn einer der Taster S1, S2, S3 oder S4 betätigt wird. Ein Schließer von K1 gibt den Strompfad zur Alarmeinrichtung frei. Da nur Strom zur Spule von K1 fließt, wenn die Schaltung betriebsmäßig arbeiten muß, nennt man diese Schaltung auch **Arbeitsstromschaltung**. Demgegenüber fließt in der Nor-Schaltung B immer dann Strom zur Spule von K1, wenn sich die Schaltung selbst im Ruhezustand befindet. Erst wenn einer der Taster S1, S2, S3 oder S4 gedrückt wird, fällt das Hilfsschütz K1 ab. Der

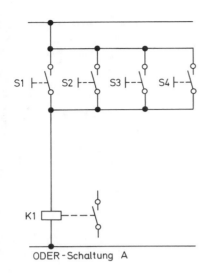
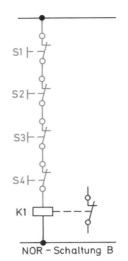

Bild 5.34 Oder-Schaltung und Nor-Schaltung für mehrere Taster — Arbeitsstrom- und Ruhestromschaltung

ODER - Schaltung A

NOR – Schaltung B

Tabelle 5.1 Gegenüberstellung von Arbeitsstrom- und Ruhestromschaltungen

Fehler	Folge in Schaltung			
	A	B	C	D
Kurschluß zwischen Leitungen	Abschaltung	Gefahr	Abschaltung	Gefahr
Erdschluß einer Leitung	Gefahr	Abschaltung	Gefahr	Abschaltung
Spannungsausfall	Gefahr	Abschaltung	Gefahr	Abschaltung
Leitungsunterbrechung*	Gefahr	Abschaltung	Gefahr	Abschaltung
Erhöhter Leitungs- widerstand*	Gefahr	Abschaltung	Gefahr	Abschaltung
Ein Schalter öffnet nicht mehr	Abschaltung	Gefahr	Auszustand bleibt	Gefahr
Ein Schalter schließt nicht mehr	Gefahr	Abschaltung	Gefahr	Abschaltung
Prinzip der Schaltung	Arbeitsstrom- prinzip	Ruhestrom- prinzip	Ruhestrom- prinzip	Arbeitsstrom- prinzip
Schaltungsart	Oder-Schal- tung	Nor-Schaltung	Nand-Schal- tung	Und-Schaltung

* Anteil 60 bis 70%

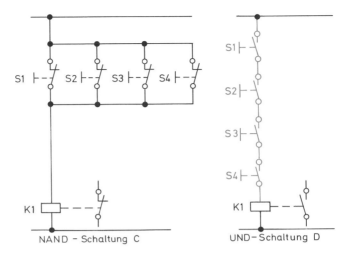

Bild 5.35 Nand-Schaltung und Und-Schaltung für mehrere Taster — Arbeitsstrom- und Ruhestromschaltung

NAND – Schaltung C

UND – Schaltung D

Öffner von K1 schließt dann den Strompfad zur Alarmeinrichtung. Diese Schaltung wird deshalb auch als **Ruhestromschaltung** bezeichnet. Zunächst ist man geneigt, die Arbeitsstromschaltung als sinnvoller anzusehen, da die Spule des Hilfsschützes K1 dabei nicht andauernd unter Spannung steht. Überlegt man sich allerdings eine Anzahl möglicher Fehler und deren Auswirkung in den beiden Schaltungen, so zeigt sich, daß die Ruhestromschaltung zuverlässiger arbeitet. In Tabelle 5.1 sind die möglichen Fehler und ihre Auswirkungen in den Schaltungen A und B zusammengestellt. Nach vorliegenden praktischen Erfahrungen ist der Anteil von Fehlern durch Leitungsunterbrechung einschließlich erhöhtem Leitungswiderstand 60 bis 80% und der Anteil von Kurz- und Erdschlüssen 10 bis 30% aller auftretenden Fehler. Leitungsunterbrechung liegt bereits vor, wenn sich eine Klemmstelle gelöst hat! Nicht in allen Fällen ist eine Ruhestromschaltung von Vorteil. Schaltung A und B stellt bezüglich des Alarmsignals eine Oder-Verknüpfung dar, wobei die Arbeitsstromschaltung A bezüglich des Hilfsschützes K1 eine Oder-Schaltung und die Ruheschaltung B eine Nor-(Nicht-Oder-)Schaltung ist. Die Schaltungen C und D im Bild 5.35 stellen aber bezüglich des Alarmsignales eine Und-Verknüpfung dar. Die Ruhestromschaltung C ist in bezug auf die Funktion des Hilfsschützes K1 eine Nand-(Nicht-Und-)Schaltung, die Arbeitsstromschaltung D eine Und-Schaltung. Wie Tabelle 5.1 zeigt, ist hier die Ruhestromschaltung von Nachteil. Sowohl in der Nor-Schaltung des Bildes 5.34 als auch in der Nand-Schaltung des Bildes 5.35 sind alle Schaltglieder in Reihe geschaltet. Bezüglich der Fehlerbetrachtung in der Tabelle 5.1 sollte also bei zuverlässiger Funktion **eines** von mehreren Schaltgliedern das Ruhestromprinzip der Nor-Schaltung und bei zuverlässiger Funktion **aller** Schaltglieder das Arbeitsstromprinzip der Und-Schaltung gewählt werden.

Die üblichen Befehlstaster besitzen einen Schließer und einen Öffner. Man kann nun die Nor-Schaltung B dadurch verbessern, daß man die

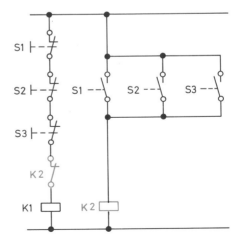

Bild 5.36 Redundante Ruhestromschaltung für mehrere Taster

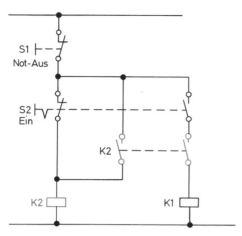

Bild 5.37 *Hilfsschütz als Zwischenspeicher*

Bild 5.38 *Schutz gegen ungewollten Wiederanlauf durch Zwischenspeicher*

Schließer der Taster in einer Oder-Schaltung bezüglich des Hilfsschützes K2 verknüpft (Bild 5.35). Bei Betätigen des Tasters S1 beispielsweise wird durch den Öffner von S1 der Strompfad zur Spule von K1 direkt und durch den Schließer von S1 über den Öffner des Hilfsschützes K2 indirekt unterbrochen. Diese Schaltung ist deshalb ebenfalls redundant aufgebaut. Die verbliebene Gefahr in der Nor-Schaltung B nach Tabelle 5.1 bei Nichtöffnen eines Schalters ist damit wesentlich vermindert.

Im Bild 5.37 wird ein Schütz K1 von einem Stellschalter S2 betriebsmäßig ein- und ausgeschaltet. Damit bei eingeschaltetem Schalter S2 und bei Wiederkehr der Steuerspannung nach einem Spannungsausfall oder nach Betätigen des Not-Aus-Tasters der Schütz K1 nicht selbsttätig wieder einschaltet, wurde mit dem Hilfsschütz K2 ein *Zwischenspeicher* in die Schaltung eingefügt. Steht der Schalter S2 in Aus-Stellung, zieht das Hilfsschütz K2 über den Öffner von S2 an und hält sich selbst. Fällt nun bei Ein-Stellung von S2 die Steuerspannung aus oder wird S1 betätigt, so fällt auch K2 auf. Damit ist über einen Schließer von K2 der Strompfad zur Spule von K1 unterbro-

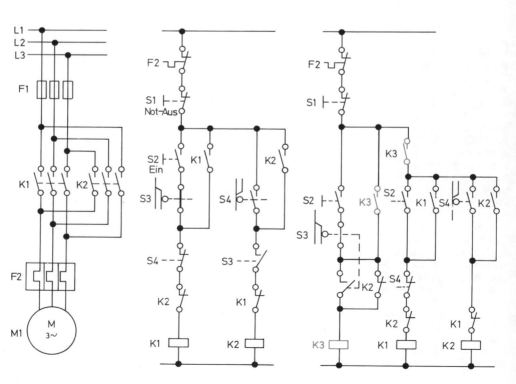

chen, und Hilfsschütz K2 kann erst nach Ausschalten des Steuerschalters S2 wieder anziehen.

Auch die Schaltung nach Bild 5.38 soll als Beispiel die Anwendung der Zwischenspeicherung zeigen. Es handelt sich bei dieser Schaltung um eine abgewandelte Form der Wendeschützschaltung, wie sie im Kapitel 5.1 ausführlich entwickelt wurde. In der Ruhestellung ist der Endschalter S3 betätigt. Wird der Befehlstaster S2 „Ein" gedrückt, so zieht K1 an, und der Motor läuft z.B. rechtsherum. K1 hält sich selbst und verriegelt K2, der Endschalter S3 geht in seine Ruhestellung. Nach einiger Zeit wird der Endschalter S4 betätigt. Dadurch fällt das Schütz K1 ab und das Schütz K2 zieht in der Folge davon an. Der Motor läuft damit in der entgegengesetzten Drehrichtung. K2 hält sich selbst und verriegelt K1, der Endschalter S4 geht wieder in seine Ruhestellung. Wird nun zu einem beliebigen Zeitpunkt der Not-Aus-Taster S1 betätigt oder fällt die Steuerspannung aus, so ist die Wiederinbetriebnahme nur durch Zurückdrehen des Antriebs von Hand in die Ausgangsstellung möglich. Ist aber der Zeitpunkt nicht beliebig, sondern ist gerade in diesem Augenblick der Endschalter S4 gedrückt, so wird nach Freigabe von S1 oder F2 bzw. nach Wiederkehr der Steuerspannung der Schütz K2 ungewollt wieder anziehen. Dies kann zu einem gefährlichen Betriebszustand führen. Mit dem Schütz K3 wird nun ein Zwischenspeicher in die Schaltung eingefügt, durch den ein Wiederanlaufen des Motors verhindert wird. Nach Zurückdrehen des Antriebs in seine Ausgangsstellung kann die Schaltung wieder in Betrieb genommen werden.

Als letztes Beispiel für die Zwischenspeicherung soll wieder eine abgewandelte Form der Wendeschützschaltung dienen (Bild 5.39). Das Hilfsschütz K3 wird aus den in früheren Beispielen beschriebenen Gründen eingesetzt. Nach Betätigen von S2 „Ein" zieht in der Folge von K3 zunächst K2 an. Wird nach einer gewissen Zeit der Endschalter S4 betätigt, fällt das Schütz K2 ab und gibt über den Verriegelungskontakt von K2 den Anzug von Schütz K1 frei. In vielen Fällen neigen Endschalter zu unsauberer Kontaktgabe, bedingt z.B. durch ungünstige Montage oder Verschleiß von Betätigungskurven oder Betätigungsnocken. Mit der Zwischenspeicherung wird nun erreicht, daß beim ersten Unterbrechen des Öff-

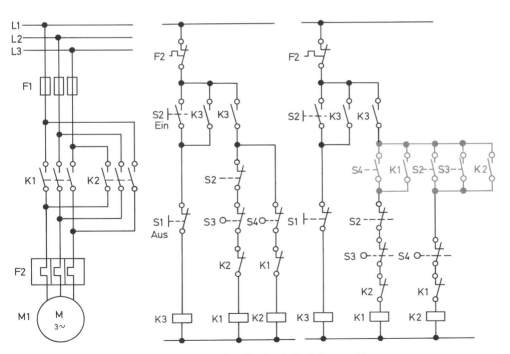

Bild 5.39 Schutz gegen unsaubere Kontaktgabe durch Zwischenspeicher

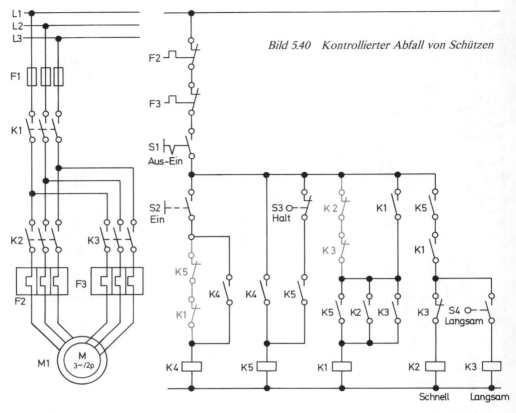

Bild 5.40   Kontrollierter Abfall von Schützen

nerkontaktes von S4 K2 abfällt und dadurch die Selbsthaltung von K2 aufgehoben wird. Ein Schließer von S4 muß darüber hinaus sicher geschlossen haben, bevor das Schütz K1 anziehen kann. An den Beispielen für den Einsatz von Zwischenspeichern ist zu erkennen, daß die rein logische bzw. boolesche Verknüpfung in vielen Fällen nicht ausreicht, die gewünschte Betriebszuverlässigkeit zu gewährleisten. Die eindeutigen **Setz- und Löschbefehle für einen Speicher dagegen verhindern Fehlschaltungen**. Dies muß insbesondere bei umfangreicheren, automatisch arbeitenden Steuerungen berücksichtigt werden.

Im Bild 5.40 wird ein polumschaltbarer Motor mit zwei getrennten Wicklungen bei geschlossenem Stellschalter S1 durch Betätigen des Befehlstasters S2 „Ein" nach Anzug der Hilfsschütze K4 und K5 und in der Folge davon der Schütze K1 und K2 mit der höheren Drehzahl (schnell) in Betrieb gehen. Bei Ansprechen des Endschalters S4 „langsam" zieht das Schütz K3 an, und damit fällt das Schütz K2 ab. Wird nun der Endschalter S3 „Halt" angefahren, so fällt das Hilfsschütz K5

ab. In der Folge davon wird zunächst das Schütz K3 abfallen und erst nachfolgend das Schütz K1. Sowohl beim Einschalten wie beim Ausschalten des Antriebsmotors wird also die Leistung von K2 und K3 geschaltet, während das Schütz K1 nur bei Ansprechen von F2 und F3 oder bei Betätigen des Stellschalters Leistung schalten muß, betriebsmäßig aber leistungslos schaltet. Damit kann der Schütz K1 kleiner dimensioniert werden. Durch die Doppelanordnung K1 und K2 oder K1 und K3 wird auch der Hauptstromkreis redundant aufgebaut. Die doppelte Abschaltung im Leistungsfluß gewährleistet ein sicheres Abschalten auch bei Verschweißen von Kontakten.

Vor dem Beginn eines neuen Funktionsspiels wird kontrolliert, ob die Schütze K5, K1, K2 und K3 abgefallen sind. Das Hilfsschütz K4 kann nur anziehen, wenn K5 und K1 abgefallen sind, während K1 nur dann betätigt werden kann, wenn K2 und K3 abgefallen sind. Durch die **Abfallkontrolle** der Schütze wird die Redundanz im Hauptstromkreis überwacht.

94

6 Anwendung der Grundschaltungen bei Ablauf- und Verknüpfungssteuerungen

Durch die Anwendung von Grundschaltungen wird beim Entwerfen von Steuerungen auf bereits vorhandene Erfahrungen mit Steuerungen oder Teilen von Steuerungen ähnlicher Art zurückgegriffen. Man erspart sich dabei unnötigen geistigen Arbeitsaufwand. In zwei Beispielen soll gezeigt werden, daß bei Einfügen von Grundschaltungen die Erweiterung und Anpassung entsprechend der Aufgabenstellung trotzdem noch einen großen Teil der Entwurfsarbeit darstellt.

6.1 Steuerung für eine Förderanlage

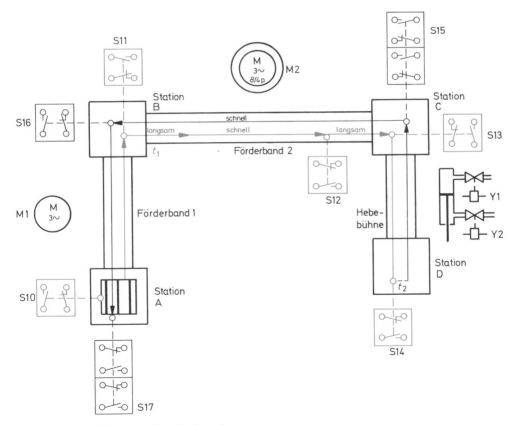

Bild 6.1   Aufstellungsplan der Förderanlage

Der stark vereinfacht gezeichnete *Aufstellungsplan* des Bildes 6.1 zeigt die Wirkungsweise der Förderanlage. Ein Förderschlitten wird an der Station A beladen und dann über das Förderband 1 zur Station B gebracht. Dort wird der Förderschlitten umgesetzt und vom Förderband 2 übernommen. Nach Ankunft in der Station C wird der Förderschlitten durch den Hydraulikkolben der Hebebühne bis zur Station D hochgehoben. Dort steht der Förderschlitten bis zur Entladung. Nachdem das Fördergut vom Schlitten abgenommen wurde, wird noch die Zeit t_2 abgewartet. Der Rücklauf des Förderschlittens erfolgt auf demselben Wege von der Station D über die Stationen C und B bis zur Beladestation A, womit dann ein Förderzyklus beendet ist.

Nach Betätigen eines Befehlstasters wird ein Förderzyklus eingeleitet. Die Einleitung der weiteren Takte erfolgt durch Endschalter. Das Förderband 2 hat zwei Geschwindigkeitsstufen. Beim Vorwärtstransport aus der Station B wird mit kleiner Geschwindigkeit „langsam" angefahren

und nach Ablauf der Zeit t_1 auf die hohe Geschwindigkeitsstufe „schnell" umgeschaltet. Kurz vor Einlauf des Förderschlittens in die Station C wird durch einen Endschalter die Umschaltung auf die kleine Geschwindigkeit veranlaßt. Der Rücklauf des Förderschlittens soll nur „schnell" erfolgen können. Die Förderbänder 1 und 2 und die hydraulische Hebebühne sollen auch durch Befehlstaster einzeln betätigt werden können.

Aus einem Schaltungsbuch [39, 40] wurde für den Antrieb des Förderbandes 1 die Grundschaltung nach Bild 6.2 ausgewählt, während die Grundschaltung für den Antrieb des Förderbandes 2 nach Bild 6.3 durch Weglassen der langsamen Geschwindigkeitsstufe beim Rückwärtslauf gegenüber der Grundschaltung im Schaltungsbuch leicht verändert wurde.

Im Bild 6.4 ist der Steuerstromkreis der Förderanlage dargestellt. Da in diesem Beispiel nur gezeigt werden soll, wie sich das Einfügen von Grundschaltungen auf den Gesamtaufbau des Stromlaufplanes auswirkt, ist auf die streng verdrah-

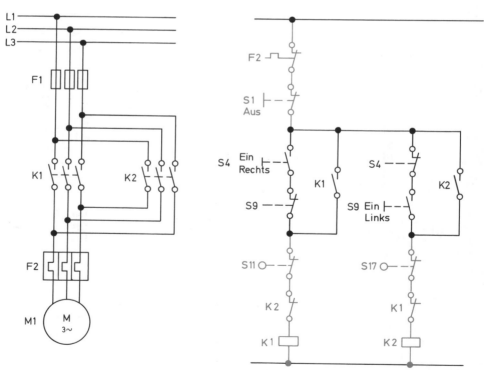

Bild 6.2   Grundschaltung für den Antrieb des Förderbandes 1

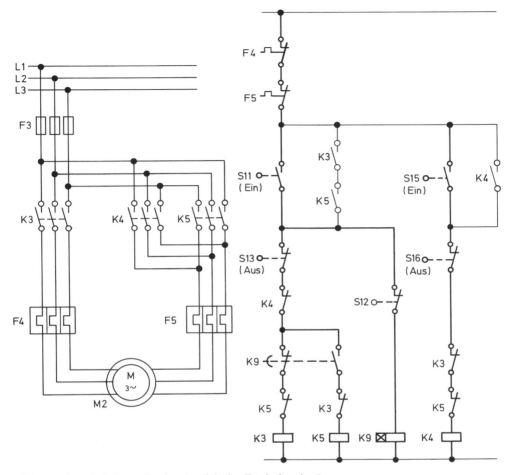

Bild 6.3 Grundschaltung für den Antrieb des Förderbandes 2

tungsgerechte Darstellung des Stromlaufplanes nach **DIN 40719**, zugunsten einer besseren Übersichtlichkeit verzichtet worden. Auch die Darstellung des Hauptstromkreises und weitere Schaltplanarten, wie Übersichtsschaltplan, Bauschaltplan o.ä., werden bei diesem Beispiel weggelassen.

Bei Ablaufsteuerungen wird die *Taktfolge* der Steuerung in der Darstellung des Stromlaufplanes berücksichtigt. Von links nach rechts ansteigend zeigt der Schaltplan die Reihenfolge der Takte in Abhängigkeit der auslösenden Impulse. Damit wird das Lesen der Stromlaufpläne erleichtert. Ein Teil der Grundschaltung für das

Förderband 1 ist im Stromlaufplan der Gesamtsteuerung ganz links in den Strompfaden 4, 5 und 6 angeordnet, während der andere Teil der Grundschaltung rechts im Strompfad 29 zu finden ist. Die Grundschaltung ist also in zwei Hälften aufgeteilt, die entsprechend der Taktfolge beim Ablauf der Gesamtsteuerung in den Stromlaufplan eingefügt werden. Dasselbe wurde auch bei der Grundschaltung für das Förderband 2 durchgeführt. Es ist deutlich zu erkennen, daß die Gesamtschaltung der Förderanlage gegenüber den beiden Grundschaltungen wesentliche Ergänzungen erfahren hat. Dem Wahlschalter S2 „Automatik — Aus — Hand" sind die Hilfsschütze

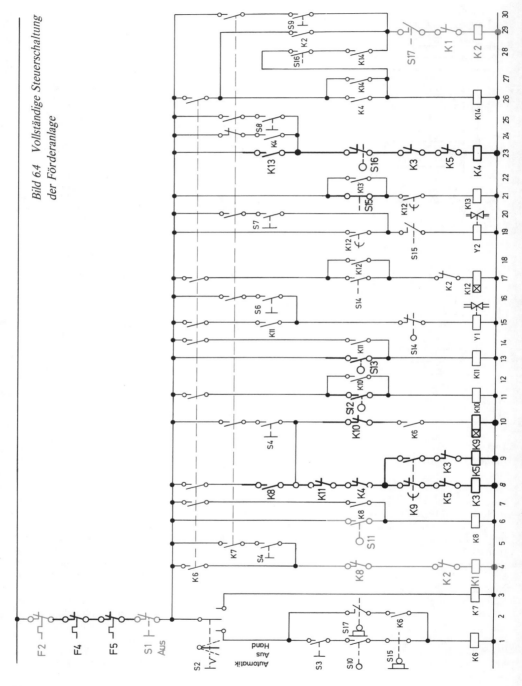

Bild 6.4 Vollständige Steuerschaltung
der Förderanlage

K6 für Automatikbetrieb und K7 für Handbetrieb nachgeschaltet, wobei K6 erst nach Betätigen des Befehlstasters S3 „Automatik-Start", des Endschalters S10 „Förderschlitten beladen" und des Endschalters S15 „Hebebühne in Ausgangsstellung" anziehen kann. Durch die Selbsthaltung des Hilfsschützes K6, die erst nach Ablaufen des Förderschlittens vom Endschalter S17 wirksam werden kann, wird der Ein-Befehl von S3 gespeichert. Nach dem letzten Takt am Ende des Förderzyklus wird die Selbsthaltung des Schützes K6 durch Auflaufen des Förderschlittens auf den Endschalter S17 gelöscht. Nach dem Anzug von K6 beginnt der automatische Ablauf des Förderzyklus mit dem Ansprechen des Motorschützes K1, der den Motor des Förderbandes 1 einschaltet. Den nacheinander wirksam werdenden Endschaltern S11 bis S17 sind Hilfsschütze nachge-

schaltet, deren Selbsthaltung nach Anzug von K6 wirksam werden kann. Ist das Hilfsschütz K7 für Handbetrieb eingeschaltet, so wirken die Hilfsschütze als reine Folgeschütze auf die Endschalter S11 bis S17 und mit den Befehlstastern S4 bis S9, deren Ein-Befehle nicht gespeichert werden, können beliebige Einzelbewegungen der Förderanlagen ausgelöst werden. Am Ende müssen allerdings die Ausgangsstellungen wieder angefahren werden. Die Hilfskontakte der Motorschutzrelais F2, F4 und F5 und der Befehlstaster S1 „Aus" sind im Stammstrompfad zur gesamten Steuerung angeordnet. Damit ist sichergestellt, daß beim Ansprechen eines Motorschutzrelais bei Überlastung des Motors oder bei Drücken des Austasters die gesamte Steuerung sofort ausgeschaltet wird. Man nennt derartig wirkende Schaltglieder deshalb auch Sicherheitskontakte.

6.2 Steuerung für einen Kübelaufzug

Bei der Steuerung für einen kleinen Kübelaufzug soll etwas ausführlicher die Anwendung einer Grundschaltung gezeigt werden.
Dieses Beispiel wurde im Kapitel 10 zu einer vollständigen Fallstudie ausgearbeitet.

6.2.1 Darstellung der Funktion

Ein Kübelaufzug wird an der Ladestelle aus einem Vorratsbunker beladen. Über den unteren Endschalter S5 wird nach Ablauf einer Wartezeit t_u selbsttätig die Aufwärtsfahrt des Kübels eingeleitet. Oben angekommen wird der Kübel mechanisch so geführt, daß er sich auf ein Förderband entladen kann. Über den oberen Endschalter S4 wird nach einer Wartezeit t_0 die Abwärtsfahrt eingeleitet. Unten angekommen öffnet der Kübel mechanisch den Bunker, füllt sich während der Wartezeit t_u und schaltet wieder auf Aufwärtsfahrt. Bei *Inspektionsbetrieb* darf keine selbsttätige Umschaltung der Fahrtrichtung erfolgen (Bild 6.5). Die Ausgangs- und Eingangselemente der elektrischen Steuerung werden im allgemeinen bereits bei der mechanischen Konstruktion einer Maschine festgelegt. Bei dem vorliegenden Kübelaufzug sind vorgesehen:

Als Ausgangselement:
  1 Aufzugsgetriebemotor M1
  Im Bedienungskasten sind anzuordnen:
  1 Meldeleuchte H1 „Aufzug auf"
     Farbe Weiß

  1 Meldeleuchte H2 „Aufzug ab"
     Farbe Weiß
Als Eingangselemente:
  1 Grenztaster S4 „Kübel oben"
  1 Grenztaster S5 „Kübel unten"

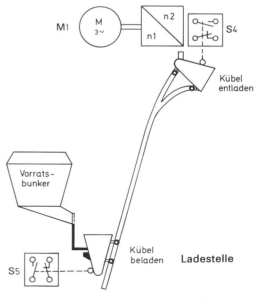

Bild 6.5 Aufstellungsplan des Kübelaufzuges

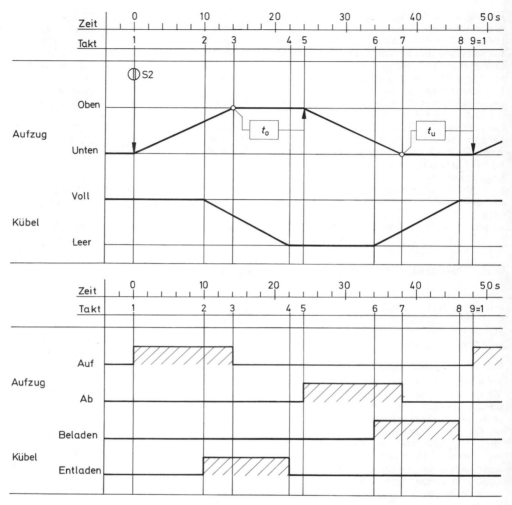

Bild 6.6   Funktions- und Ablaufdiagramm nach VDI-Richtlinie 3260

Im Bedienungskasten sind anzuordnen:

1 Befehlstaster S1 „Halt" Farbe Rot
1 Befehlstaster S2 „Auf" Farbe Schwarz
1 Befehlstaster S3 „Ab" Farbe Schwarz
1 Umschalter Q2 „Inspektionsfahrt Ein-Aus"

Der Steuerkasten muß enthalten:

1 Hauptschalter Q1

Auf weitere Festlegungen, wie z.B. Größe und Schutzart von Steuer- und Bedienungskasten, Form des Betätigungsstößels an den Grenztastern oder auf die Angabe der technischen Daten, wird im Rahmen dieses Buches verzichtet.

Bei Aufgabestellungen für kleine Anlagen oder Maschinen reicht zur Beschreibung der *technologischen Funktion* die verbale Form aus. Da die exakte Formulierung des Funktionszusammenhanges aber die Basis für den Entwurf der elektrischen Steuerung darstellt, kommen schon seit längerer Zeit verschiedene Verfahren der zeichnerischen Darstellungen des Funktionszusammenhanges zur Anwendung [6, 7, 48]. Alle Arten der Funktionspläne sind problemorientiert aufgebaut, ohne aber der Problemlösung nach Art der verwendeten Betriebsmittel, der Leitungsführung, dem Einbauort u.dgl. vorzugreifen. Ebenso wie die verbale Beschreibung dienen die Funktionspläne als Verständigungsmittel zwischen Hersteller und Anwender und beim Zusammenwirken verschiedener Fachdisziplinen, wie z.B. Verfahrenstechnik, Maschinenkonstruktion, Elektrotechnik, Prozeßrechner, Fluidik usw. bei Projektierung, Fertigung, Inbetriebnahme, Betrieb, Störungssuche und Wartung von Steuerungen.

Insbesondere für Ablaufsteuerungen eignen sich **Funktionsdiagramme** nach der Richtlinie **VDI 3260**. Die Stellung von Signalgebern und Stellgliedern ist bei jedem Schritt erkennbar. Es ist allerdings schwierig, die verschiedenen Arten der Verknüpfungen bzw. Verzweigungen im Ablauf darzustellen. Die Anwendung dieser Funktionsdiagramme blieb deshalb auf spezielle Fälle beschränkt und konnte sich nicht auf breiter Front durchsetzen. Bild 6.6 zeigt die *Funktionsdiagramme* für die Fallstudie Kübelaufzug. Die technologischen Funktionen des Kübelaufzuges

- ☐ Aufzug auf
- ☐ Aufzug ab
- ☐ Kübel beladen
- ☐ Kübel entladen

sind im Funktionsdiagramm in Abhängigkeit von der Takt- bzw. Schrittfolge und in Abhängigkeit von der Zeit dargestellt. Die Darstellung der zeitlichen Abhängigkeit zwingt zu einer starren Festlegung im Funktionsablauf und wird deshalb nur selten angewendet.

Auch **Programmablaufpläne** in Anlehnung an **DIN 66001** werden nur selten für die Darstellung des technologischen Funktionsablaufes angewendet. Nur wenn der Programmablauf überwiegend zeitlich zwangsläufig bestimmt ist und wenig parallel ablaufende Funktionen bzw. keine umfangreichen Verknüpfungen zu erfassen sind, können *Programmablaufpläne* sinnvoll eingesetzt werden. In der Darstellung von Programmablaufplänen kommen eigenständige Symbole zur Anwendung, die durch die schnelle Ausweitung der *EDV* (Elektronischen Datenverarbeitung) immer mehr allgemein bekannt werden [60]. Der Programmablaufplan im Bild 6.7 enthält die Funktionen für den Kübelaufzug.

Funktionspläne nach der Norm **DIN 40719, Teil**

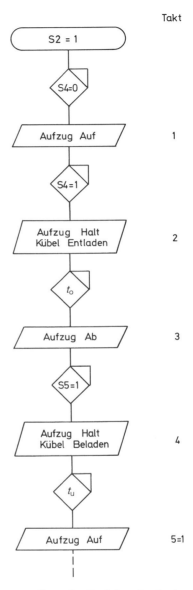

Bild 6.7 Darstellung der Funktion durch einen Programmablauf nach DIN 66001

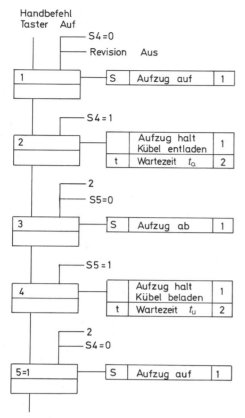

Schritt 1: Verbale Beschreibung der Anlage bzw. des Prozesses.

Schritt 2: Erstellen von Funktionsplänen.

Schritt 3: Anwendung von Grundschaltungen.

Schritt 4: Intuitive Erweiterung von Grundschaltungen durch die gegebenen Funktionen und Forderungen — in der Fallstudie Wartezeiten- und Revisionsfahrtschalter.

Schritt 5: Ausarbeitung des Schaltplanentwurfes zu einem verdrahtungsgerechten Stromlaufplan.

Schritt 1 und Schritt 2 wurden im Kapitel 6.2.1 bereits erarbeitet.

Aus einem Schaltungsbuch [40] wurde die Grundschaltung einer Wendeschützschaltung entnommen (Bild 6.9). Die gefundene Schaltung hat schon die wesentlichen Merkmale der zu entwerfenden Steuerung.

Nach Drücken des Tasters S2 „Auf" zieht das Schütz K1 an und hält sich selbst. Ist der Kübel am

Bild 6.8 Einschaltfunktion des Kübelaufzuges in der Darstellung nach DIN 40719, Teil 6

6, sollen zur Darstellung von Steuerungsaufgaben mit vielen Verriegelungen und Verknüpfungen gleichermaßen gut geeignet sein wie für reine Ablaufsteuerungen. Bild 6.8 zeigt die Darstellung der Einschaltfunktion in Analogie zu den anderen Funktionsdarstellungen (siehe auch Kapitel 2.5.2.4).

6.2.2 Schaltpläne

Für eine einfache Steuerung, wie der hier zu entwerfenden Steuerung eines Kübelaufzuges, eignet sich das in der Praxis allgemein übliche **Entwurfsverfahren** mit den wesentlichen Entwurfsschritten:

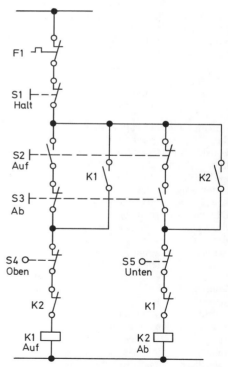

Bild 6.9 Grundschaltung aus einem Schaltungsbuch [40]

Aufzug oben angekommen, öffnet der Endschalter S4 „Oben" und der Kübel bleibt stehen. Durch Drücken des Tasters S3-Ab zieht das Schütz K2 an und hält sich selbst. Der Kübel fährt nun abwärts und hält am Aufzug unten durch Abfall von K2 nach Öffnen des Endschalters S5 „Unten".

Die Grundschaltung muß an 4 Stellen gemäß der Aufgabenstellung erweitert werden (Bild 6.10). Mit dem Endschalter S4 soll ein anzugsverzögertes Zeitrelais K4 erregt werden, an dem die obere Wartezeit t_0 eingestellt werden kann. Dementsprechend muß durch den Endschalter S5 das Zeitrelais K3 mit der unteren Wartezeit t_u angesteuert werden. Für den Inspektionsbetrieb ist ein *Revisionsschalter* Q2 vorzusehen, mit dem die Selbsthaltung der Schütze K1 und K2 aufgehoben wird und die Ansteuerung der Zeitrelais K3 und

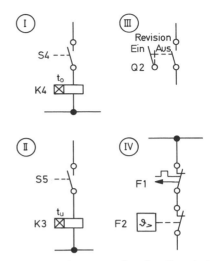

Bild 6.10 Erweiterungsstufen der Grundschaltung

Bild 6.11 Ergänzte Grundschaltung als Bleistiftentwurf

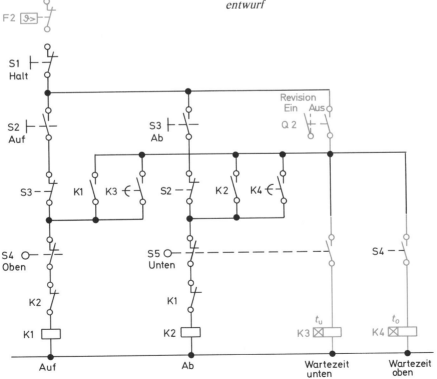

103

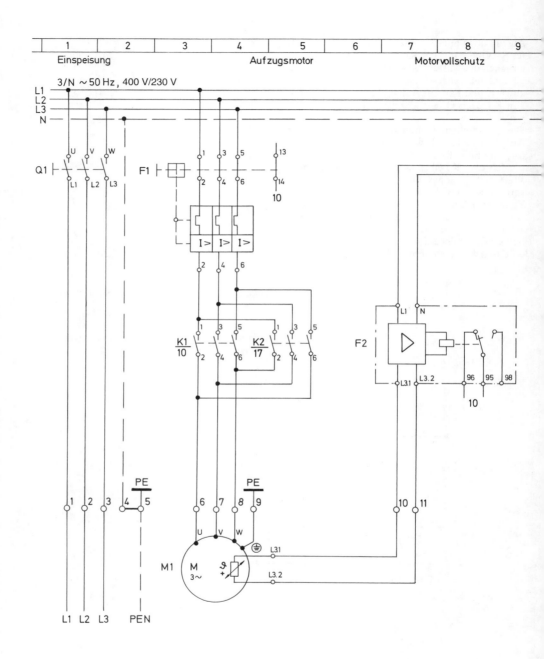

Bild 6.12 Vollständiger Stromlaufplan des Kübelaufzuges

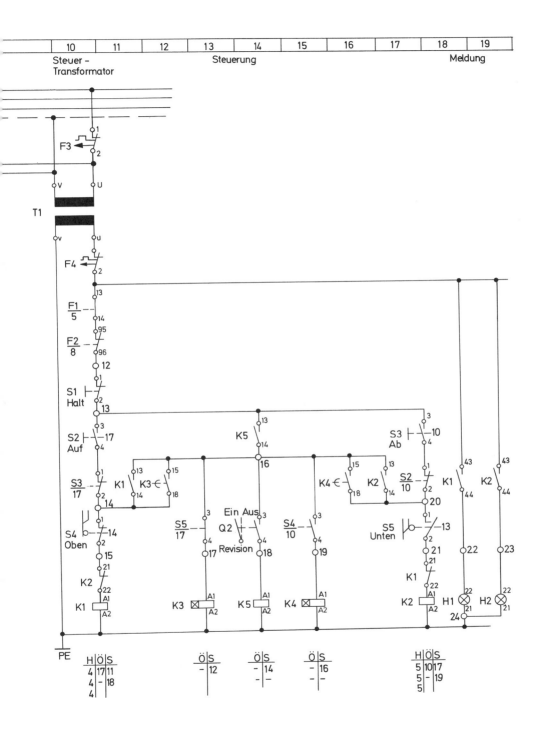

Tabelle 6.1 Schaltfolgetabelle zum Stromlaufplan des Kübelaufzuges

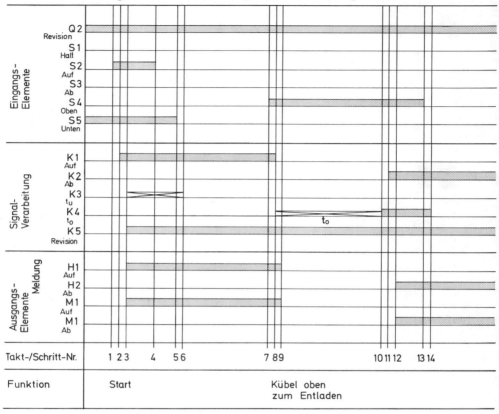

K4 gesperrt wird. Als Motorschutz ist ein Motorschutzschalter F1 und ein Motorvollschutzgerät F2 mit Kaltleiterfühler in der Motorwicklung vorgesehen. Die so ergänzte Grundschaltung zeigt das Bild 6.11.

Im letzten Entwurfschritt wird ein vollständiger Stromlaufplan erarbeitet (Bild 6.12). Alle Klemmstellen und Stromwegbereiche müssen gekennzeichnet sein. Hauptstromteil und Steuerstromteil werden bei dieser verhältnismäßig kleinen Steuerung in einem Stromlaufplan dargestellt. Der Übersichtsschaltplan ist deshalb nicht gezeichnet worden.

In einer *Schaltfolgetabelle* (Tabelle 6.1) kann man die schrittweise aufeinanderfolgenden Schalthandlungen darstellen. Es ist damit möglich, den eigenen Steuerungsentwurf auf mögliche, versteckte Fehlfunktionen hin zu überprüfen. Senkrechte Linien stellen die Takt- bzw. Schritt-Nr. dar. Den waagerechten Linien wird je ein Steuerungselement zugeordnet. Der obere Teil

der Tabelle ist für die Eingangselemente vorgesehen, in der Mitte sind Geräte der Signalverarbeitung einzuzeichnen, und im unteren Teil der Schaltfolgetabelle werden die Ausgangselemente einschließlich der Meldegeräte eingeordnet. Die dick gezeichneten, waagerechten Balken zeigen den Betätigungszustand von Tastern, Schaltern oder Endschaltern und die an der Betätigungsspannung liegenden Schütze, Hilfsschütze, Meldeleuchten und Motoren an. Bei den Zeitrelais zeigt der durchkreuzte, aber nicht dick ausgefüllte Betätigungsbalken an, daß wohl die Spule erregt ist, das Kontaktsystem aber noch nicht bewegt wurde.

7 Aufbau von kontaktarmen Steuerungen mit Relais

Eine weitverbreitete Schaltungstechnik arbeitet mit gleichstromerregten Relais, die meist auf gedruckten Leiterplatten angeordnet werden. In Anwendung, Aufbau und Handhabung ist diese Steuerungstechnik als Vorstufe zur elektronischen Industriesteuerung zu betrachten. Die Steuergleichspannung ist in beiden Fällen 24 V–, so daß eine Kombination beider Steuerungsarten leicht möglich ist. Man spricht dann von einer hybrid aufgebauten Schaltungstechnik.

7.1 Die Anwendung von gleichstromerregten Kleinrelais

Aufbau, Kontaktbestückung, Kontaktart, Kontaktwerkstoff, Anschlußart und Relaisbauform sind vom Anwender in weiten Grenzen frei wählbar. Kleinschütze im Gegensatz hierzu lassen im allgemeinen nur die Wahl der Kontaktart, also Öffner oder Schließer zu. Ausgehend von der Spulenspannung 24 V– wird für die notwendige Kontaktbestückung die sog. Lastzahl ermittelt. Damit können nun die Spulendaten — ohmscher Widerstand, Windungszahl und Kupferdrahtdurchmesser — bestimmt werden.
Die **Grundschaltungen der Relaistechnik** lassen sich in gleicher Weise aufbauen wie die Grundschaltungen der Schütztechnik. Sinnvollerweise wird man aber die Eigenschaften gleichstromerregter *Kleinrelais* in einer besonders angepaßten Schaltungstechnik ausnützen. Bild 7.1 zeigt eine sog. **Spulenkurzschlußschaltung**. Mit dem Taster S2 „Ein" wird das Kleinrelais K1 erregt. Es hält sich über einen Selbsthaltekontakt. Mit dem Taster S1 „Aus" wird die Spule kurzgeschlossen, und das Relais fällt ab. Damit die Stromversorgung nicht auch kurzgeschlossen wird, ist der Widerstand R1 im Selbsthaltestromweg eingefügt worden. Er ist so ausgelegt, daß in etwa eine Spannungsteilung im Verhältnis 1 : 1 zwischen der Spule von K1 und dem Widerstand R1 auftritt. Die beiden Taster S1 und S2 dürfen nicht gleich-

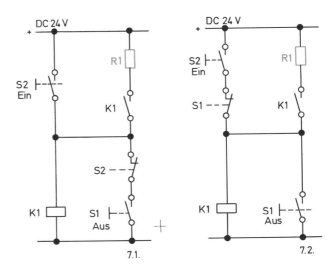

Bild 7.1 Spulenkurzschlußschaltung beim Ausschalten mit dominierend „Ein"

Bild 7.2 Spulenkurzschlußschaltung beim Ausschalten mit dominierend „Aus"

7.1. 7.2.

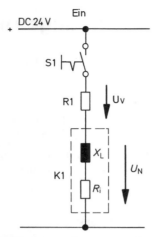

Bild 7.3 *Verkürzen der Anzugszeit von gleichstromerregten Relais*

zeitig wirksam werden und sind deshalb gegeneinander verriegelt. Im Bild 7.1 dominiert der Ein-Befehl, während im Bild 7.2 der Aus-Befehl bevorrechtigt ist.

Mit wenigen Beschaltungsgliedern lassen sich die **Anzugs- und Abfallzeiten** der Kleinrelais beeinflussen. Durch einen Vorschaltwiderstand R1 vor der Spule des Relais K1 läßt sich die Anzugszeit des Relais verkürzen (Bild 7.3). Nach Anlegen einer Spannung U an die Spule des Relais, die ersatzweise durch den Innenwiderstand R_i und den induktiven Spulenwiderstand

$$X_L = \omega \cdot L$$

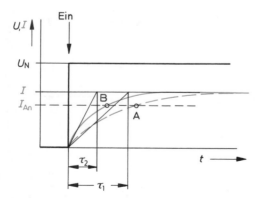

Bild 7.4 *Stromanstieg im Relais ohne und mit Vorschaltwiderstand*

dargestellt werden kann, nimmt der Strom nach einer e-Funktion zu. Der Stromanstieg wird von der *Zeitkonstanten*

$$\tau_1 = \frac{L}{R_i}$$

der Spule bestimmt (Bild 7.4). Die Zeitkonstante wird also durch Vergrößerung des ohmschen Widerstandes kleiner

$$\tau_2 = \frac{L}{R_i + r_1}$$

Damit der Anker des Relais die Kontakte bewegen kann, muß eine Mindestanzugskraft aufgebracht werden. Bei Fließen des Stromes I_{An} durch die Spule sei dies im Bild 7.4 der Fall. Damit zieht das unbeschaltete Relais am Punkt A an, und das mit dem Vorwiderstand R1 beschaltete Relais bereits am Punkt B. Die Spulennennspannung U_N des Relais K1 muß im Verhältnis der Widerstände R_i und R1 festgelegt werden

$$U_N = \frac{24\ \text{V}}{\left(\dfrac{R1}{R_i} + 1\right)}$$

Die Schaltung stellt also eine Art Schnellerregung des Relais K1 dar. Die erreichbaren *Schnellerregungszeiten* t_{Ein} in Abhängigkeit von dem Verhältnis der Widerstände R1 zu R_i zeigt das Bild 7.5. Es ist danach wenig sinnvoll, ein Widerstandsverhältnis $\dfrac{R1}{R_i} > 2$ zu wählen.

Durch Parallelschalten eines Widerstandes R2 zur Spule von Relais K1 läßt sich die Abfallzeit des Relais verlängern. Nach Öffnen des Kontaktes von S1 kann sich die elektromagnetische Energie der Spule über den Widerstand R2 „freilaufen" (Bild 7.6). Der *Freilaufstrom* fließt in derselben Richtung weiter durch die Spule von K1 wie vor dem Öffnen von S1. Der geschlossene Stromkreis entsteht über dem Widerstand R2. Auch hierbei wird die Abnahme des Stromes I nach abtrennen der Spannung U_N durch die Zeitkonstante

$$\tau_3 = \frac{L}{R_i + R2}$$

des geschlossenen Stromkreises bestimmt (Bild 7.7). Wenn die Haltekraft im magnetischen Kreis unterschritten wird, fällt das Relais am Punkt C ab. Dabei fließt der Freilaufstrom I_{Ab} durch die

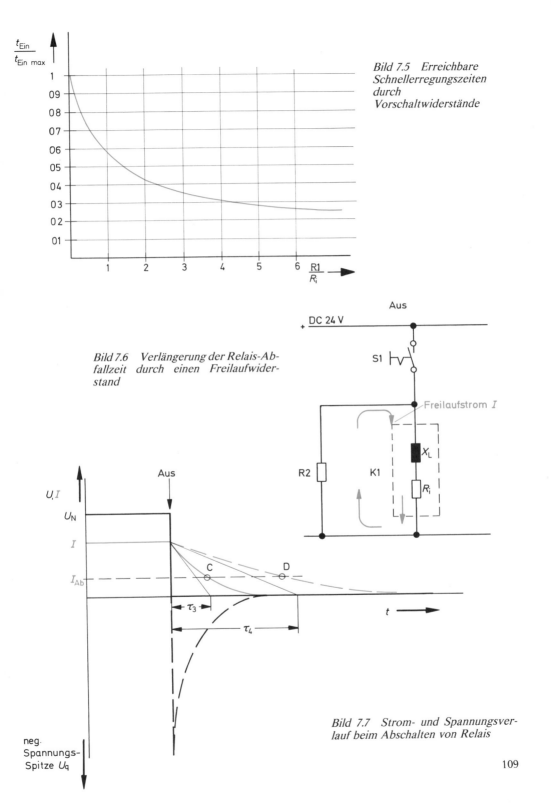

$\dfrac{t_{Ein}}{t_{Ein\ max}}$

Bild 7.5 Erreichbare Schnellerregungszeiten durch Vorschaltwiderstände

Bild 7.6 Verlängerung der Relais-Abfallzeit durch einen Freilaufwiderstand

Aus

+ DC 24 V

S1

Freilaufstrom I

R2   K1 X_L

R_i

U, I

Aus

U_N

I

I_{Ab}

C   D

τ_3

τ_4

t

neg. Spannungs-Spitze U_q

Bild 7.7 Strom- und Spannungsverlauf beim Abschalten von Relais

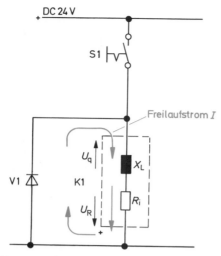

Bild 7.8   Freilaufdiode beim Abfall des Relais

in Sperrichtung geschaltet. Nach Öffnen des Kontaktes von S1 wird die Spule von K1 zur Stromquelle, da ja der Freilaufstrom I ohne Fremdspannung aus der Spule herausfließt. An der Stelle, an der ein Strom aus einer Stromquelle herausfließt, liegt das $(+)$-Potential der treibenden Spannung, also der Quellenspannung U_q. An der Spule entsteht damit, bezogen auf die Potentiale der Steuerspannung U_N, eine *negative Spannungsspitze* U_q beim Abschalten (Bild 7.7). Dadurch wird die Diode V1 in Durchlaßrichtung geschaltet, und die negative Spannungsspitze U_q kurzgeschlossen. Das Relais fällt also erst am Punkt D ab. Je nach Bauform und Größe der Relais lassen sich durch Freilaufdioden Abfallzeiten von 20 ms bis 200 ms erreichen.

Spule des Relais K1. Je kleiner R2 wird, um so größer wird die Zeitkonstante τ_3. Am größten wird sie, wenn R2 praktisch zu Null wird. Dies kann mit einer *Freilaufdiode* V1 nach Bild 7.8 erreicht werden. Liegt betriebsmäßig die Steuerspannung $U_N = 24$ V$-$ an der Diode V1, so ist sie

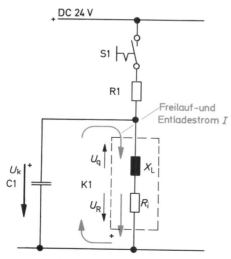

Bild 7.9   *Kondensator zur Verlängerung der Abfallzeit*

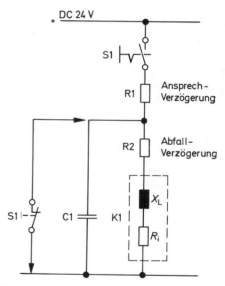

Bild 7.10   *Kondensator-Zeitrelais mit Ansprech- und Abfallverzögerung*

Ein zur Spule von K1 parallelgeschalteter Kondensator C1 kann zusätzlich Energie zum Aufrechterhalten des Stromflusses durch die Spule nach Öffnen des Kontaktes von S1 liefern (Bild 7.9). Damit lassen sich dann Abfallverzögerungen bis zu einigen Sekunden erreichen. Die Spannungen U_q und U_k sind in Reihe geschaltet und wirken beide auf den Innenwiderstand R_i. R1 wirkt strombegrenzend beim Einschalten des ungeladenen Kondensators C1 durch Schließen

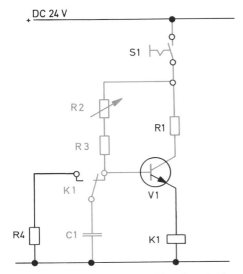

Bild 7.11   Anzugverzögertes Transistor-Zeitre-lais

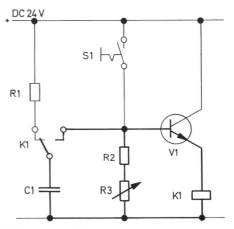

Bild 7.12   Abfallverzögertes Transistor-Zeitre-lais

zeigt das Bild 7.12. Nach Öffnen des Kontaktes von S1 entlädt sich der Kondensator C1 über die Entladewiderstände R2 und R3 sowie über die Basis-Emitter-Diode des Transistors V1 und die Spule des Relais K1. Unterschreitet die Konden-

des Kontaktes von S1. Dabei wird aber das Relais K1 anzugsverzögert ansprechen, da die Spannung an der Spule von K1 mit zunehmender Ladung des Kondensators C1 nur langsam ansteigt. Bild 7.10 zeigt eine Schaltung mit Ansprechverzögerung aus R1 und C1 und Abfallverzögerung aus R2, K1 und C1. Wird mit dem Öffner von S1 der Kondensator kurzgeschlossen, so kann die Abfallverzögerung wesentlich vermindert werden.

Will man noch größere Verzögerungszeiten erreichen, so kann man durch **elektronische Schaltungen** eine wesentliche Verbesserung erzielen. Vor allem kann man durch die Verwendung von Drehwiderständen als Lade- und Entladewiderstände die Anzug- und Abfallzeiten des Relais K1 einstellen [50]. Bild 7.11 zeigt eine Schaltung für die Anzugsverzögerung des Relais K1. Nach Schließen des Schalters S1 wird der Kondensator C1 über die Widerstände R2 und R3 sowie über R1 und die Kollektor-Basis-Strecke des Transistors V1 langsam aufgeladen. Überschreitet die Spannung am Kondensator C1 die Schwellspannung der Basis-Emitter-Diode des Transistors V1, so beginnt der Transistor leitfähig zu werden, und in der Folge davon wird das Relais K1 anziehen. R4 ist der Entladewiderstand für den Kondensator C1 und wird nach Abfall des Relais K1 wirksam. Eine Schaltung für die Abfallverzögerung

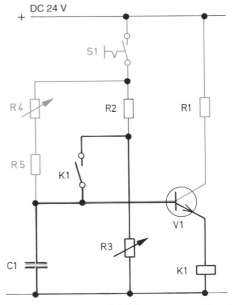

Bild 7.13   Anzugs- und abfallverzögertes Transistor-Zeitrelais

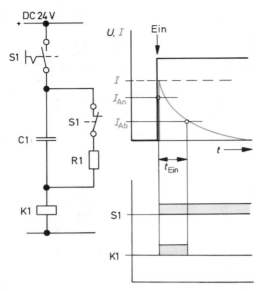

Bild 7.14 Umsetzen einer Dauerkontaktgabe in ein Impulssignal beim Wischrelais

satorspannung die Schwellspannung des Transistors V1, so wird dieser gesperrt, und in der Folge davon fällt das Relais K1 ab.

Im Bild 7.13 ist eine Schaltung mit Anzugs- und Abfallverzögerung dargestellt. Die Wirkungsweise entspricht voll den bereits beschriebenen Schaltungen. Anzugs- und Abfallzeiten sind getrennt einstellbar.

Soll ein Schalter S1 mit Dauerkontaktgabe umgesetzt werden in Impulskontaktgabe, so bietet sich die Schaltung nach Bild 7.14 an. Nach Schließen des Kontaktes S1 bei gleichzeitigem Öffnen des Entladekreises über R1 wird durch den Ladestrom des Kondensators C1 das Relais K1 kurzzeitig erregt und zieht an. Nach der Zeit t_{Ein} fällt es aber wieder ab und gibt damit ein impulsförmiges Signal ab. Man nennt diese Art von Kontaktgabe auch „Wischen" und das Relais demgemäß **Wischrelais**. Die Nennspannung des Relais muß meist kleiner gewählt werden als die Steuergleichspannung. Der Entladewiderstand R1 darf nicht zum Halten oder gar Anziehen des Relais K1 führen. Damit liegt die kürzestmögliche Entladezeit des Kondensators C1 fest und somit auch die notwendige Pause zwischen zwei Schaltspielen.

7.2 Kontaktersatz durch Dioden

Dioden können wie Schalter eingesetzt werden, die in einer Richtung als geschlossener Kontakt erscheinen und in der anderen Richtung praktisch einen offenen Kontakt darstellen. Im Bild 7.15 ist die Diode V1 so geschaltet, daß der Stromweg zum Relais K1 geschlossen erscheint und damit Relais K1 anzieht. Bezüglich der Auswirkung auf die beiden Relais K1 und K2 sind also die Schaltung mit der Diode V1 und die Schaltung mit dem Öffner von K3 identisch. Wird die Diode V1 umgekehrt verschaltet, so wirkt sie wie ein offener Kontakt vor der Relaisspule (Bild 7.16).

In einer Schaltung mit Kleinrelais sollen bei Betätigung eines Tasters S1 gleichzeitig die Relais K2 und K3 anziehen. In Bild 7.17 muß deshalb S1 auf ein Hilfsrelais K1 übersetzt werden. Schließer von K1 liegen direkt vor den Spulen der Relais K2 und K3, die sich selbst halten. Der Taster S2 ist ein Aus-Taster mit dominierender Befehlsgabe. Wird der Taster S3 gedrückt, so darf nur das Relais K3 anziehen.

Eine vom Aufwand her wesentlich kleinere Schaltung mit denselben Funktionen zeigt das Bild 7.18. Bei Drücken des Tasters S1 ist die Diode V1 in

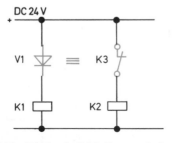

Bild 7.15 Diode als Schließer geschaltet

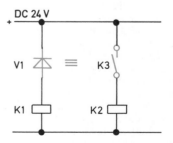

Bild 7.16 Diode als Öffner geschaltet

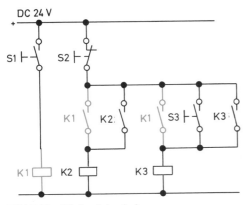

Bild 7.17   Kleinrelaisschaltung

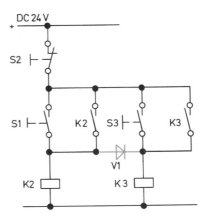

Bild 7.18   Kleinrelaisschaltung mit Diode als Kontaktersatz

Durchlaßrichtung geschaltet, und die Relais K2 und K3 ziehen wiederum gleichzeitig an. Der Ein-Befehl des Tasters S1 wird mit den Selbsthalte-kontakten der Relais K2 und K3 gespeichert. Wird dagegen der Taster S3 betätigt, so wird die Diode V1 in Sperrichtung betrieben, und es kann nur das Relais K3 anziehen.

Bei der Schaltung des Bildes 7.19 zieht nach Drük-ken des Tasters S1 zunächst das Relais K1 an. Erst in der Folge davon zieht dann auch das Relais K2 an. Beide Relais halten sich selbst. Wird der Taster S3 gedrückt, so spricht nur das Relais K2 an. Der Aus-Taster S2 besitzt wieder dominierende Be-fehlsgabe.

Eine Schaltung mit denselben Funktionen kann bei Verwendung von zwei Dioden V1 und V2 aufgebaut werden. Nach Bild 7.20 zieht bei Befehlsgabe über den Taster S1 zunächst nur das Relais K1 an. Die Diode V1 ist dabei in Sperrich-tung geschaltet. Derselbe Kontakt von K1 wird nun zur Selbsthaltung und zur Betätigung des Relais K2 verwendet. Beide Dioden V1 und V2 sind in Durchlaßrichtung geschaltet, Relais K2 zieht an und hält sich selbst. Wird dagegen der Taster S3 gedrückt, so zieht nur das Relais K2 an, da die Diode V2 in Sperrichtung geschaltet ist.

Den Einsatz von **Kopplungs- bzw. Entkopp-lungsdioden** zeigt das Bild 7.21. Bei Drücken des

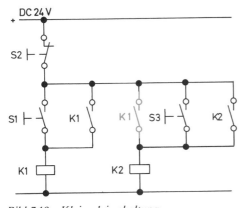

Bild 7.19   Kleinrelaisschaltung

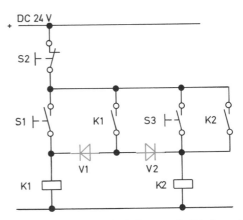

Bild 7.20   Kleinrelaisschaltung mit Dioden als Kontaktersatz

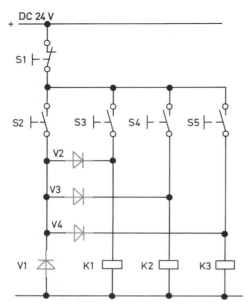

Bild 7.21 Schaltung mit Kopplungs- bzw. Entkopplungsdioden

Grenztaster betätigt sind. Es gelten die schaltalgebraischen Gleichungen

$$
\begin{aligned}
K1 &= S1 \\
K2 &= S2 \\
K3 &= S3 \\
K4 &= K1 \cdot K2 \cdot K3 \\
K5 &= (K1 \cdot K2) + (K1 \cdot K3) + (K2 \cdot K3) \\
K6 &= K1 + K2 + K3
\end{aligned}
$$

Die **Diodenmatrix** des Bildes 7.23 erlaubt die beliebige Zuordnung der Relais K1 bis K4 zu den Grenztastern S1 bis S4.
Stellt man für das gewählte Beispiel die schaltalgebraischen Gleichungen auf, so ergibt sich

$$
\begin{aligned}
K1 &= S1 + S2 + S3 \\
K2 &= S4 \\
K3 &= S3 \\
K4 &= S1 + S4
\end{aligned}
$$

Durch entsprechende Kodierverbindungen kann das Schaltprogramm für die Grenztaster S1 bis S4 leicht geändert werden.

Tasters S2 werden über die Dioden V2, V3 und V4 die Relais K1, K2 und K3 **zusammengekoppelt**, d.h., sie sprechen alle gemeinsam an. Werden dagegen nur die Taster S3 oder S4 oder S5 betätigt, so ziehen auch nur die direkt nachgeschalteten Relais K1 oder K2 oder K3 an, d.h., sie sind untereinander durch die Dioden V2, V3 und V4 **entkoppelt**. Die Diode V1 wirkt zusammen mit jeweils einer weiteren Diode V2, V3 oder V4 als Freilaufdiode der Relais K1, K2 und K3.
Besonders gut eignen sich Dioden für den Einsatz in **Auswahl-, Programmier- und Kodierschaltungen**. Im Bild 7.22 sind den Grenztastern S1, S2 und S3 jeweils die Relais K1, K2 und K3 nachgeschaltet. Ist einer der Grenztaster S1 oder S2 oder S3 betätigt, so zieht über den Schließer von K1 und die Dioden V1 und V2 oder über den Schließer von K2 und die Diode V3 oder über den Schließer von K3 das Relais K6 an.
Das Relais K5 kann nur anziehen, wenn mindestens zwei Grenztaster betätigt sind, während das Relais K4 erst dann ansprechen kann, wenn alle

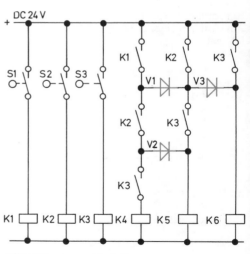

Bild 7.22 Auswahlschaltung

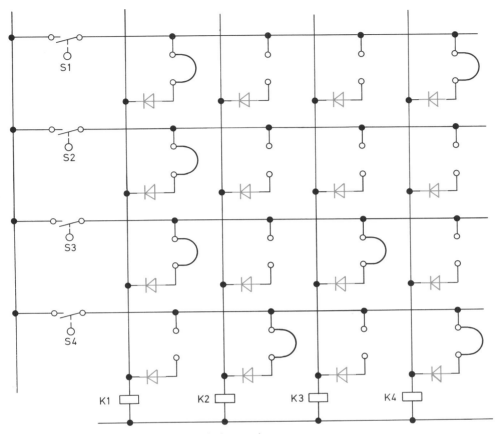

Bild 7.23   Programmierschaltung mit Diodenmatrix

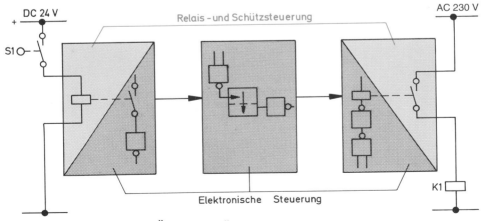

Bild 7.24   Kleinrelais an den Übergangsstellen von elektronischen Steuerungen zu Relais- und Schützsteuerungen

7.3 Übergangsstellen zu elektronischen Steuerungen

Wie bereits erwähnt wurde, arbeiten häufig elektronische Steuerungen zusammen mit Schütz- und Relaissteuerungen. In **VDE 0160** wird empfohlen, elektronische Baugruppen in voneinander getrennten Schaltschränken oder zumindest Schaltschrankteilen unterzubringen. Neben einer gewissen räumlichen Trennung ist vor allem die scharfe elektrische Trennung sehr wichtig. Die störempfindlichen elektronischen Baugruppen erhalten Übergabestellen an ihren Eingängen und Ausgängen. Die zuverlässigsten Bauelemente sind hierfür wiederum Kleinrelais für gedruckte Platten, die zwischen Spulen und Kontakten und den Kontaktlötstiften die notwendigen Luft-, Kriech- und Trennstrecken für die Isolationsklasse C nach **VDE 0110** aufweisen. Bild 7.24 zeigt als Beispiel das Ineinandergreifen der verschiedenen Steuerungstechniken an den gegenseitigen Trennstellen. Es werden natürlich auch andere Bauelemente an den Trennstellen eingesetzt, z.B. optoelektronische Koppler, Siebschaltungen zusammen mit langsamen, diskreten elektronischen Eingangsschaltungen, Darlington-Transistoren, Thyristoren und Triacs als Ausgangsstufen usw. [56, 60, 61].

8 Auswahl und Bemessung der Geräte Ausgewählte Dimensionierungsfragen der Steuerungstechnik

8.1 Zusammenfassung aus VDE 0100

Bestimmung für das Errichten von Starkstroman-lagen mit Nennspannungen bis 1000 Volt

Die **VDE 0100** [52] wird allgemein als **Basisvorschrift** des gesamten VDE-Vorschriftenwerkes betrachtet. Sie beschreibt vor allem *zusätzliche Schutzmaßnahmen*, die beim Auftreten von Isolationsfehlern das Entstehen von gefährlich hohen *Berührungsspannungen* verhindern bzw. gefährlich hohe Berührungsspannungen in kürzester Zeit abschalten sollen. Als Ausgangspunkt aller Überlegungen in diesem Zusammenhang muß die Auswirkung des elektrischen Stromes auf den Menschen verstanden werden. Aufgrund umfangreicher Untersuchungen von Unfällen, die durch Einwirkung von elektrischem Strom auf den Menschen verursacht wurden, und klinischer Großversuche teilt man die Wirkungen des elektrischen Stromes auf den Menschen seit etwa 15 Jahren in Strombereiche auf, die durch die Größe des durch den menschlichen Körper fließenden Stromes in ihren Grenzen bestimmt werden [54]. Eine weitere Einflußgröße ist die Einwirkungsdauer. Die **Wahrnehmbarkeitsschwelle** liegt zwischen 0,5 mA bis 1 mA bei den üblichen Netzfrequenzen 50 oder 60 Hz. Zwischen 10 mA und 15 mA ist die **Krampfschwelle** einzuordnen, während die gefährliche **Flimmerschwelle** bei 50 mA bis 500 mA liegt. Über 4 A treten in erster Linie Verbrennungen ohne *Herzkammerflimmern* auf. Bei Strömen, die größer sind als die Flimmerschwelle angibt, spielt die Einwirkungsdauer des Stromes auf den menschlichen Körpers eine entscheidende Rolle. Wenn das Herz flimmert, dann löst sich die für die Pumpwirkung des Herzens verantwortliche synchrone Tätigkeit der kammerwände auf, einzelne Herzmuskelpartien kontrahieren unkoordiniert, und damit bricht der Blutkreislauf zusammen. Legt man für den Körperwiderstand des Menschen einen Standardwert von $R_M = 1000 \, \Omega$ fest, so läßt sich damit auch die Größe von gefährlich hohen Berührungsspannungen mit den Strom- und Zeitwerten der Flimmerschwelle bestimmen:

Bei einem Körperstrom I_M von 50 mA und der dabei maximal zulässigen Einwirkungsdauer von etwa 2 Sekunden errechnet sich die dabei auftretende Berührungsspannung zu

$$U_B = I_M \cdot R_M = 0,05 \, A \cdot 1000 \, \Omega = 50 \, V$$

Bei einem Körperstrom von 500 mA und der dabei maximal zulässigen Einwirkungsdauer von etwa 200 ms errechnet sich die dabei auftretende Berührungsspannung zu

$$U_B = I_M \cdot R_M = 0,5 \, A \cdot 1000 \, \Omega = 500 \, V$$

Aus diesen Überlegungen heraus ergibt sich die Notwendigkeit, durch zusätzliche Schutzmaßnahmen entweder das Auftreten von gefährlich hohen Berührungsspannungen zu verhindern oder möglichst schnell abzuschalten. Nach Tabelle 8.1 erfordern einige zusätzliche Schutzmaßnahmen einen *Schutzleiter*, während er bei anderen nicht gebraucht wird [53].

Bei der **Schutzisolierung** werden über die normale Betriebsisolierung hinaus auch solche Metallteile isoliert, die nur im Fehlerfall Spannung führen können. Sie ist die sicherste aller zusätzlichen Schutzmaßnahmen.

Die **Nullung** ist am weitesten verbreitet. Bei der klassischen Nullung werden **Mittelpunktsleiter (N)** und **Schutzleiter (PE)** in dem sogenannten **Nulleiter (PEN)** gemeinsam geführt. Bei der modernen Nullung werden *Schutzleiter* und *Mittelpunktsleiter* völlig getrennt geführt. Da die *Schutzfunktion* absolut vorrangig ist, werden sowohl Schutzleiter als auch Nulleiter über ihren gesamten Verlauf hinweg grün/gelb gekennzeichnet. Um Verwechslungen auszuschließen, ist die Verwendung der Farben Grün und Gelb zur Leiter- bzw. Aderkennzeichnung verboten oder zumindest stark eingeschränkt. Alle zu schützenden Anlagen und Geräteteile werden dem Schutzleiter bzw. Nulleiter verbunden. Die Anschlußstelle muß gegen *Selbstlockern* gesichert sein und Geräte- und Anlageteile untereinander leitfähig verbunden sein, z.B. durch Schweißen

Tabelle 8.1 Einteilung der zusätzlichen Schutzmaßnahmen gegen unzulässig hohe Berührungsspannungen nach VDE 0100

Zusätzliche Schutzmaßnahme	Wirkungsweise		Schutzleiter	
	Verhindern von gefährlich hohen Berührungsspannungen	Abschalten von gefährlich hohen Berührungsspannungen	ohne	mit
Schutzisolierung	×		×	
Nullung		×		×
Schutzerdung		×		×
Fehlerstrom-(FI-) Schutzschaltung		×		×
Fehlerspannungs-(FU-) Schutzschaltung		×		×
Schutzleitungssystem	×			×
Schutzkleinspannung	×		×	
Schutztrennung	×		×	

oder durch Schraubverbindungen mit Zahnscheibensicherung. Tritt an einem Geräte- oder Anlageteil eine gefährlich hohe Berührungsspannung auf, so muß über den Schutzleiter bzw. Nulleiter ein so hoher Strom fließen, daß das vorgeschaltete *Schutzorgan* (Sicherung oder Selbstschalter) in kürzester Zeit den fehlerhaften Leiter abschaltet. Bedingung ist also, daß der Schutzleiter einen ausreichenden Leiterquerschnitt aufweist und der Auslösebereich des Schutzorgans entsprechend bemessen ist. Der Übergangswiderstand an der gesamten Netzbetriebserdung muß ≦ 2 Ω sein. Es wird heute allgemein empfohlen, die **Schutzerdung** möglichst nicht mehr anzuwenden. Die Schutzfunktion ist im Prinzip ähnlich wie bei der Nullung. Der entscheidende Unterschied besteht in der Behandlung des Schutzleiters. Bei der Schutzerdung werden einzelne Geräte oder Gerätegruppen über einen Schutzerder verbunden, der bisher im allgemeinen das metallische Wasserrohrnetz war. Vereinfachend kann man also sagen, daß das Wasserrohrnetz im Schutzerdungssystem in gewisser Weise den Schutzleiter in Nullungssystemen zu ersetzen hatte. Da die Kunststoffrohre in zunehmendem Maße die Me-

tallrohre als Wasserleitungsrohre ersetzen, birgt diese Schutzmaßnahme eine Gefahr „in sich selbst".

Mit einem **Fehlerstromschutzschalter** wird durch einen Summenstromwandler überwacht, ob der Strom, der aus dem Netz zu den Verbrauchsgeräten fließt, auch auf dem vorbestimmten Weg wieder in das Netz zurückfließt. Fließt durch eine fehlerhafte Isolation ein Fehlerstrom I_F über die Erde oder den Schutzleiter an dem *Fehlerstromschutzschalter* „vorbei", so löst der **FI-Schalter** je nach seiner Empfindlichkeit aus. Für den Haushalt wird die Empfindlichkeit der *FI-Schalter* mit $I_F = 30$ mA — und neuerdings mit $I_F = 15$ mA — gewählt, während auf Baustellen, wo die Fehlerstromschutzschaltung zwingend vorgeschrieben wird, eine Empfindlichkeit von $I_F = 0,5$ A zugunsten einer höheren Betriebssicherheit als ausreichend angesehen wird. Der Übergangswiderstand an der Erdungsstelle muß bei einem FI-Schalter mit $I_F = 0,5$ A nach **VDE 0100** nur

$$R_E = \frac{65 \text{ V}}{0,5 \text{ A}} = 130 \text{ } \Omega$$

118

sein gegenüber maximal 5 Ω im Nullungssystem. $R_E = 130\ \Omega$ kann z.B. mit einem Staberder von 1 bis 2 m Länge in feuchtem Erdreich ohne weiteres erreicht werden, was wiederum einer der Gründe für die Anwendung der FI-Schutzschaltung auf Baustellen ist.

Eine besonders große *Schutzwirkung* wird aber durch die **Kombination von Nullung und FI-Schutzschalter** erreicht.

Auch bei dem **Fehlerspannungs(FU)-Schutzschalter** wird eine besonders große Schutzwirkung erst erreicht durch die **Kombination mit dem Nullungssystem.** Der FU-Schutzschalter enthält eine Spannungsspule, die zwischen eine Hilferdungsleitung und die durch einen Schutzleiter untereinander verbundenen und zu schützenden Anlagen- und Geräteteile geschaltet ist. Tritt eine gefährlich hohe Berührungsspannung zwischen diesen Anlagen- und Geräteteilen einerseits und der Erde andererseits auf, so schaltet der FU-Schutzschalter die fehlerhaften Stromkreise ab. Der Übergangswiderstand an der unabhängigen Hilfserdungsstelle soll 200 Ω haben und mindestens 10 m von anderen Erdern entfernt angeordnet sein. In bestimmten Ausnahmefällen sind auch 800 Ω zulässig. Wird der FU-Schutzschalter in Verbindung mit dem Nullungssystem verwendet, so wird im Fehlerfall bei Erd- oder Masseschlüssen auch dann abgeschaltet, wenn der dabei im Netz fließende Kurzschlußstrom die vorgeschaltete Schmelzsicherung oder den Sicherungsselbstschalter aus irgendwelchen Gründen nicht zum Auslösen bringen kann.

Das **Schutzleitungssystem** hat nur in kleinen, eigenständigen und leicht überschaubaren Netzen Bedeutung gewonnen, z.B. mit eigenen Stromerzeugungsaggregaten mit Diesel- oder Benzinmotor. Der Schutzleiter dient dabei als *Potentialausgleichsleiter* zwischen allen Anlagen- und Geräteteilen und der Erde. Der Übergangswiderstand an der Erdungsstelle soll $\leq 20\ \Omega$ sein. Zwischen Schutzleiter und Netz besteht keine galvanische Verbindung, so daß bei Erd- und Masseschlüssen ein vorgeschaltetes Sicherungsorgan nicht auslösen wird. Eine zusätzliche **Isolationsüberwachung** muß diese Fehler also melden.

Bei der Anwendung von **Schutz-Kleinspannungen** geht man davon aus, daß bei Nennspannungen ≤ 42 V kein gefährlicher Körperstrom durch den Menschen fließen kann. Bei Kinderspielzeugen und bei Geräten zur Tierbehandlung darf die Nennspannung höchstens 24 V sein. Wird die galvanische Trennung vom vorgeschalteten Netz durch einen Transformator vorgenommen, so sind an diesen besondere Anforderungen zu stellen.

Die vollkommene galvanische Trennung vom vorgeschalteten Netz, wobei die nicht spannungsführenden Teile des Verbrauchsgerätes über einen Ausgleichsleiter mit dem Standort verbunden sind und bei Anschluß nur eines einzelnen Verbrauchergerätes, wird als **Schutztrennung** bezeichnet. Auch dabei werden an die sog. Trenntransformatoren besondere Anforderungen gestellt.

Die **praktische Ausführung von Netzen** beschränkt sich auf drei Grundarten:

Geerdete Netze, in denen die Nullung vorgeschrieben ist. Zusätzlich können noch FI-Schutzschaltung, FU-Schutzschaltung, Schutzisolierung, Schutzkleinspannung und Schutztrennung angewendet werden.

Geerdete Netze, in denen die Nullung nicht zugelassen wird und die Schutzerdung zur Anwendung kommen muß. Diese Netze verlieren immer mehr an Bedeutung. Auch hier können die anderen Schutzmaßnahmen mit Ausnahme der Nullung und des Schutzleitungssystems ergänzend angewendet werden.

Ungeerdete oder offen geerdete Netze, in denen nur das Schutzleitungssystem zulässig ist.

Alle zusätzlichen Schutzmaßnahmen müssen laufend auf ihre Wirksamkeit hin überprüft werden.

8.2 Zusammenfassung aus DIN VDE 0113

Bestimmungen für die elektrische Ausrüstung von Industriemaschinen.

Elektrische Betriebsmittel müssen so ausgewählt und angeordnet werden, daß die Kriech- und Luftstrecken, bezogen auf die Nennspannungen, mindestens den für Gruppe C nach **VDE 0110** angegebenen Werten entsprechen. An der **Netzanschlußstelle** müssen außer den Anschlußstellen für die Außenleiter ein isolierter Anschluß für den Mittelleiter und ein mit den im Betriebsfall nicht unter Spannung stehenden, metallischen Geräteteilen verbundener Anschluß für den Schutzleiter vorhanden sein. Eine Maschine muß im Gefahrenfall sofort mit einer **Not-Aus-Einrichtung** stillgesetzt werden können. Die gesamte elektrische Ausrüstung muß durch einen **Hauptschalter** vom Netz getrennt werden können. Alle nach dem Abschalten des Hauptschalters noch unter Spannung stehenden Geräte oder Klemmen müssen abgedeckt und gekennzeichnet sein. Bei Grenztastern, die der Sicherheit dienen, müssen die Schaltglieder mechanisch und zuverlässig von dem Betätigungsstößel des Tasters geöffnet werden. Befehlsgeräte müssen vom Standplatz des Bedienenden leicht und gefahrlos erreichbar sein. Sichtmelder und Druckknöpfe müssen nach **DIN 43605** entsprechend Abschnitt 3.3.1 und 3.4 farbig gekennzeichnet werden.

Enthalten Steuerstromkreise mehr als 5 Betätigungsspulen von Relais, Schützen oder Ventilen, so wird die Verwendung eines **Steuertransformators** empfohlen, der vorzugsweise nach dem Hauptschalter zwischen zwei Außenleitern angeschlossen wird. Die Nennsekundärspannung darf 220 V~ bei 50 Hz nicht übersteigen. Steuerstromkreise brauchen nur gegen Kurzschluß geschützt werden und können geerdet oder ungeerdet betrieben werden.

Für die feste Verlegung von Kabeln und Leitungen dürfen eindrähtige Leiter nur verwendet werden, wenn sie keiner besonderen Beanspruchung durch Erschütterung ausgesetzt sind. Aus mechanischen Gründen sollen folgende **Mindestquerschnitte** für Kupferleiter in mehradrigen Verbindungsleitungen innerhalb und außerhalb von Steuerschränken und für einadrige Leitungen innerhalb von Steuerschränken nicht unterschritten werden:

0,75 mm²	bei feindrähtigen Leitern
1,5 mm²	bei eindrähtigen Leitern

Kleinere Querschnitte sind gem. VDE 0113 in Sonderfällen zugelassen, z. B. innerhalb abgeschlossener elektronischer Betriebsmittel. Bei **farbiger Kennzeichnung** von einadrigen Leitungen und Kabeln sollen folgende Farben verwendet werden:

Schwarz	in Hauptstromkreisen für Wechsel- oder Gleichspannung
Hellblau	als Mittelleiter ohne Schutzleiterfunktion von Hauptstromkreisen
Grüngelb	für Schutzleiter und Nulleiter
Rot	in Steuerstromkreisen mit Wechselspannung
Blau	in Steuerstromkreisen mit Gleichspannung
Orange	für Verriegelungsstromkreise, die nach Abschalten des Hauptschalters unter Spannung bleiben

Die elektrische Ausrüstung muß leserlich und dauerhaft beschriftet sein. Ein **Bezeichnungsschild** muß die nachstehenden Angaben enthalten:

Name des Herstellers
Nennspannung mit Angabe der Stromart und bei Wechselspannung der Netzfrequenz
Größte betriebsmäßig auftretende Stromaufnahme
Fabrik-Nr. oder eine andere Kennzeichnung der Ausrüstung

Die Tabelle 2.4 im Kapitel 2.5 gibt an, welche Schaltplanunterlagen und *Betriebsanleitungen* einer Steuerung beigelegt werden müssen.

8.3 Motorschutzfragen

Elektromotoren müssen gegen **Überlastung** und **Kurzschlüsse** bzw. Erd- und Masseschlüsse geschützt werden. Bei der gerätetechnischen Festlegung der Motorschutzgeräte müssen die Motorschaltung (Stern-Dreieck-Schaltung, Dahlanderschaltung), die Motorbelastung durch Anlaufen, Bremsen und die gewählte Betriebsart, sowie durch Sonderschaltungen, wie z.b. Kompensationsschaltungen zur Verbesserung des Leistungsfaktor cos φ, berücksichtigt werden.

Man unterscheidet grundsätzlich vier verschiedene Möglichkeiten des Motorschutzes:

☐ **Schmelzsicherung** für den *Kurzschlußschutz* und nachgeschalteter **Bimetallauslöser** für den *Überstromschutz.*

☐ **Motorschutzschalter** mit elektromagnetischer Kurzschlußauslösung und Überstromschutz durch Bimetallauslöser in einem Gerät. Für die meisten Motorschutzschalter wird eine **Schmelzsicherung** vorgeschrieben, die die Aufgabe hat, das Schweißen von Kontakten zu verhindern. Die Nennströme der Schmelzsicherungen liegen sehr viel höher als die Nennströme der Motorschutzschalter, so daß eine größere Anzahl von Motorschutzschaltern an einer Vorsicherung im Sinne der Energieverteilung angeschlossen werden kann.

☐ **Schmelzsicherung** für Kurzschlußschutz und **Wärmefühler** mit Bimetall-Sprungschaltern direkt in der Wicklung, evtl. zusätzlich noch mit Überstromschutz durch ein Bimetallrelais. Bei den ersten beiden Schutzgerätekombinationen ging man von der Annahme aus, daß eine zu hohe Stromaufnahme zum Verbrennen des Motors führt. Man hat damit die Temperatur in der Motorwicklung indirekt ermittelt. Mit Wärmefühlern in der Wicklung wird nun die Temperatur direkt gemessen, womit ein sogenannter **Motorvollschutz** erreicht wird.

☐ Anstelle der Bimetall-Sprungschalter werden meist PTC-Widerstände bzw. **Kaltleiter** in die Wicklung eingewickelt. Von einem Auswertegerät wird dann dieselbe Schaltfunktion zur Verfügung gestellt, wie bei dem Hilfskontakt des Bimetallrelais. Im Bild 8.1 sind die *Überlastungskennlinien* von zwei Motoren und die *Auslösekennlinien* von Schmelzsicherungen und Motorschutzschalter mit Bimetallöser und elektromagnetischem Schnellauslöser in einem Diagramm $t_{aus} = f(I/I_{Nenn})$ dargestellt.

Bei dem Strom I_1 wird schon nach der Zeit t_2 der Motor 2 zerstört. Die Kombination Schmelzsicherung und Motorschutzrelais mit Bimetallauslöser ist im Diagramm schraffiert dargestellt und würde nach der Zeit t_3 ansprechen. Ein Motorschutzschalter mit elektromagnetischer Schnellauslösung und Bimetallauslöser spricht nach der Zeit t_4 an. Der Motor 1 wird sowohl von der Kombination Schmelzsicherung und Bimetallauslöser als auch vom Motorschutzschalter sicher geschützt, da er erst nach der Zeit t_1 zerstört würde.

Sehr kritisch wird der Motorschutz von Drehstrom-Asynchronmotoren bei Ausfall einer Netzphase. In Sternschaltung ist der Wicklungsstrom gleich dem Netzstrom. Bei Ausfall eines Wicklungsstromes müssen die beiden anderen Wicklungsströme das von der Arbeitsmaschine geforderte Motormoment voll übernehmen und steigen dann entsprechend an. Dadurch löst das Bimetall-Motorschutzrelais aus. In Dreieckschaltung ist der Wicklungsstrom $\dfrac{1}{\sqrt{3}}$ mal kleiner als der Netzstrom, und die Wicklung ist schaltungsmäßig in sich geschlossen. In einer Wicklung steigt der Strom an, in den beiden anderen Wicklungen nimmt er geringfügig ab. Bei geringerer Belastung als der Nennbelastung spricht dann in ungünstigsten Fällen das Bimetall-Motorschutzrelais oder der Motorschutzschalter nicht an. Dadurch verbrennt der Motor. Einen befriedigenden Motorschutz in allen Betriebsfällen bietet nur der Motorvollschutz mit Kaltleitern in jeder Wicklung des Motors. Vor allem werden dann alle Arten von Aussetzbetrieb nach **VDE 0530**, der Schweranlauf und das Gegenstrombremsen sicher vom Motorschutz beherrscht.

Bei der Einzelkompensation von Drehstrommotoren zur Verbesserung des Leistungsfaktors cos φ müssen die Einstellwerte von Bimetall-Motorschutzrelais und Motorschutzschaltern, die zunächst auf den Nennstrom des Motors bezogen sind, um einen Faktor K reduziert werden. Der Reduzierfaktor K hängt ab vom Leistungsfaktor cos φ vor und nach der Kompensation. Bei sehr großem Kompensationsaufwand liegt der Reduzierfaktor etwa bei $K = 0,5$. Ist dagegen nur ein kleiner Kompensationsaufwand erforderlich, kann mit einem Reduzierungsfaktor zwischen $K = 0,8$ und $K = 0,9$ gerechnet werden.

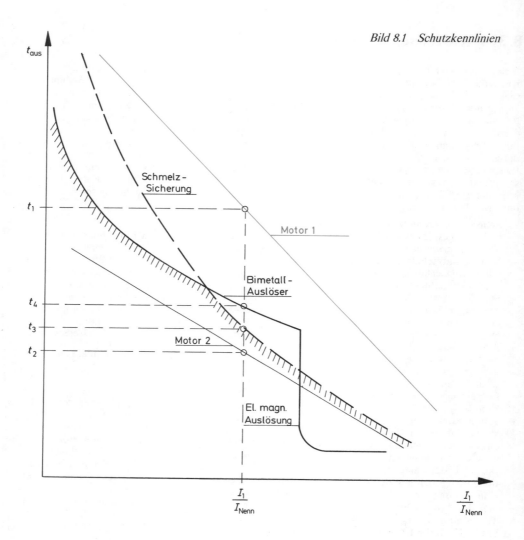

t_{aus}

Schmelz-
Sicherung

t_1

Motor 1

Bimetall-
Auslöser

t_4

t_3

Motor 2

t_2

El. magn.
Auslösung

$\dfrac{I_1}{I_{Nenn}}$

$\dfrac{I_1}{I_{Nenn}}$

8.4 Steuerstromkreise

Die *Steuerspannung* kann direkt aus einem Drehstromnetz mit Mittelpunktsleiter bezogen werden. Der Mittelpunktsleiter wird dabei als Fußpunktleiter benützt. Im Steuerstromkreis hat man dann dieselbe Schutzmaßnahme wie im Hauptnetz, also z.B. die moderne Nullung. Weitere zusätzliche Schutzmaßnahmen können ergänzend hinzukommen. Nach Bild 8.2a ist der Taster S1 in einem schutzisolierten Gehäuse untergebracht. Tritt ein *Masseschluß* (1) im Bild 8.2a auf,

so bringt der entstehende Kurzschlußstrom von der Phase L1 über F1, S1 und die *Masseschlußstelle* am Kontakt K2 zum Schutzleiter PE und weiter zum Mittelpunkt des Netztrafos den Sicherungsselbstschalter F1 sofort zur Auslösung. Das Bild 8.2b zeigt deutlich, daß der Masseschluß (2) kein Abschalten eines Sicherungsorganes herbeiführen kann, da die schaltenden Kontakte und damit auch die Masseschlußstelle im N-Leiter liegen, der im Netz auf *Erdpotential* gelegt ist. Die

Forderung „alle Spulen mit einem Fuß an den Fußpunktleiter", in diesem Fall an den N-Leiter, wird dadurch unterstrichen.

Nach **VDE 0113, 6.1.1** wird für die Speisung der Steuerstromkreise bei Vorhandensein von mehr als 5 Betätigungsspulen ein **Steuertransformator** empfohlen. Die Verwendung eines Steuertransformators bietet im wesentlichen **3 Vorteile:**

☐ Bei Kurzschlüssen im Steuerstromkreis liefert der Steuertransformator einen verhältnismäßig **kleinen Kurzschlußstrom.** Dadurch werden die vielen Hilfsschaltglieder im Steuerstromkreis in Verbindung mit einem fest zugeordneten Kurzschlußschutzorgan nach **VDE 0113, 6.1.4.2** zuverlässig vor dem Verschweißen geschützt.

☐ Steuertransformatoren machen **netzunabhängig.** Die Primärwicklung wird in ihrer Auslegung durch die vorliegenden Netzverhältnisse bestimmt, während die Sekundärwicklung stets dieselbe Steuerspannung abgibt.

☐ Durch den Steuertransformator besteht die Möglichkeit einer **galvanischen Trennung** des Steuerstromkreises vom Hauptnetz. Damit wird vor allem eine gegenseitige Beeinflussung der Betriebsfunktionen vermieden. Steuerstromkreise mit galvanischer Trennung vom Hauptnetz können nur ungeerdet betrieben werden.

Die meisten Steuerungen werden deshalb von einem Steuertransformator gespeist. Wie normale Versorgungsnetze können auch **Steuerstromkreise geerdet oder ungeerdet betrieben** werden. Bei entsprechender Höhe der Steuerspannung, z.B. mehr als 42 V, müssen dann auch die zusätzlichen Schutzmaßnahmen nach **VDE 0100** angewendet werden. In geerdeten Steuerstromkreisen wird die Nullung zusammen mit weiteren zusätzlichen Schutzmaßnahmen wie z.B. der Schutzisolierung oder der FI-Schaltung zur Anwendung gelangen. Ungeerdete Steuerstromkreise erlauben nur die Anwendung des Schutzleitungssystems. Eine Isolationsüberwachungs-Einrichtung muß den ersten entstehenden Erd- oder Masseschluß anzeigen. Die Schutzisolierung ist als weitere, ergänzende Schutzmaßnahme ebenfalls von Vorteil.

Bild 8.2c zeigt einen geerdeten Steuerstromkreis, in dem an dem Kontakt K2 der Masseschluß (3) entstanden ist. Durch den Anschluß des Schutzleiters am metallischen Gehäuse des Schaltkastens kommt ein Kurzschlußstrom zum Fließen, der sofort zum Auslösen des Schutzschalters F1

führt. Nach **VDE 0113, 6.1.4.2** kann der Schutzschalter F1 entfallen, wenn der Kurzschlußschutz durch den primärseitig eingebauten Schutzschalter F2 sichergestellt werden kann.

Das Entstehen des Masseschlusses (4) im Bild 8.2d muß in dem ungeerdeten Steuerstromkreis durch Ansprechen der *Isolationsüberwachung* F4 angezeigt werden. Kommt vor Beheben des ersten Masseschlusses ein weiterer Masseschluß (5) hinzu, so ist der Kontakt von K2 überbrückt, und es kann damit zur ungewollten Einschaltung kommen. Da die Enden aller Spulen nach **VDE 0113, 6.2.3.1** grundsätzlich an einem Fußpunktleiter angeschlossen werden, braucht der Fußpunktleiter nach **VDE 0113, 6.1.4.2** nicht abgesichert zu werden. Der Schutzschalter F3 kann also entfallen. Vom Schutzschalter F1 wird der Schutz bei direkten Kurzschlüssen zwischen den beiden Steuerpotentialen übernommen.

Der Unterschied zwischen geerdeten und ungeerdeten Steuerstromkreisen zeigt sich in der Auswirkung nach Auftreten eines Erd- oder Masseschlusses. Im geerdeten Steuerstromkreis wird sofort abgeschaltet. Mit großer Sicherheit werden Fehlfunktionen durch gleichzeitiges Auftreten von zwei oder mehr Erdschlüssen vermieden. Im ungeerdeten Steuerstromkreis wird der erste Erdschluß nur gemeldet. Arbeitsabläufe werden nicht unterbrochen. In einer Arbeitspause kann dann der Erdschluß behoben werden. Die Gefahr, daß ein zweiter Erdschluß vorher hinzukommt, ist aber nicht ganz auszuschließen.

Maßgebende Faktoren für die **Art und Größe der Steuerspannung** sind:

☐ **Fehlschaltungssicherheit der Geräte im Steuerstromkreis.**

Aufgrund von Versuchsreihen im Prüffeld wurde für Wechselspannungen mit 50 Hz die nachstehende Gleichung ermittelt

$$F = 200 \frac{s^{0,8}}{U^2 \cdot (10 \cdot p)^{1,5}}$$

Hierbei ist F die Zahl der Fehlschaltungen
 s die Anzahl der Schaltspiele
 U die Steuerspannung in Volt
 p die Kontaktkraft in mN

Die Zahl der *Fehlschaltungen* steigt also in etwa proportional mit der Anzahl der Schaltspiele und umgekehrt proportional mit der Kontaktkraft. Ist die Kontaktkraft bei Hilfskontakten größer als

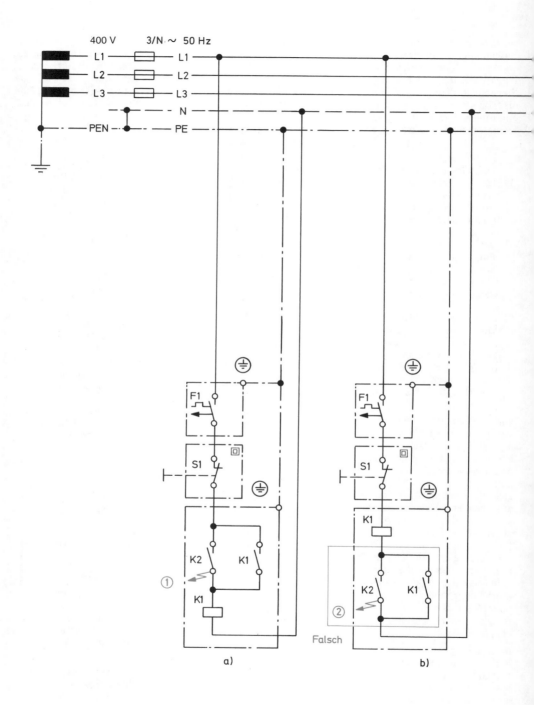

400 V   3/N ~ 50 Hz

L1
L2
L3
N
PEN — PE

F1

S1

K2   K1

① K1

a)

F1

S1

K1

K2   K1

②

Falsch

b)

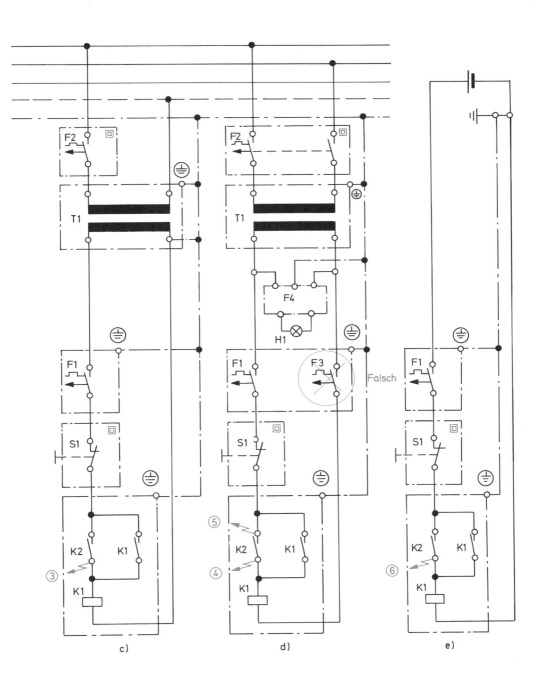

Falsch

Bild 8.2   Schutzmaßnahmen im Steuerstromkreis

125

0,3 bis 0,4 N, so nähert sich dieser Faktor in der obenstehenden Gleichung praktisch der Zahl 1, d.h., er hat dann keine Bedeutung mehr [31]. Entscheidend ist also die Größe der Steuerspannung, die mit dem Quadrat umgekehrt proportional im Verhältnis zu der Anzahl der Fehlschaltungen steht. Vereinfachend kann man deshalb auch sagen

$$F \sim \frac{1}{U^2}$$

Vergleicht man beispielsweise die Auswirkung auf die Zahl der Fehlschaltungen bei 24 V und 220 V Steuerspannung, so ergibt sich bei 24 V

$$F_{24\,V} \sim \frac{1}{24^2\,V^2} = \frac{1}{576\,V^2}$$

und bei 230 V

$$F_{230\,V} \sim \frac{1}{230^2\,V^2} = \frac{1}{5,29 \cdot 10^4\,V^2}$$

Zueinander ins Verhältnis gesetzt, ergibt sich daraus

$$F_{24\,V} = \frac{5,29 \cdot 10^4\,V^2}{5,76 \cdot 10^2\,V^2} \cdot F_{230\,V}$$

$$F_{24\,V} \approx 100 \cdot F_{230\,V}$$

Die Anzahl der möglichen Fehlschaltungen ist also bei 24 V Steuerspannung 100mal größer als bei 230 V Steuerspannung. Wenn keine anderen Einschränkungen vorliegen, sollte also unbedingt die größtmöglichste Steuerspannung nach **VDE 0113, 6.2.1,** also 230 V bei 50 Hz, gewählt werden.
Die Güte der Steuerspannung im Schaltaugenblick

$$\frac{U_{ist}}{U_{Nenn}}$$

und die Anzahl der in Reihe geschalteten Kontaktstellen vor der Betätigungsspule wirken sich ebenfalls auf die Fehlschaltungssicherheit aus. Die Güte der Steuerspannung ist aber auch besser bei hoher Steuerspannung [55].

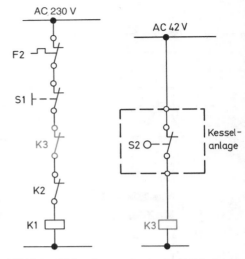

Bild 8.3 Kleine Steuerspannung bei Schaltgeräten in besonderen Räumen und Anlagen

□ **Besondere Schutzmaßnahmen nach VDE 0100**

Steuerspannungen, die der Schutzmaßnahme „Kleinspannung" nach **VDE 0100** entsprechen, also z.B. 42 V und 24 V bei 50 Hz, sind in Sonderfällen vorgeschrieben. Es empfiehlt sich aber dann, eine zweite Steuerspannung einzuführen. Der Endschalter S2 im Bild 8.3 ist innerhalb einer Kesselanlage angebracht und darf deshalb nur mit 42 V~, 50 Hz betrieben werden. Er wird auf den Kleinschütz K3 übersetzt, dessen Kontakt wiederum an einem Steuerstromkreis mit 230 V Steuerspannung den Schütz K1 betätigt.

□ **Aufbau der Schaltgeräte und der Schaltungstechnik**

Viele Geräte, wie z.B. Magnetventile, Bremsen und Kupplungen, erfordern aufgrund ihrer Bauart Gleichspannung zur Betätigung. Auch Schaltrelais sind vielfach so aufgebaut, daß sie nur mit Gleichspannung zu betätigen sind. Gleichspannungsbetätigte Leistungsschütze arbeiten besonders geräuscharm und prellfrei. Baut man die Schaltungstechnik kontaktarm mit Kleinrelais und Dioden als Schalter auf, so wird man ebenfalls Gleichspannung als Betätigungsspannung wählen müssen. Die Größe der Gleichspannung hängt in erster Linie ab vom Verwendungszweck. Kleinrelais erfordern eine kleine Gleichspannung, z.B. 24 V, während Magnetventile und

126

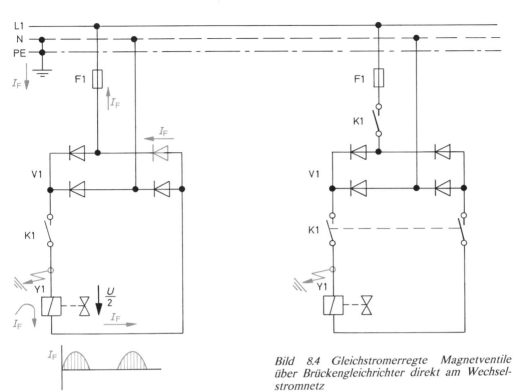

Bild 8.4 Gleichstromerregte Magnetventile über Brückengleichrichter direkt am Wechselstromnetz

Leistungsschütze sinnvollerweise mit höheren Gleichspannungen, z.B. 180 V, betrieben werden. Prinzipiell gilt für die Fehlschaltungssicherheit auch bei Gleichspannung das bereits früher Gesagte.

Allerdings haben Kleinrelais meistens sog. Zungenkontakte, die durch Relativbewegung auf der Berührungsfläche der Kontakte auch bei geringen Kontaktkräften und bei kleiner Steuerspannung eine sehr hohe Fehlschaltungssicherheit haben. Bei hohen Gleichspannungen, insbesondere für die Betätigung von Leistungsschützen, kann es bei Stromstärken zwischen 1 A und 5 A zu einem stehenden *Lichtbogen* kommen, da einerseits der Strom von 1 A bei entsprechend großer Steuerspannung bereits einen Lichtbogen erzeugen kann, und andererseits das Magnetfeld, das durch den Lichtbogen von 5 A erzeugt wird, noch nicht ausreicht, um die Lichtbogenstrecke zu verlängern und damit den Lichtbogen „auszublasen".

Die Gleichspannung für Steuerstromkreise sollte vorzugsweise durch einen Transformator mit nachgeschaltetem Gleichrichter erzeugt werden. Wird in Ausnahmefällen ein **Gleichrichter direkt an das Wechselstromnetz** angeschaltet, so sollten die Betätigungskontakte entweder auf der Wechselstromseite angeordnet werden oder gleichstromseitig doppelt geschaltet werden. Wie Bild 8.4 zeigt, kann es bei einem Erdschluß zwischen Spule Y1 und Betätigungskontakt K1 zum ungewollten Anzug des Magnetventils Y1 kommen, da durch die Einweggleichrichtung über eine Diode der Brückenschaltung ein Fehlerstrom I_F zum Fließen kommt. Dadurch steht an der Spule von Y1 die halbe Nenn-Betätigungsspannung $U_N/2$ an, was unter ungünstigen Umständen durchaus für den Anzug des Magnetsystems ausreichen kann. Erst nach Einschalten von K1 würde die Sicherung F1 ansprechen und damit der Erdschluß bemerkt werden. Wird der Betätigungskontakt K1 wechselstromseitig angeord-

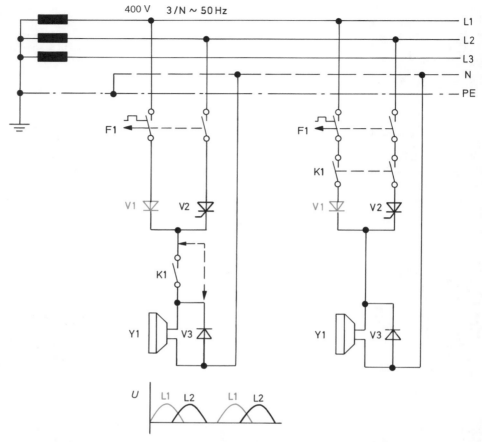

Bild 8.5   Betätigungsschaltung für Magnete und Kupplungen

net, so fällt das Magnetventil verzögert ab, da die Gleichrichterbrücke dann als Freilaufdiode wirkt. Eine sehr einfache Schaltung zur Betätigung von Bremsen oder Kupplungen größerer Leistung zeigt das Bild 8.5. Die Dioden V1 und V2 stellen eine $^2/_3$-*Sternschaltung* dar und wirken zusammen mit dem Netztransformator wie eine Mittelpunktschaltung mit dem N-Leiter des Netzes als Mittelpunkt. Die Diode V3 ist eine *Kompensationsdiode,* die die spannungslose Lücke durch die fehlende Phase L3 kompensieren muß. Der Verbraucher kann gleichstromseitig nach den Dioden V1 und V2 geschaltet werden. Wird dabei die Diode V3 nach dem Betätigungskontakt K1 direkt parallel zu der Spule von Y1 geschaltet, so

wirkt die Diode V3 zusätzlich noch als Freilaufdiode beim Abschalten des Bremsmagneten Y1. Dadurch fällt der Magnet von Y1 verzögert ab. Je nach Art des Bremsmagneten liegen diese Verzögerungszeiten zwischen 0,2 s und 0,5 s. Ist dieser Effekt unerwünscht, so muß die Diode V3 vor dem Kontakt K1 angeklemmt werden. Wird der Magnet wechselstromseitig abgeschaltet, so muß auf jeden Fall eine Abfallverzögerung der Bremse Y1 in Kauf genommen werden. Anstelle der Diode V2 kann auch ein Thyristor eingesetzt werden, der nach einer Schnellerregungszeit gelöscht wird und damit den Bremsmagneten Y1 auf Sparschaltung umschaltet.

8.5 Lange Steuerleitungen

Im wesentlichen sind **zwei Faktoren** maßgebend für die Begrenzung der Länge von *Steuerleitungen*. Für wechselstrom- und gleichstrombetätigte Schütze und Relais begrenzt gleichermaßen der Spannungsabfall U_L in der Steuerleitung deren zulässige Länge.

Im allgemeinen läßt man maximal 5% Spannungsabfall für den ungünstigsten Fall innerhalb des Steuerungssystems zu. Bei stark schwankender Versorgungsspannung des Netzes ist man in vielen Fällen aber gezwungen, einen geringeren Spannungsabfall in Kauf zu nehmen, z.B. 1%. Dadurch sollen weitere ungünstige Einflüsse auf die sich vom Netz her bereits stark ändernde Steuerspannung vermieden werden.

Im Bild 8.6 sind die bestimmenden Größen für ein mittelgroßes Schütz bei Wechselstrombetätigung mit 42 V und   V und bei Gleichstrombetätigung mit 180 V zusammengestellt. Ausgehend von der *Anzugsleistung* P_{An} wird der dabei fließende Strom I_{An} zur Spule von K1 berechnet. Auch hierbei ist es vorteilhaft, die Steuerspannung so hoch wie möglich zu wählen. Bei gleichstrombetätigten Schützen ist die Anzugsleistung P_{An} und die *Halteleistung* P_H gleich groß, während bei wechselstrombetätigten Schützen die Halteleistung P_H wesentlich kleiner ist als die Anzugsleistung P_{An}.

Für die Berechnung der zulässigen Leitungslänge l_{max} geht man aus von der Gleichung

$$R_L = \varrho \cdot \frac{l_{max}}{A_{Cu}}$$

bzw.

$$l_{max} = R_L \cdot \frac{A_{Cu}}{\varrho}$$

(siehe Kapitel 1.4).

Da

$$U_L = I_{An} \cdot R_L$$

gilt auch

$$l_{max} = \frac{U_L}{I_{An}} \cdot \frac{A_{Cu}}{\varrho}$$

Wie das *Vektordiagramm* im Bild 8.6 zeigt, kann annäherungsweise durch Abzug des Wirkanteils $\Delta U = U_L \cdot \cos \varphi_{An}$ von der Steuerspannung U_N die an der Spule anliegende Spannung U_{Spule} berechnet werden. Damit wird dann

$$l_{max} = \frac{\Delta U}{I_{An} \cdot \cos \varphi_{An}} \cdot \frac{A_{Cu}}{\varrho}$$

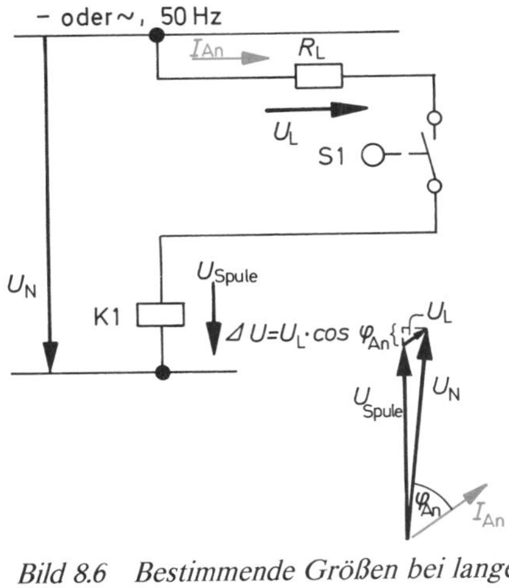

		Wechselstrom betätigt 42V~,50Hz	230V~,50Hz	Gleichstrom betätigt 180V–
Anzug	P_{An}	66 VA		6,5 W
	$\cos \varphi_{An}$	0,75		1
	I_{An}	1,55 A	0,3 A	0,036 A
Halten	P_H	12 VA		6,5 W
	$\cos \varphi_H$	0,33		1
	I_H	0,29 A	0,055 A	0,036 A
	Leitungslänge l_{max} bei $U_L = 0,01\, U_N$ $A_{Cu} = 1,5\, mm^2$	31 m	900 m	4300 m

Bild 8.6 Bestimmende Größen bei langen Steuerleitungen

129

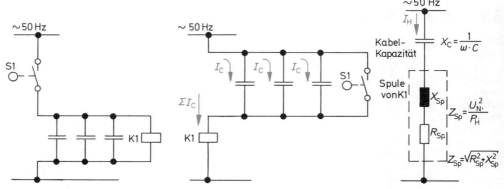

Bild 8.7   Einfluß der Kabelkapazität bei langen Steuerleitungen

Für einen Kupferleiter von 1,5 mm² (minimal zulässiger Querschnitt von eindrähtigen Kupferleitern nach **VDE 0113, 9.2.2**) wird für den Schütz K1 mit den Daten im Bild bei 230 V~, 50 Hz Steuerspannung und einem zulässigen Spannungsabfall von $0,01 \cdot U_N$ (1%) die zulässige Leitungslänge zum Endschalter S1

$$l_{max} = \frac{0,01 \cdot 230 \text{ V}}{0,3 \text{ A} \cdot 0,75} \cdot \frac{1,5 \text{ mm}^2}{0,0175 \dfrac{\Omega \cdot \text{mm}^2}{\text{m}}}$$

$$l_{max} \approx 900 \text{ m}$$

Die größtmöglichste Entfernung zur Montage des Endschalters ist die Hälfte von l_{max}, also 450 m.

Bei dem Vergleich im Bild 8.6 fällt auf, daß bei Wechselstrombetätigung für die gleichen Schützgrößen die zulässige Leitungslänge mit dem Quadrat der Spannung abnimmt. Eine um annähernd den Faktor 5 größere Leitungslänge kann man dagegen mit gleichstrombetätigten Schützen erreichen.

Für wechselstrombetätigte Schütze kommt als zweiter Faktor für die Begrenzung der Länge von Steuerleitungen die *Kabelkapazität* C_L hinzu.

Bild 8.6 zeigt die beiden möglichen Schaltungen. Wird die Schützspule K1 über ein längeres Kabel vom Endschalter S1, der in der Nähe der Stromversorgung angeordnet ist, betätigt, so muß der Kontakt des Endschalters S1 zusätzlich den Ladestrom der Kabelkapazität C_L schalten. Zu gefährlichen Betriebsstörungen kann es bei der weitaus häufigeren Schaltungsart kommen, wenn der Endschalter S1 an einer von der Stromversorgung entfernten Stelle innerhalb einer größeren

Anlage angeordnet ist und der Schütz K1 sich bei der Stromversorgung im Steuerschrank befindet. Bei Abschalten des Endschalters S1 kann unter ungünstigen Umständen trotz geöffnetem Betätigungskontakt die Summe der Ladeströme der Kabelkapazität ΣI_c für das Halten des Schützes K1 im angezogenen Zustand ausreichen.

Die Ersatzschaltung im Bild 8.7 zeigt den Zusammenhang der maximal zulässigen Leitungslänge bei wechselstromerregten Schützen. Um einen sicheren Abfall der Schütze zu erreichen, muß die Spulenspannung U_{Sp} mindestens auf 20% der Betätigungsspannung absinken [31]. Da der Scheinwiderstand Z_{Sp} der Spule unverändert bleibt, gilt auch

$$Z_{Sp} = \frac{0,2 \ U_N}{0,2 \ I_H}$$

d.h., auch der Haltestrom I_H muß auf 20% seines Wertes zurückgehen, damit die Schütze zuverlässig abfallen. Für die gesamte Ersatzschaltung gilt demnach

$$Z_{ges} = \frac{U_N}{0,2 \cdot I_H} = 5 \cdot Z_{Sp}$$

Aus

$$Z_{ges} = \sqrt{R_{Sp}^2 + (X_{Sp} - X_c)^2}$$

kann mit einer mittleren Kabelkapazität von 0,2 µF/km die zulässige Leitungslänge in bezug auf die Kabelkapazität bestimmt werden.

Im Diagramm Bild 8.8 sind die zulässigen Entfernungen der Betätigungsgeräte vom Steuerschrank in Abhängigkeit der Schützbaugröße bei

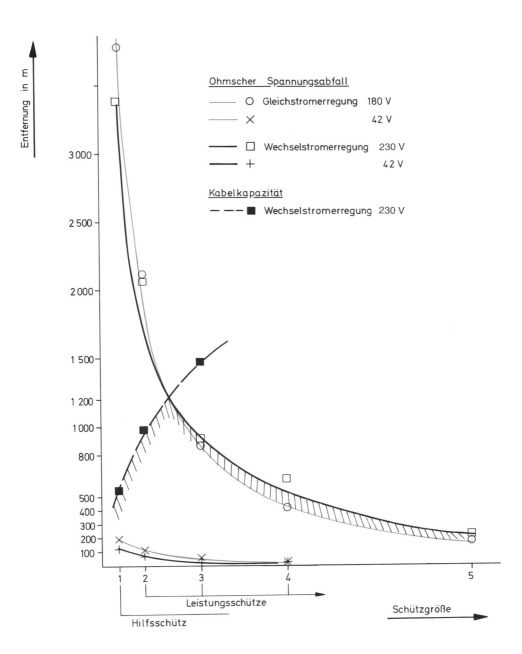

*Bild 8.8 Zulässige Entfernung der Betätigungs-
glieder von Schütz- und Relaisspulen*

verschieden großer Gleich- und Wechselstrom-betätigungsspannung dargestellt. Der zulässige ohmsche Spannungsabfall wurde bei Gleichstromerregung mit 1% und bei der nur stoßartig auftretenden Wechselstromanzugserregung mit 5%, der Querschnitt des eindrähtigen Kupferleiters im Kabel mit 1,5 mm² angenommen. Für 40 V_, 180 V_ und 42 V~ wird die zulässige Entfernung also nur vom ohmschen Widerstand bestimmt, während bei 230 V~ die Kabelkapazität insbesondere bei Kleinschützen bestimmend ist. Bezüglich der Kabelkapazität ist es also vorteilhaft, eine möglichst kleine Betätigungsspannung bei Wechselstromerregung zu wählen.

8.6 Dimensionierung des Steuertransformators

Steuertransformatoren für Steuerstromkreise mit Wechselspannungserregung müssen so ausgelegt sein, daß die stark induktive Last der angeschlossenen Schützspulen zu keinem unzulässig hohen Spannungsabfall führen kann. Der cos φ liegt bei angezogenen Schützen im Steuerstromkreis etwa bei 0,4. Man spricht in diesem Zusammenhang auch von eisenaktiver Auslegung des Transformators oder einem „harten" Transformator. Wird den Steuertransformatoren ein Gleichrichter nachgeschaltet, so braucht nur die ohmsche Last des gleichstromgespeisten Steuerstromkreises berücksichtigt zu werden.

Für die Ermittlung der Größe des Steuertransformators soll in einem Beispiel angenommen werden, daß die extremste Belastung für den Steuertransformator dann auftritt, wenn bereits 6 Hilfsschütze und ein Leistungsschütz angezogen haben und gleichzeitig ein weiteres Hilfsschütz zusammen mit einem Leistungsschütz anzieht.

Bei gleichen Schützgrößen ist für die wechselstromerregten Schütze also ein doppelt so großer Steuertransformator notwendig.

		Steuertransformator für	
		Wechsel-strom-erregung	Gleich-strom-erregung
1.	Halteleistungen 6 Hilfsschütze 1 Leistungsschütz	42 VA 22 VA	21,6 W 16 W
2.	Anzugsleistungen 1 Hilfsschütz 1 Leistungsschütz	37 VA 160 VA	3,6 W 16 W
3.	Summe Halte- und Anzugsleistung	261 VA	57,2 W
4.	Reduzierungs-faktor (Gleichzeitigkeit bei Halte- und Anzugserregung)	0,8	—
5.	Formfaktor und Spgs-Abfall am Gleichrichter	—	1,36
6.	Notwendige Leistung im Steuerstromkreis	208,8 VA	78 VA
7.	Gewählte Transformatorgröße	200 VA	100 VA

8.7 Auswahl der Schaltgeräte

Die *Schaltgeräte* sollen **VDE 0660** entsprechen (siehe Abschnitt 3.1) und darüber hinaus möglichst die Anforderung der **IEC-Publikation 158-1** (International Electrotechnical Commission) erfüllen. Beim Export ist auf erteilte **Approbationen** der einzelnen Länder zu achten.
Schaltgeräte im Sinne der **VDE 0660** können nach verschiedenen Kriterien eingeteilt und bezeichnet werden. Im Rahmen dieses Buches sollen aber nur schwerpunktmäßig wichtige Beurteilungsfaktoren näher betrachtet werden.

8.7.1 Gerätebauform

Nach Bild 8.9 unterscheidet man grundsätzlich zwischen

☐ Aufbaugeräten
Hierunter fallen vor allem Hilfs- und Leistungsschütze
☐ Einbaugeräten
Befehls- und Meldegeräte im Steuerstromkreis werden häufig direkt im Steuerschrankdeckel oder in der Steuerschranktür eingebaut
☐ Zwischenbaugeräten
Will man in einer Verdrahtungsebene bleiben oder sind schwere Leistungsschalter von der Tür her zu bedienen, wird man auf Zwischenbaugeräte zurückgreifen.

8.7.2 Anwendungskriterien von Luftschützen

Neben der grundsätzlichen Eignung, die sich im *Schaltvermögen* des Schützes ausdrückt, ist für den praktischen Betrieb die Bewährung in Form der *Lebensdauer* ein wichtiges Kriterium für die *Zuverlässigkeit* in der Anwendung von Luftschützen.

In den **Gebrauchskategorien** nach Tabelle 8.2 drückt sich das Schaltvermögen in der verschiedenen Art der Verbraucher aus. Bei gleicher nominaler Leistung, die der Schütz schalten soll, stellt die *Gebrauchskategorie* AC 1 z.B. die leichteste Aufgabe für den Schütz dar, während Verbraucher der Gebrauchskategorie AC 4 sehr hohe Anforderungen an den Schütz stellen. Das bedeutet dann in der Praxis, daß das Schütz für dieselbe Leistung in der Gebrauchskategorie AC 1 eine kleinere Baugröße aufweist als das Schütz für die Gebrauchskategorie AC 4.
Eine ähnliche Aussage kann man auch für die Lebensdauer in Form von **Schaltspielen** treffen. In Abhängigkeit von der Lebensdauer in *Schaltspielen* und der *Schalthäufigkeit* in Schaltspielen je Stunde werden die Schaltgeräte in **Geräteklassen** eingeteilt (Tabelle 8.3). Ein vorgestellter, großer lateinischer Buchstabe gibt die Stellenzahl an, z.B. A = 4stellig, D = 7stellig, und eine nachgestellte Ziffer die Wertigkeit. Die Geräteklasse D1 gibt damit eine Lebensdauer von 1 000 000 Schaltspielen an und D3 von 3 000 000 Schaltspielen. Hinter dem Schlagwort „Gerätelebensdauer gleich Maschinenlebensdauer" verbirgt sich die Absicht, die Schaltgeräte so auszuwählen, daß ihre Lebensdauer gleich der vorgesehenen Lebensdauer der gesamten Maschine oder Anlage ist. Die Konstruktion der Schaltgeräte wurde an diesen Trend angepaßt. Die früher groß propagierte leichte Zerlegbarkeit von Schützen für schnelle Reparaturen am Schaltgerät wurde dadurch in den Hintergrund gedrängt.
Nach Tabelle 8.4 müssen z.B. bei 10 Jahren Maschinenlebensdauer und im Mittel 150 Schaltspielen je Stunde Schütze mit einer Gerätelebensdauer von 3 000 000 Schaltspielen eingesetzt werden. Diese Schütze entsprechen also den Anforderungen der Geräteklasse D3.
Wie in Kapitel 6.2 bereits gezeigt wurde, müssen

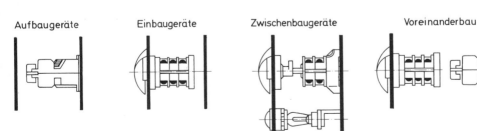

Bild 8.9   Gerätebauformen

Tabelle 8.2 Gebrauchskategorien von Schaltgeräten

Gebrauchskategorien von Schützen		Typische Anwendungsfälle
Wechselstrom	AC 1	Induktionsfreie und leicht induktive Belastungen, Widerstandsöfen, Heizung
	AC 2	Anlassen und Reversieren von Schleifringläufermotoren
	AC 3	Anlassen und Abschalten von laufenden Käfigläufermotoren
	AC 4	Anlassen und Reversieren von Käfigläufermotoren, Tippbetrieb
Gleichstrom	DC 1	Induktionsfreie oder leicht induktive Belastungen
	DC 2	Anlassen und Ausschalten von laufenden Nebenschlußmotoren
	DC 3	Anlassen und Reversieren von Nebenschlußmotoren
	DC 4	Anlassen und Ausschalten von laufenden Reihenschlußmotoren
	DC 5	Anlassen und Reversieren von Reihenschlußmotoren, Tippbetrieb

Tabelle 8.3 Geräteklassen für Schaltgeräte

Geräteklasse	Lebensdauer in Schaltspielen	Schalthäufigkeit Schaltspiele pro Stunde (maximal)
A 1	1 000	10
A 3	3 000	15
B 1	10.000	20
B 3	30 000	30
C 1	100 000	50
C 3	300 000	150
D 1	1 000 000	500
D 3	3 000 000	1500
E 1	10 000 000	3000

Tabelle 8.4 Gerätelebensdauer und Maschinenlebensdauer

Schaltspiele pro Stunde	Gerätelebensdauer bei 40 Stunden/Woche, 50 Wochen/Jahr und der Maschinenlebensdauer		
	3 Jahre	5 Jahre	10 Jahre
100	600 000	1 000 000	2 000 000
150	900 000	1 500 000	3 000 000
200	1 200 000	2 000 000	4 000 000
300	1 800 000	3 000 000	6 000 000

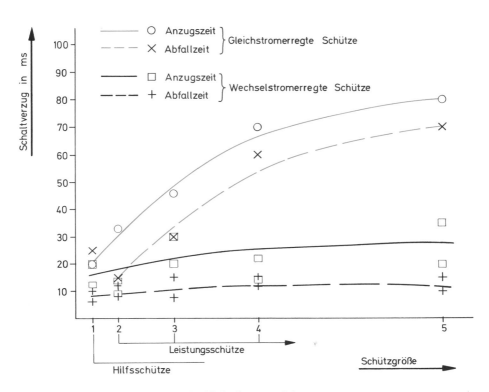

Bild 8.10   Anzugs- und Abfallzeiten von Schützen

in der Schaltungstechnik den **Anzugs- und Abfallzeiten** der Schütze besondere Aufmerksamkeit geschenkt werden. In einem Schaltfolgediagramm wurde untersucht, ob dadurch keine Fehlschaltungsmöglichkeiten im Schaltungsaufbau selbst vorhanden waren. In Bild 8.10 sind in einem Diagramm die Anzugs- und Abfallzeiten für gleichstrom- und wechselstrombetätigte Schütze einander gegenübergestellt. Besonders auffallend ist, daß die Schaltverzugszeiten bei wechselstromerregten Schützen praktisch unabhängig von der Baugröße der Schütze sind, was wiederum für die Schaltungsentwicklung eine sehr große Erleichterung darstellt. Bei gleichstromerregten Schützen nehmen die Schaltverzugszeiten mit der Baugröße der Schütze stark zu und sind nur bei den Hilfsschützen in etwa gleich groß wie bei den Geräten mit Wechselstromerregung.

Auf das *Magnetsystem* und das *Kontaktsystem* von Luftschützen hat der Anwender nur wenig Einfluß. Für das Magnetsystem legt er Spannungsart (Gleich- oder Wechselstrom) aufgrund

der einmal getroffenen Auslegung des Steuerstromkreises fest. Dasselbe trifft auch für die Größe der Spannung zu. Die Höhe der Frequenz wird vom Netz bestimmt. Bei Gleichstromerregung von größeren Leistungsschützen ist es sinnvoll, eine **Sparschaltung** anzuwenden (Bild 8.11). Nach Betätigen von S2 wird die Spule des Schützes K1 über den spätöffnenden Öffner von K1 zunächst schnell erregt und nach vollem Anzug von K1 über den Vorwiderstand R1 sparerregt. Dadurch kann vor allem ein raumsparendes Magnetsystem bei gleichzeitig kürzeren Schaltverzugszeiten konstruiert werden.

Zur Beurteilung des Kontaktsystemes können vor allem folgende Gesichtspunkte herangezogen werden:

☐ Schweißfestigkeit
  Diese wird u.a. auch vom Kontaktmaterial beeinflußt
☐ Prellarme Anordnung der Kontakte

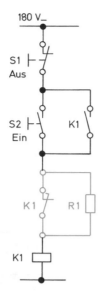

Bild 8.11 *Sparschaltung bei gleichstromerreg-ten Schützen*

mehr oder minder lange Zeit anstehende Schalt-lichtbögen zur Zerstörung des Kontaktes führen oder zumindest dessen Lebensdauer stark ver-kürzen. Wie im Kapitel 8.4 bereits angedeutet, kann man eine Einteilung der *Schaltlichtbögen* nach der Stromintensität des zu schaltenden Gleichstromes vornehmen.

Bis 1 A	meist natürliche Lichtbo-genlöschung
1 A bis 5 A	schwierigster Bereich in bezug auf die Lichtbogenlö-schung
über 5 A	Intensität reicht aus zur Selbstlöschung in Funken-kammern der Schaltgeräte

Zur *Löschung* bzw. Unterdrückung *von Schalt-lichtbögen* unterscheidet man 4 Möglichkeiten:

☐ Doppelunterbrechende Kontakte
Bei Hilfskontakten mit ausreichender Kon-taktkraft und mit Relativbewegung an den Kontaktberührungsstellen. Dadurch sichere Kontaktgabe bei kleinen Spannungen und Strömen.

An den Betätigungskontakten für gleichstromer-regte Geräte, wie Schütze, Magnetventile, Kupp-lungen und Bremsen, besteht die Gefahr, daß

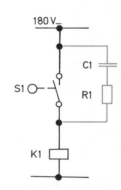

Bild 8.12 *Beschaltung des Betätigungskontaktes zur Funkenlöschung*

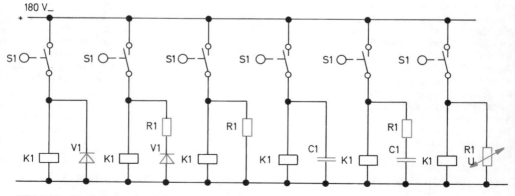

Bild 8.13 *Beschaltung der Schütz- und Relaisspulen zur Funkenlöschung*

136

Tabelle 8.5   Schutzarten nach DIN 40050

Schutzart nach DIN 40050	Schutzumfang gem. der ersten Ziffer		gem. der zweiten Ziffer
	Berührungsschutz	Fremdkörper- und Staubschutz	Wasserschutz
IP 20	Gegen Berührung mit Fingern	Gegen Fremdkörper >12,5 mm ∅	Kein Wasserschutz
IP 43	Gegen Berührung mit Werkzeugen u.dsgl.	Gegen Fremdkörper >1 mm ∅	Keine schädigende Wirkung von Spritzwasser aus senkrechter und schräger Richtung bis 30° über der Senkrechten
IP 54	Gegen Berührung mit Hilfsmitteln aller Art	Gegen schädigende Staubablagerungen im Innern	Keine schädigende Wirkung von Schwallwasser
IP 65	Gegen Berührung mit Hilfsmitteln aller Art	Vollkommener Staubschutz	Keine schädigende Einwirkung von Strahlwasser

□ Natürliche Löschung bzw. **Selbstlöschung,** die unterstützt wird durch die Führung des Lichtbogens in Funkenkammern. Das Prinzip der Funkenkammer mit Leitblechen ist eine künstliche Verlängerung des Lichtbogens, hervorgerufen durch die Kräfte des elektromagnetischen Feldes um die Lichtbogenstrecke.

□ „**Ausblasen**" des Lichtbogens mit Hilfe zusätzlicher magnetischer bzw. elektromagnetischer Felder (Blasmagnete, Blasspulen).

□ **Elektrische Löschung** am schaltenden Betätigungskontakt, vorwiegend bei kleineren Strömen, durch eine R-C-Beschaltung des Kontaktes S1 (Bild 8.12). Bei Zerstörung des Kondensators C1 kann es zu fehlerhaften Schalthandlungen kommen.

□ Einbau von „**Freilauf-Bauelementen**" parallel zur Spule (Bild 8.13). Dabei werden außer bei der Beschaltung mit Varistoren die Abfallzeiten der Schütze erheblich verlängert.

8.7.3   Schutzarten nach DIN 40050

Die Kennzeichnung der *Schutzarten* erfolgt durch die großgeschriebenen Buchstaben IP und zwei angehängte Ziffern, also z.B. IP 43. Die erste Ziffer kennzeichnet den Grad des **Berührungsschutzes** und des **Fremdkörperschutzes** und die zweite Ziffer den Grad des **Wasserschutzes**. Bei beiden Ziffern reicht die Skala von 0 bis 6. In Tabelle 8.5 sind häufig angewendete Schutzarten zusammengestellt und deren Schutzumfang näher erläutert. Die rechtzeitige Festlegung der Schutzart, möglichst bereits im Pflichtenheft, sichert eine befriedigende Projektierung der elektrischen Steuerung. **VDE 0113, 11.2.1** schreibt z.B. für unbelüftete Gehäuse und Einbauräume die Schutzart IP 54 vor und für Gehäuse mit *Fremdbelüftung* die Schutzart IP 44. Ausnahmsweise ist auch die Schutzart IP 32 zugelassen, falls die Geräte im Gehäuse gegen Verschmutzung unempfindlich sind.

8.8 Umwelteinflüsse

Der Einfluß *mechanischer Erschütterungen* beim Transport und Betrieb der Steuerung sowie *klimatische Umweltbedingungen,* die sich im Einfluß von Temperatur, Luftfeuchtigkeit bis hin zu Termitenbeständigkeit und Schimmelpilzbeständigkeit zeigen, bestimmen wesentlich den Aufbau der Steuerung und die Auswahl der Geräte. Tropenfeste Isolierung ist meist die einfachste Maßnahme beim Einsatz in feuchten oder feuchtwarmen Klimata mit relativer Luftfeuchtigkeit von mehr als 60%.

Sonderbedingung, wie der **Explosionsschutz (Ex-Schutz),** bedeuten ebenfalls einen völlig eigenständigen Steuerungsaufbau mit einer speziellen Gerätetechnik und z.T. andersartigem Schaltungsaufbau, wie es die eigensicheren Schaltkreise darstellen.

Bei der Beurteilung mechanischer Erschütterungen unterscheidet man zwischen regelmäßig auftretenden *mechanischen Schwingungen* bestimmter Frequenz und Amplitude und kurzzeitigen, einmaligen, stoßartigen Belastungen. Gefährlich sind vor allem die zuerst genannten, meist sinusförmigen Schwingungen, die oft zur Selbsterregung schwingungsfähiger Systeme führen, z.B. bei Schaltgeräten oder Steuerrahmen, die in Werkzeugmaschinen eingebaut sind. Sie sind teilweise die Ursache von Kontaktausfällen durch starken Kontaktabbrand oder Kontaktverschweißen.

Besondere Beachtung muß in diesem Zusammenhang dem *Transport* von Steuerungen geschenkt werden. Einfache Maßnahmen gegen Transportschädigung sind z.B. der Ausbau schwerer Schaltgeräte aus dem Steuerschrank und besondere Transportverstrebungen im Steuerschrank.

Allgemeine Abhilfe gegen den Einfluß mechanischer Erschütterungen und Schwingungen beim Betreiben der Steuerungen bieten die Befestigung des Steuerrahmens über Gummi-Metall-Elemente oder ein Masseausgleich an den Schaltgeräten selbst, d.h. also eine mechanische Verstimmung des schwingenden Systems.

9 Projektierung und Handhabung der Steuerung

Um eine Steuerung herstellungsreif zu entwikkeln, müssen **zwei Aufgabenkomplexe** gelöst werden:

☐ Exakte Formulierung und, wenn notwendig, Präzisierung der Steuerungsaufgabe durch den Anwender der Steuerung.

☐ Lösung der Steuerungsaufgabe einschließlich Anfertigen aller technischen Unterlagen für Herstellung, Prüfung, Montage, Inbetriebnahme, Wartung und Störungssuche durch den Hersteller der Steuerung.

Der Anwender einer elektrischen Steuerung bzw. derjenige, der die Steuerung an seiner Maschine oder Anlage zum Einsatz bringen will, muß die Aufgabenstellung möglichst präzise formulieren. Wie im Kapitel 6.2.1 bereits angedeutet, sollte man die Aufgabenstellung schrittweise erarbeiten.

1. Schritt: Aufstellung der Ausgangselemente
Ausgangselemente greifen in einen Leistungsfluß ein (Bild 2.2, Kapitel 2). Es sind dies also Motoren, Kupplungen, Ventile, Magnete o.ä. Angaben über Leistung, Betriebsart und Schalthäufigkeit und gegebenenfalls besondere Schaltbedingungen, z.B. Stern-Dreieck-Anlauf, Polumschaltung, Bremsschaltungen, sind wichtige Voraussetzungen zur Erarbeitung der technischen Unterlagen.

2. Schritt: Aufstellung der Eingangselemente
Befehlsgeber, wie Taster, Grenztaster, Endschalter, Geber für physikalische Größen, z.B. Temperaturfühler und Druckwächter, sind die Eingangselemente einer Steuerung. Für sie ist zunächst ihre Anordnung an oder neben der Maschine bzw. in der Anlage von großer Bedeutung. Die Erstellung eines Anordnungsplanes für die Eingangselemente ist deshalb vorteilhaft (Bilder 6.1 und 6.5, Kapitel 6). Die Eingangselemente erfassen Befehle und Rückmeldungen und geben sie an die Steuerung weiter. Mit der genauen Bezeichnung der Befehle oder der Rückmeldungen kann auch eine einwandfreie Beschilderung und Farbgebung der Geräte sichergestellt werden, die nicht zuletzt für Unfallsicherheit und Betriebssicherheit von entscheidender Bedeutung ist.

3. Schritt: Darstellung des technologischen Ablaufes
Der technologische Ablauf und die gewünschten Verknüpfungen aller notwendigen Abhängigkeiten der Ausgangselemente von den Eingangselementen einschließlich der Schaltvorgänge im Störungsfall und Gefahrenfall bilden den wichtigsten Teilabschnitt bei der Erarbeitung der Steuerungsaufgabe. Neben verbalen Beschreibungen bei kleineren Steuerungsaufgaben sollten hierzu vor allem Funktionsdiagramme und Funktionsschaltpläne dienen.

4. Schritt: Anordnung der Steuerung
Die gewünschte Bauform der Steuerung, z.B. als *Einbaurahmen* in einen Maschinenfuß, als *Schaltkasten* zur Wandbefestigung, als *Schaltschrank* oder als *Schaltpult* muß festgelegt werden. Besondere Bedingungen an die Schutzart, den Farbanstrich, die Raumverhältnisse, die Kabelführung und die Luftführung bei belüfteten Schaltschränken sind notwendige Projektierungshinweise für den Steuerungsbauer.

5. Schritt: Elektrischer Anschluß
Mit der vorhandenen Netzspannung und Netzfrequenz und der evtl. gewünschten Steuerspannung in Anpassung an bereits vorhandene Steuerungen wird praktisch die Gerätetechnik der Steuerung festgelegt. Besondere Netzverhältnisse, z.B. häufige Spannungsüberhöhungen, große Spannungsschwankungen und ungünstige Netzimpedanzen, sollten dem Steuerungsbauer ebenso mitgeteilt werden wie auch die technischen Anschlußbedingungen (TAB) an öffentlichen Netzen der Energieversorgungsunternehmen (EVU) oder an betriebseigenen Netzen.

6. Schritt: Umweltverhältnisse
Hierzu zählen vor allem **klimatische Beeinflussungen** durch Temperatur, Feuchtigkeit und aggressive Dämpfe und **mechanische Einwirkungen** auf die Steuerung durch Erschütterungen,

Schwingungen und *Vibration*. Insbesondere dem Einsatz von Steuerungen in großer Höhe, in tropischen Gebieten oder in Seewassernähe ist besondere Beachtung zu schenken (siehe auch Kapitel 8.8).

7. Schritt: Besondere Vorschriften

Große Unternehmen und importierende Länder erstellen häufig sogenannte **Lasten- und Pflichtenhefte**, die zusätzlich bei Projektierung und Herstellung der Steuerung beachtet werden müssen. Durch Harmonisierung verschiedenartiger nationaler Vorschriften versucht man z.Z. über einen einheitlichen technischen Standard zum Abbau von Handelshemmnissen zu gelangen.

Das systematische Vorgehen zum Entwickeln und Erarbeiten von Stromlaufplänen wurde bereits bei der Fallstudie in Kapitel 6.2.2 beschrieben. Eine wesentliche Erleichterung bei der Erstellung der technischen Unterlagen bietet aber eine Vielzahl von Hilfsmitteln, die im folgenden kurz beschrieben werden sollen.

9.1 Hilfsmittel zur Erstellung der technischen Unterlagen

Für die Erarbeitung des Stromlaufplanes kann ein besonders vorbereitetes *Zeichentransparentpapier* verwendet werden. Ein eingedrucktes Blauraster 5 mm × 10 mm zur Erleichterung der übersichtlichen Anordnung der Schaltsymbole ist nach dem Lichtpausen auf den Schaltplänen nicht mehr sichtbar. Viele Schaltungssymbole bis hin zu ganzen Schaltungsgruppen stehen dem Schaltungsentwickler als **Haftetiketten** zur Verfügung.

Sie werden auf das Zeichentransparentpapier geklebt und verkürzen damit die Zeichenarbeit. Bild 9.1 zeigt eine Zusammenstellung üblicher *Haftetiketten* für den Hauptstromkreis, während im Bild 9.2 *Haftetiketten* für den Steuerstromkreis zu sehen sind. Einzelne Schaltzeichen können in einem andersartigen Verfahren auf das Transparentpapier des Stromlaufplanes aufgerieben werden.

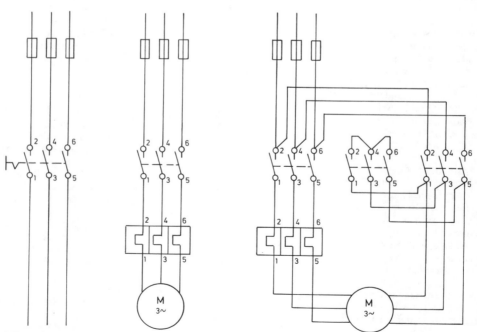

Bild 9.1   Haftetiketten für den Hauptstromkreis des Stromlaufplanes

Bild 9.2 Haftetiketten
für den Steuerstromkreis
des Stromlaufplanes

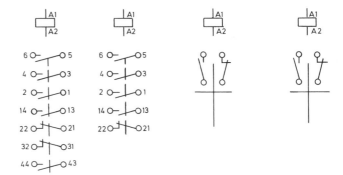

In zunehmendem Maße werden die Schaltpläne computerunterstützt erstellt. CAD, Computer Aided Design, bedeutet rechnerunterstütztes Konstruieren und ist auch eine Arbeitsmethode für die Erstellung von Schaltplänen. Der Einsatz eines CAD-Systems stellt einerseits eine äußerst wirkungsvolle Maßnahme zur Steigerung der Leistungsfähigkeit dar, und andererseits werden damit die Bearbeitungskosten bei der Konstruktion von elektronischen Steuerungen deutlich gesenkt [62; 63].

Mit dem »C« für Computer beginnen viele Bezeichnungen von modernen Arbeitsmethoden, die zur Unterstützung bei der täglich anfallen-

den Arbeit angewendet werden können. **Bild 9.3** gibt eine Übersicht über die wichtigsten und bekanntesten dieser Methoden, die jeweils vorzugsweise in den entsprechend bezeichneten Funktionsbereichen eines Unternehmens angewendet werden. Am häufigsten in der Anwendung sind das computerunterstützte Konstruieren (CAD) und das computerunterstützte Fertigen (CAM). In Anbetracht der zunehmenden Bedeutung der Qualitätssicherung beziehungsweise deren Nachweis im Rahmen der Produkthaftung wird auch die computerunterstützte Qualitätssicherung (CAQ) verstärkt zum Einsatz kommen.

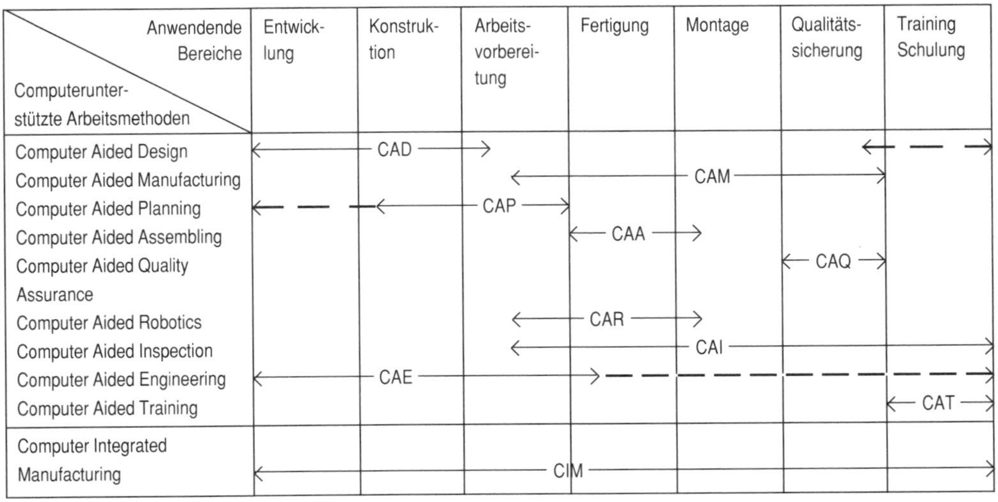

Anwendende Bereiche / Computerunterstützte Arbeitsmethoden	Entwicklung	Konstruktion	Arbeitsvorbereitung	Fertigung	Montage	Qualitätssicherung	Training Schulung
Computer Aided Design	←	CAD →					← — →
Computer Aided Manufacturing			←		CAM →		
Computer Aided Planning	← —	←	CAP →				
Computer Aided Assembling				← CAA →			
Computer Aided Quality Assurance						← CAQ →	
Computer Aided Robotics				← CAR →			
Computer Aided Inspection				←	CAI →		
Computer Aided Engineering	←	CAE		→ — — — — — — — — →			
Computer Aided Training							← CAT →
Computer Integrated Manufacturing	←			CIM			→

Bild 9.3 Computerunterstützte Arbeitsverfahren

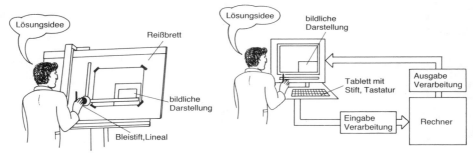

Bild 9.4 Vergleich zwischen der konventionellen Schaltplanerstellung (links) und der Schaltplanerstellung mit CAD (rechts)

Ein großer Vorteil des CAD liegt in einer Art Rückkopplungseffekt während der Konstruktionsarbeit. Dies ist insbesondere in der Schaltplantechnik von großer Bedeutung. **Bild 9.4** zeigt einen Vergleich zwischen der konventionellen Art der Schaltplanerstellung an einem Reißbrett und der Arbeitsweise bei Anwendung des CAD. Die Entwicklung der Lösungsidee durch den Schaltungstechniker ist in beiden Fällen gleichartig, wobei Vorgaben und Intuition die entscheidenden Anstöße darstellen. Bei richtig ausgelegtem CAD-System zwingt die Rückkopplung am Bildschirm jedoch zu einer rationellen Arbeitsweise. Bereits erarbeitete Grundschaltungen können im Dialog als Makro-Module abge-

rufen werden, und durch Plausibilitätskontrollen können bereits während der Konstruktionsarbeit Prüfschritte eingelegt werden. Obwohl die Schaltplantechnik unter Einbezug von bereits erprobten Grundschaltungen auch in der konventionellen Art der Erarbeitung von Schaltplänen üblich ist, ist bei CAD durch die direkte Rückkopplung am Arbeitsgerät, also dem Bildschirm, ein Zwang zur Anwendung dieser Grundschaltungsmodule gegeben. Ein nicht zu übersehender Nebeneffekt bei Einbezug der Grundschaltungsmodule in jeden neuen Auftrag entsteht durch die dadurch gegebene einheitliche Schaltungstechnik, unabhängig vom Bearbeiter.

Verantwortlichkeit Bezeichnung	Funktion	Tätigkeit
CAD-System-betreuer	Aufrechterhaltung der prinzipiellen Betriebsbereitschaft des CAD-Systems	Wartung der Hard- und Software Updates Systemorganisation
CAD-Anwendungs-vorbereiter	Entwicklung und Wartung von anwendungsorientierter CAD-Software (d. h. anwendungsspezifische Systemaufbereitung)	Makroerstellung Variantenprogrammierung Erstellung von Anwenderdateien (anwendungsspezifische Normbauteile)
CAD-Benutzer	Ausarbeiten von auftragsbezogenen Konstruktionslösungen auf Basis des aufbereiteten CAD-Systems	Schaltplanerstellung Stücklistenerstellung Berechnungen EPROM-Programmierung

Bild 9.5 Die Verantwortlichkeiten für ein CAD-System

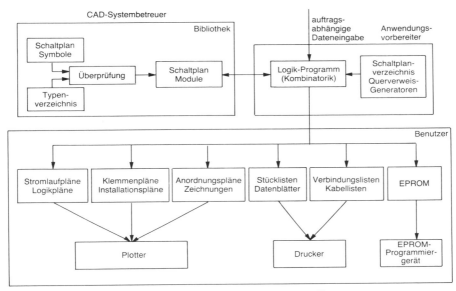

Bild 9.6   Struktur eines CAD-Systems für die Schaltplanerstellung

Bei Einbeziehung des CAD für die Erstellung der Schaltpläne und weiterer technischer Unterlagen für Fertigung, Montage und Kundendienst der Steuerung wird man natürlich auf ein möglichst anwendungsreif entwickeltes CAD-System zurückgreifen. Bestandteile eines CAD-Systems sind in erster Linie

● die Software einschließlich bereits erstellter Teile-Bibliotheken und der Generatoren für die erforderlichen Plan- und Unterlagenarten,
● die Hardware mit der Hauptfragestellung, ob die Software auf Geräten unterschiedlicher Hersteller und unterschiedlich großer Ausbaustufe lauffähig beziehungsweise kompatibel ist,
● die Unterstützung zum Aufbau der CAD-gerechten Organisation und bei der Schulung der Mitarbeiter.

Nach **Bild 9.5** ist es üblich, die Verantwortlichkeit bei Einführung und Anwendung des CAD in drei Stufen zu unterteilen. Der CAD-Systembetreuer ist üblicherweise der Lieferant des auf dem Markt verfügbaren, allgemein anwendbaren CAD-Paketes. Entscheidend für die qualitative Bedeutung des CAD-Lieferanten wird in erster Linie die Sicherstellung der Funktion und Tätigkeit nach **Bild 9.5** sein. Die Wartung und Pflege der Software und die Implementierung der Software auf neuere, leistungsfähigere oder kosten-

günstigere Hardware werden dabei im Vordergrund stehen müssen. Der CAD-Anwendungsvorbereiter hat die Aufgabe, das allgemein anwendbare CAD-System auf die anwendungsspezifischen Belange aufzubereiten. Er wird neue, anwendungsspezifische Symbole entwickeln müssen und die Grundschaltungen in Schaltplanmodule beziehungsweise Makros umzusetzen haben. Auch die Erstellung spezieller Anwendungsdateien und -bibliotheken gehören zu seiner Aufgabe. Von großer Bedeutung ist die Variantenprogrammierung, d. h., bei Eingabe von auftragsabhängigen Daten werden bei deren Vollständigkeit automatisch die dazu passenden technischen Unterlagen erstellt. Der CAD-Benutzer wird so weit wie möglich auf den Automatismus des CAD zurückgreifen. Gelegentlich wird er aber auftragsbezogene Konstruktionslösungen einarbeiten müssen und ist dann gezwungen, sehr tief in das CAD-System einzusteigen. Damit beginnt dann auch das Rückmeldesystem an den Anwendungsvorbereiter und den Systembetreuer mit der Fragestellung, ob die auftragsspezifisch gelöste Schaltung in das Grundsystem eingearbeitet werden sollte. **Bild 9.6** zeigt die Struktur eines CAD-Systems und die Auswirkung des beschriebenen dreistufigen Verantwortungsbereiches. Als Ausgabegeräte stehen Plotter, Drucker und EPROM-Programmiergerät zur Verfügung. Die EPROMs mit dem Arbeitsprogramm der frei programmierbaren Steuerung werden bei diesem CAD-System interessanterweise nicht in der Fertigung, sondern vielmehr in der Konstruktionsabteilung erstellt und erst bei der Prüfung der Steuerung in die entsprechende Leiterplatte der Steuerung eingesteckt. Natürlich kann ein solches CAD-System sowohl erweitert werden, zum Beispiel durch ein CAD-Paket für das Leiterplattenlayout, als auch in kleinerem Rahmen nur für das Zeichen des Stromlaufplanes eingesetzt werden. Dabei sind dann die Software-Pakete auf kostengünstigen PCs lauffähig.

Bei Verwendung mehrer CAD-Arbeitsplätze, was üblicherweise den Regelfall darstellt, ergibt sich eine Hardware-Struktur nach **Bild 9.7**. Jeder Arbeitsplatz besteht aus einer Workstation, definitionsgemäß einem Bildschirmterminal mit Intelligenz vor Ort. Alle Arbeitsplätze sind in einem Netzwerk zusammengeschlossen und greifen damit auf denselben Speicher zurück. Die Organisation des Netzwerkes wird vom Netzwerkrechner übernommen, der auch die zentralen Ausgabegeräte in dieser Hardware-Struktur

verwaltet. Dies sind in diesem Fall mehrere Plotter zur Erstellung der Zeichnungen und ein komfortabler Drucker für Fertigungsunterlagen. Von jedem Arbeitsplatz werden direkt ein kleinerer Drucker für die Datenblätter und Stücklisten und das EPROM-Programmiergerät bedient. Nach Abschluß der Arbeiten am Bildschirm wird die auftragsbezogene Software vom Benutzer auf einer Diskette je Auftrag abgespeichert und in dieser Form in der auftragsbezogenen Dokumentation archiviert. Als redundante Maßnahme werden dieselben Daten einige Zeit auf dem zentralen Speicher gesichert und danach auf Bändern zentral archiviert. Somit kann im Kundendienst und bei Modernisierung beziehungsweise bei Änderungen darauf zurückgegriffen werden. Von der Anwendung des CAD in der Steuerungstechnik wird erwartet, daß aus der großteils automatischen Generierung der Schaltungsunterlagen eine Reduzierung des Arbeitsaufwandes und vor allem auch eine höhere Qualität der technischen Unterlagen bezüglich Fehlerfreiheit, Vollständigkeit und Sauberkeit der Darstellung resultiert. In **Bild 9.8** ist das automatische Zusammenfügen des Stromlaufpla-

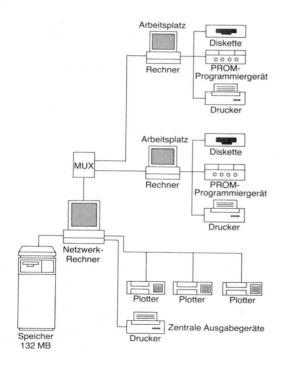

Bild 9.7 Gestaltung der CAD-Arbeitsplätze

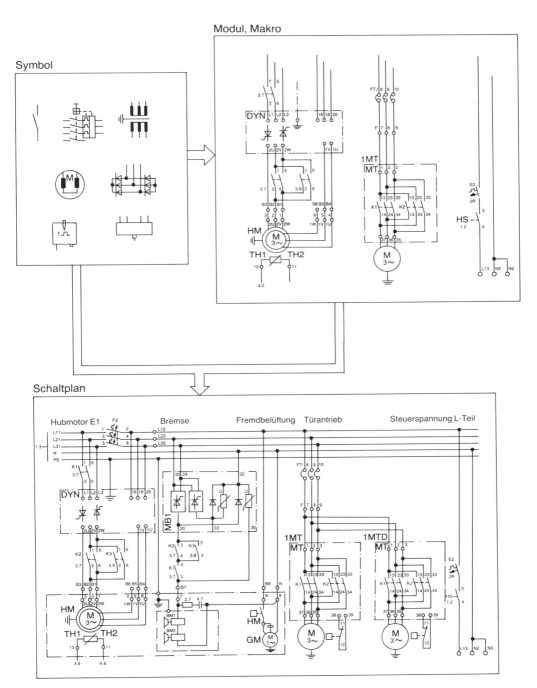

Bild 9.8 Generierung eines Schaltplans aus Symbol und Modul

nes aufgrund von Schaltungssymbolen und von Grundschaltungsmodulen beziehungsweise Zeichnungsmakros dargestellt. Auch der gesamte Schaltplan kann bei entsprechender Aufbereitung im Logikprogramm durch den CAD-Anwendungsvorbereiter in seiner Gesamtheit und mit allen Bezeichnungen aufgerufen werden. An diesem Beispiel wird noch einmal der Unterschied zwischen der konventionellen Arbeitsmethode und der Anwendung von CAD gemäß **Bild 9.4** deutlich. In beiden Fällen kann mit der Grundschaltungstechnik gearbeitet werden. Bei konventionellem Vorgehen wird dann das Grundschaltungs-Modul bei jeder Anwendung neu gezeichnet oder als Klebefolie in den Stromlaufplan eingeklebt.

Das Zusammenwirken zwischen mehreren Schaltplanunterlagen und die Kontrolle der Schaltplanunterlagen untereinander auf Vollständigkeit der Symbole, Verbindungen und Bezeichnungen zeigt das **Bild 9.9**. Es soll damit deutlich gemacht werden, daß mit CAD in der Schaltplantechnik nicht nur Kosten eingespart werden können, sondern darüber hinaus die Qualität der technischen Unterlagen wesentlich verbessert werden kann. Dies hat wiederum einen kostensenkenden Effekt, denn eine fehlerhafte Dokumentation verursacht nicht übersehbare und damit kalkulierbare Folgekosten, zum

Beispiel in Form von Nacharbeitungskosten, Kundendienstkosten und Kosten für die Störungsbehebung, nicht gerechnet den dadurch entstehenden Imageverlust des Unternehmens.

Am Beispiel des *Schnellmontagesystems* einer Herstellerfirma soll gezeigt werden, mit welchen Projektierungshilfsmitteln bei geringstem Zeitaufwand die günstigste Gerätedisposition, d. h. in diesem Fall die Anordnung der einzelnen Schaltgeräte in einem Schaltkasten, gefunden werden kann. Zunächst wird nach Art eines Puzzles-Spiels im Maßstab 1:2,5 die Gerätefläche im Schaltkasten und damit auch die Größe des Schaltkastens bestimmt. Hierzu stellt der Hersteller eine kunststoffbeschichtete Leinwand mit den vorgezeichneten Größen der Schaltkästen zur Verfügung. Aus vorgedruckten, kartonierten Blättern werden die Puzzles ausgeschnitten, die dem einzelnen Mindestplatzbedarf der verschiedenen Gerätetypen der Größe nach und in demselben Maßstab entsprechen. Mit einer Zeichenschablone, die ebenfalls den Mindestplatzbedarf der Geräte im Maßstab 1:10 ergibt, wird die endgültige Gerätedisposition in ein vorbereitetes Formblatt eingetragen. Dieses Formblatt ist bereits fertiger Bestandteil der technischen Unterlagen.

Die Verdrahtungsunterlagen werden meist als Verdrahtungstabellen erstellt. Auch hierfür gibt

Aufgabe des Konstrukteurs	Lösung	
	konventionell	mit CAD
Ableiten von Unterlagen aus dem Stromlaufplan	• Zusammenstellen der Bauteile • Sortieren der Bauteile nach Einbauorten • Hinzufügen der Bauteile-Spezifikationen • Überprüfen der Listen	• Automatisches Erstellen der Listen, sortiert nach Einbauorten, mit Spezifikationen • Hinzufügen zusätzlicher Bauteile (nicht im Plan enthalten)
Kontrolle Schaltplan	• Kontrolle der Symbolverwendung • Kontrolle der Vollständigkeit von Verbindungen	• Automatische Übernahme von Symbolen aus Datei • Automatische Verbindungs- und Plausibilitätskontrolle

Bild 9.9   Automatisches Ableiten weiterer Schaltplanunterlagen und selbständige Kontrolle durch das CAD-System

Schaltkästen   Schaltschränke

Steuerpulte

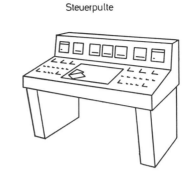

Schaltschränke

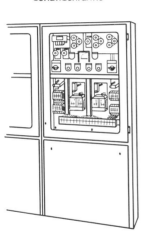

Schaltergerüste

Einbauplatten

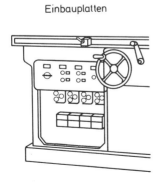

Leuchtwarten

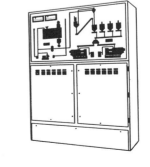

Bild 9.10   Bauformen von Steuerungen

es fertig vorbereitete Formblätter (siehe Kapitel 2.5.2.3). Der hierfür notwendige Aufwand richtet sich in erster Linie nach der Fertigungsart. Bei Serienfertigung sollten die Verdrahtungstabellen auch für Hilfskräfte lesbar sein. Will man darüber hinaus die Verdrahtungsarbeiten teilweise automatisieren, ist eine eindeutige Zielbezeichnung von großer Wichtigkeit (Tabelle 2.3, Kapitel 2.5.1).

Die rein äußere Bauform der Steuerung richtet sich in erster Linie nach den örtlichen Verhältnissen am Aufstellungsort. Im allgemeinen sollte ein staubdichter, spritzwassergeschützter Schaltschrank in der Schutzart IP 54 bevorzugt werden. Nur wenn es aufgrund der abgegebenen Verlustleistungen von eingebauten Geräten unumgänglich ist, sollte der Schaltschrank belüftet werden. Die Schutzart wird dadurch auf IP 32 zurückgenommen. Am Schaltschrank sollten unbedingt Transportösen oder Haken angebracht sein. Wird die Steuerung in den besonders hierfür vorgesehenen Einbauraum einer Maschine montiert oder in einem Schaltkasten direkt an die Maschine angebaut, so muß bei vorhandenen mechanischen Schwingungen das Geräteblech über Gummimetallelemente schwingungsisoliert eingebaut werden. Geräte sollten im Steuerschrank mindestens 0,4 m und höchstens 2 m und Geräteanschlüsse und Zwischenanschlüsse mindestens 0,2 m über der Zugangsebene liegen. **Bild 9.10** zeigt eine Zusammenstellung üblicher Bauformen von Steuerungen. In den Türen sollte zur Aufbewahrung der technischen Unterlagen eine *Schaltplantasche* angebracht werden.

9.2 Herstellung und Prüfung

Bei der Herstellung von Steuerungen sollten die Geräte-Montageplatten oder -Montagerahmen außerhalb des Steuerschrankes fertiggestellt werden. Auf genügend Platz für Geräte, Leitungskanäle, Klemmleisten und für die Verdrahtung mit stärkeren Leitungen ist unbedingt zu achten. Vor allem ist ein ausreichender Reserveplatz auf der Montageplatte vorzusehen. Erfahrungsgemäß wird eine Steuerung häufig erweitert oder bei der Inbetriebnahme verbessert. Erfolgt die Verdrahtung in Leitungskanälen, so sollten diese auf keinen Fall voll belegt werden. Ein Kanal 60 mm × 60 mm kann z.B. max. 100 Drähte H07V-U mit 1,5 mm² Cu-Querschnitt fassen. Entsprechende Angaben sind von den Herstellern der Kabelkanäle zu erhalten. Die Bedienungshöhe der Befehlsgeräte und Nockenschalter sollte minimal 0,9 m und maximal 1,8 m betragen.

Für viele Geräte gibt es zur schnellen Montage *Bohrschablonen* (Bild 9.11). Kleinschütze, Zeitrelais, Überstromautomaten, Schmelzsicherungen und weitere Kleingeräte können auch auf *Schnellbefestigungsschienen* nach **DIN 46277** durch Aufschnappen montiert werden. Sind Geräte an drehbaren Türen montiert, so darf der Anschluß zum Geräte-Montagerahmen nur über flexible Leiter erfolgen. Alle Geräte und Klemmen müssen übereinstimmend mit den Schaltplänen gut sichtbar gekennzeichnet sein. 60 bis 80% aller Störungen in elektrischen Steuerungen treten durch schlechte oder lose Klemmstellen und durch Leiterbrüche auf. Alle Klemmstellen müssen deshalb besonders sorgfältig behandelt werden und gegen Selbstlockern gesichert sein. Von den einwandfrei ausgeführten Schutzleiteranschlüssen hängt die Bedienungs- und Funktionssicherheit der Steuerung ab. Es darf nur ein Schutzleiter an einer ausreichend dimensionierten Klemmstelle angeschlossen werden. Alle metallischen Konstruktionsteile im Steuerschank, die im Fehlerfall Spannung führen können, sind mit dem Schutzleiter zu verbinden.

Für die *Prüfung* von elektrischen Steuerungen sind in **VDE 0113, [13]** präzise Angaben gemacht worden. Man will damit erreichen, daß alle Steuerungshersteller nacheinheitlichen Gesichtspunkten ihre Steuerungen prüfen, damit ein gleichmäßiger Qualitätsstandard erwartet werden kann. Der Reihe nach sind folgende **Prüfungen** vorgeschrieben:

- ☐ Messung des Isolationswiderstandes
- ☐ Spannungsprüfung
- ☐ Messung des Widerstandes in der Schutzleiter-Strombahn
- ☐ Funktionsprüfung im Leerlauf bei allen Steuerungen
- ☐ Funktionsprüfung unter Last bei serienmäßig gefertigten Steuerungen nur als Typprüfung, bei einzeln gefertigten Steuerungen als Stückprüfung.

Wenn die Steuerung das Herstellerwerk verläßt, muß bei der weiteren Handhabung während der

148

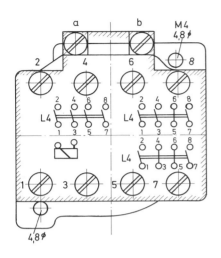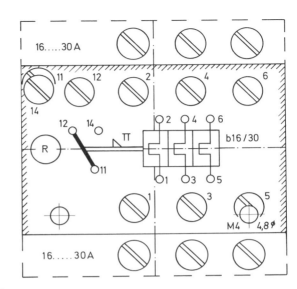

Bild 9.11   Bohrschablonen für Schaltgeräte

Montage und bei der Inbetriebnahme unbedingt davon ausgegangen werden, daß im Steuerschrank kein Fehler ist. Deshalb ist eine sorgfältige Prüfung Voraussetzung für die erfolgreiche Montage und Inbetriebnahme.
Für den Transport sind die Steuerung und die eingebauten Geräte ausreichend gegen Beschädigung zu schützen. Schwere Bauteile, wie z.B.

Transformatoren, oder besonders empfindliche Geräte, wie Meßgeräte, Regler und elektronische Baugruppen, sollten eventuell für den Transport ausgebaut und getrennt verschickt werden. Entsprechende Kennzeichnungen auf den *Verpackungen* gewährleisten höhere Sorgfalt auf den Transportwegen.

9.3   Montage und Inbetriebnahme

Die technischen Unterlagen der Steuerung müssen Angaben über die *Aufstellung des Steuerschrankes* und einen eindeutigen Anschlußplan bzw. eine Anschlußtabelle enthalten (Kapitel 2.5.2.3). Vor der *Inbetriebnahme* der Steuerung müssen auch die Montagearbeiten überprüft werden. Vor allem bei den Anschlußarbeiten können sich leicht Fehler einschleichen. Sinnvoll ist auch die Teilinbetriebnahme jeder einzelnen Funktionsgruppe. Zunächst könnte z.B. der Hauptstromkreis in Betrieb genommen werden, ohne daß die rein informationsverarbeitenden Baugruppen dabei mitwirken. Die Drehrichtung von Motoren kann so geprüft und auch die Maschine oder Anlage selbst auf ihre Funktion hin kontrol-

liert werden. Sehr bewährt hat sich in der Praxis die Aufstellung einer **Inbetriebnahmeanleitung** in Form einer Checkliste, in der die Inbetriebnahme in Einzelschritte aufgeteilt wird und die darüber hinaus alle notwendigen *Meß- und Einstellwerte*, z.B. von Zeitrelais, enthält. Immer öfter werden in den letzten Jahren die Anschlüsse der Steuerleitung im Steuerschrank und an den Maschinen- und Anlageteilen über Mehrfachstecker gesteckt. Diese erfordert aber eine exakte Planung der Anschlußtechnik, da bei Anwendung der *Stecktechnik* Änderungen und Ergänzungen nur schwer durchzuführen sind. Es ist also zu empfehlen, vorwiegend bei seriengefertigten Steuerungen die externen Verbindungen zu stecken.

149

9.4   Wartung und Störungssuche

Für jede Steuerung soll nach **VDE 0113, 3.2.4.7** eine **Wartungsanleitung** erstellt werden, die folgende Angaben enthalten muß:

☐ Wartungsmaßnahmen
☐ Anweisungen für das Instandhalten, z.B. nach welcher Standzeit Verschleißteile ausgetauscht werden müssen
☐ Anweisungen für das Nachjustieren.

Bei der *Störungssuche* sollte man von den beiden am häufigsten auftretenden *Störungsarten* ausgehen. Lose Klemmstellen, Leiterbrüche und Kontaktversager, d.h. also unterbrochene Stromwege, bilden mit etwa 70% den größten Anteil. Erd-, Masse- und Körperschlüsse bilden erfahrungsgemäß mit 20% den zweitgrößten Anteil an den auftretenden Störungen. Kontaktkleben, Kontaktschweißen, verbrannte Spulen usw. sind weitere, häufig auftretende Fehler, die aber meist auf falsche Dimensionierung, z.B. durch Unkenntnis besonderer Netzverhältnisse, zurückzuführen sind.
Erfolgreiche und schnelle Störungssuche beruht vor allem auf einer großen Erfahrung. Das systematische Vorgehen bei der Störungssuche kann im stromlosen Zustand der Steuerung oder bei anliegender Steuerspannung erfolgen. In beiden Fällen geht man davon aus, daß ein geschlossener Stromweg anhand des Stromlaufplanes geprüft

werden muß. Voraussetzung für beide Meßverfahren ist die schnelle **Einkreisung des Fehlers** auf einen möglichst kleinen Bereich des Stromlaufplanes. Im allgemeinen genügt hierzu das Erkennen einer technologischen Fehlfunktion. Deshalb wird in immer stärkerem Maße der Funktionsschaltplan zur Störungs- und Fehlersuche herangezogen werden müssen. Auch die Kenntnis der genauen Lage aller Ausgangs- und Eingangselemente und vor allem deren Bezeichnungen und technologische Funktionen sind unerläßlich bei der Störungssuche.
Bei dem **stromlosen Verfahren** wird mit einem Durchgangsprüfer oder Widerstandsmeßgerät einmal der geschlossene Stromweg geprüft und zum anderen auch nach Erd- oder Masseschlußstellen gesucht.
Wird die Fehlersuche mit anliegender Steuerspannung durchgeführt, so wird mit einem Spannungsmesser vom Steuerpotential her der Stromweg verfolgt (Bild 9.12). Dabei liegt ein Meßkabel des Spannungsmessers ständig am Fußpunktleiter, der für die Messung das Bezugspotential darstellt. Sollten in diesem Zusammenhang starke Spannungsabfälle entlang des Fußpunktleiters beobachtet werden, so kann er als Ring geschlossen werden und darüber hinaus mehrfach mit dem Steuerpotential verbunden werden (Bild 9.13). Masse-, Körper- und Erd-

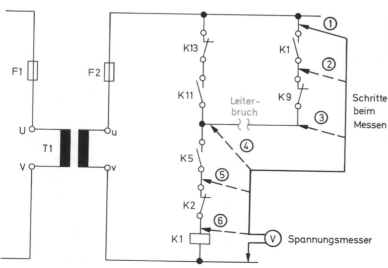

*Bild 9.12
Störungssuche mit
dem Spannungsmesser*

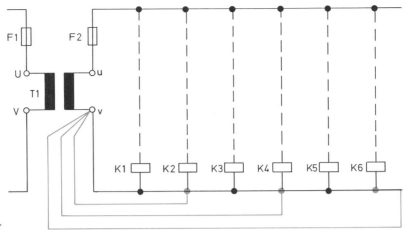

Bild 9.13
Maßnahmen zum
Potentialausgleich
am Fußpunktleiter

schlüsse werden häufig „freigebrannt". Der Stromweg wird durch Betätigen der Kontakte so weit geschlossen, bis die Erdschlußstelle erreicht ist und damit entweder die Sicherung oder die Erdschlußüberwachung anspricht (Bild 9.14). Diese Art der Störungssuche sollte aber nur auf Notfälle beschränkt bleiben, wenn z.B. keine Meßgeräte zur Verfügung stehen. Es ist dabei nämlich nicht auszuschließen, daß durch Kon-

taktverschweißung oder Bauelementezerstörung bei dieser Art der Störungssuche erst recht weitere Fehler und Störungen zustande kommen. In kontaktarmen Steuerungen und in Kleinrelaissteuerungen darf die Störungssuche mit Hilfe des Erdschlußstromes auf keinen Fall angewendet werden, da dort mit Sicherheit Kleinrelais und Halbleiterbauelemente zerstört würden.

Bild 9.14 Suche von
Erdschlußstellen durch
„Freibrennen"

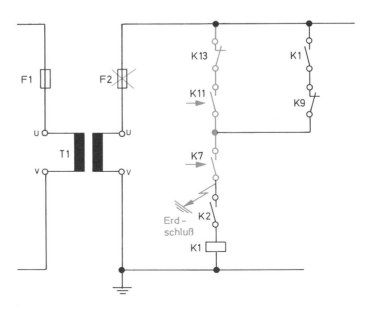

10 Fallstudie: Steuerung für einen Kübelaufzug

In dieser Fallstudie soll an einem einfachen Beispiel der Steuerungstechnik gezeigt werden, welche technischen Unterlagen dabei zur Anwendung gelangen können [64].

Nach der grundsätzlichen Beschreibung der Aufgabenstellung und der Berücksichtigung von Sicherheitsvorschriften werden die Pläne zur Darstellung der Anlagen-Funktion erläutert. Hierauf bauen die Pläne und Diagramme der Steuerungsfunktion auf, die wiederum die Basis für Pläne, Tabellen und Listen zum Aufbau und der Verdrahtung der Steuerung sind. Letztlich muß die Steuerung auch noch geprüft, montiert, installiert und in Betrieb genommen werden. Von großer Bedeutung sind auch die technischen Unterlagen zur Wartung und Störungsbehebung, womit die Verfügbarkeit der Anlage in nicht unerheblichem Maße beeinflußt werden kann.

10.1 Beschreibung der Steuerungsaufgabe

Da die *Fallstudie* vor allem die vielen möglichen und verschiedenartigen Schaltplanarten und technischen Unterlagen, die an einer elektrischen Steuerung vom Fachmann vorgefunden werden können, beschreiben und erläutern soll, wird hierfür ein möglichst einfaches Beispiel der Steuerungstechnik ausgewählt. Die nachstehende Beschreibung eines Kübelaufzuges enthält deshalb viele Vereinfachungen. Mit diesen Ausführungen wird also keine Bauanleitung für einen Kübelaufzug gegeben; vielmehr wird in das vielfältige Fachgebiet der Schaltplantechnik eingeführt.

Die **Tabelle 10.1** gibt anhand von Fragestellungen einen entsprechenden Überblick über die Schaltplantechnik. Insbesondere wird dabei auf Normen, Vorschriften und technische Regeln Bezug genommen, die zum Vertiefen des angesprochenen Sachzusammenhanges herangezogen werden können.

10.1.1 Funktion des Kübelaufzuges

Ein Kübelaufzug wird an der Ladestelle aus einem Vorratsbunker z. B. mit Sand beladen. Beladung und Mengenfestlegung werden am Bedienungsstand mit einer mechanischen Einrichtung durch das Bedienungspersonal von Hand vorgenommen: Nach Betätigung des Befehlstasters „AUF" wird die Aufwärtsfahrt des Kübels eingeleitet. An der Entladestelle angekommen, wird der Kübel mechanisch so geführt, daß er sich langsam und selbsttätig auf ein Förderband oder ein anderes geeignetes Fördergerät entladen kann. Über einen oberen Betriebsendschalter wird der Hubmotor abgeschaltet und gleichzeitig die obere Wartezeit eingeleitet, nach deren Ablauf ohne weiteren Bedienungseingriff der Kübel nach unten zur Ladestelle zurückfährt.

Nachdem vom Bedienungspersonal die Beladung einschließlich der Mengenfestlegung vorgenommen wurde, wird ein mechanischer Mitnehmer betriebsbereit gemacht, durch den dann bei der Aufwärtsfahrt des Füllstutzen des Vorratsbunkers automatisch hochgeklappt wird.

Durch den unteren Betriebsendschalter wird ebenfalls der Hubmotor abgeschaltet und außerdem die untere Wartezeit eingeleitet, nach deren Ablauf der Beladungsvorgang beendet sein muß, da die Aufwärtsfahrt des Kübels ohne neuerlichen Bedienungseingriff erfolgt.

Dieser Zyklus wiederholt sich solange, bis der Kübel durch Betätigung des „HALT"-Befehlstasters an der Ladestelle zur Ruhe gesetzt wird.

Der Kübelaufzug ist für Inspektionsbetrieb auszurüsten. Der Hubmotor kann dabei durch die „AUF"- oder „AB"-Befehltaster den Kübel auf- oder abwärts bewegen. Nach Loslassen der Befehltaster muß der Kübel unverzüglich stehen bleiben (sog. Totmannsteuerung). Auch eine selbsttätige Umschaltung der Fahrtrichtungen nach Ablauf der unteren oder der oberen Wartezeiten muß sicher verhindert sein.

Das *Technologieschema* des Kübelaufzuges zeigt das **Bild 10.1**. Mit einer möglichst einfachen

Tabelle 10.1 **Technische Unterlagen für die Steuerung eines Kübelaufzuges**
[5, 6, 11, 12, 13, 16, 52]

Fragestellungen → ↓	Wie wird dies dargestellt?	Welche Normen, Vorschriften, Bestimmungen und Richtlinien sind zu beachten?	Was wird damit erreicht?
Was soll die Anlage, die Maschine oder das Gerät tun?	☐ Aufgabenbeschreibung		In einer meist verbalen Beschreibung wird die Aufgabe der Steuerung möglichst genau definiert.
Welche besonderen Sicherheitsvorschriften müssen erfüllt werden?		UVV 18.1 (VBG 8) TRA 800 Entwurf DIN EN 110	Durch Beachtung der Vorschriften und technischen Regeln wird das notwendige Sicherheitsbedürfnis an der Anlage abgedeckt.
Wie funktioniert die Anlage, die Maschine oder das Gerät?	☐ Technologieschema ☐ Aufstellung der Ein- und Ausgangselemente ☐ Funktionsdiagramm ☐ Funktionsplan	DIN 19226 VDI 3260 DIN 40719, Teil 6	Vor Bearbeitung der Steuerung müssen die technologische Funktion der Anlage und die Trennstellen zwischen Anlage, Mensch und Steuerung festgelegt werden.
Wie funktioniert die elektrische bzw. elektronische Steuerung?	☐ Funktionsplan ☐ Übersichtsschaltplan ☐ Blockschaltbild ☐ Stromlaufplan ☐ Schaltfolgediagramm	DIN 40719, Teil 6 DIN 40719, Teil 4 VDE 0160 DIN 40719, Teil 3 DIN 40719, Teil 11	Die Funktion der elektrischen Steuerung wird damit umfassend beschrieben.
Wie ist die Steuerung aufgebaut?	☐ Dimensionierung und Auswahl der Schaltgeräte ☐ Gerätestückliste ☐ Anordnungsplan	VDE 0100, 0113, 0160 VDE 0660 u. a. DIN 40719, Teil 10 UVV 7.0 (VBG 4)	Geräte und Aufbau der Steuerung werden festgelegt.
Wie wird die Steuerung verdrahtet und angeschlossen?	☐ Verdrahtungsplan oder Verdrahtungstabelle, Verbindungsplan oder Verbindungstabelle ☐ Anschlußplan	DIN IEC 113, Teil 6 DIN IEC 113, Teil 5 DIN 40719, Teil 9	Die Verdrahtung, Prüfung und Installation der Steuerung kann mit diesen Unterlagen ohne Kenntnis der einzelnen Steuerungsfunktionen vorgenommen werden.
Wie wird die Steuerung geprüft, montiert und in Betrieb genommen?	☐ Prüfanweisung ☐ Leitungsplan, Installationstabelle ☐ Kabelverzeichnis ☐ Montage- und Inbetriebnahmeanweisung	VDE 0113, 0160	
Wie wird die Steuerung gewartet und wie werden Störungen gesucht?	☐ Wartungsanweisung	VDE 0113 UVV 7.0 (VBG 4)	Ein fester Wartungszyklus nach Betriebszeit oder Schaltzahl wird festgelegt und die Störungssuche z. B. mit Checklisten erleichtert.

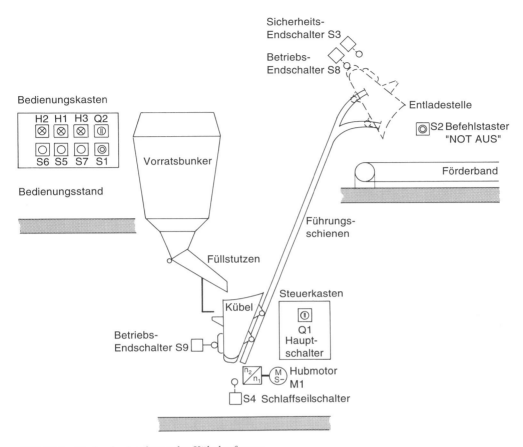

Bild 10.1   Technologieschema des Kübelaufzuges

Zeichnung soll alles Wesentliche zur Anordnung, zur Konstruktion und zum technologischen Funktionsprinzip der Anlage oder des Gerätes ausgesagt werden. Vor allem muß das Technologieschema alle Trennstellen zwischen Anlage oder Gerät einerseits und elektrischer Steuerung andererseits enthalten und auch deren Montageort zeigen.

Nach der Festlegung beim Entwurf des Funktionsschaltplanes müssen auch die Kennzeichnungen der elektrischen Betriebsmittel in dem Technologieschema nachgetragen werden. Zum besseren Verständnis ist dies aber für das Beispiel der Fallstudie im **Bild 10.1** bereits vorgenommen worden.

10.1.2   Anwendung von Sicherheitsvorschriften

Durch die Bezeichnung „Kübelaufzug" werden für die Einhaltung der notwendigen *Sicherheitsbedingungen* zunächst die technischen Regeln für Aufzüge herangezogen werden, die in der TRA 800 „Bau-Güteraufzüge von mehr als 200 kg Tragfähigkeit" niedergelegt sind. Hierin sind in den Abschnitten 860 und ff die Mindestanforderungen für die elektrische Ausrüstung beschrieben.

Nach § 24 der Gewerbeordnung, Artikel 3, „Verordnung über Aufzugsanlagen (Aufzugsverordnung – AufzV) § 1 (4) 15", sind die beschriebenen Kübelaufzüge jedoch keine Aufzugsanlagen im Sinne dieser Verordnung. Begründung:

☐ Sie besitzen nur eine Ladestelle;

☐ sie dienen nur zur Güterbeförderung;

155

Tabelle 10.2
Ein- und Ausgangs-
elemente der
Steuerung

Informationsfluß in der Steuerung

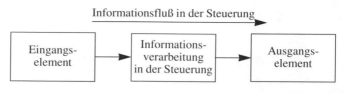

Wirkungs- bzw. Einbauort	Eingangselemente		Ausgangselemente	
	Funktion	Kenn-zeichnung	Funktion	Kenn-zeichnung
1. Anlage 　Ladestelle	Betriebsschalter „Kübel unten"	S9	Aufzugsgetriebe-motor mit Trom-melwinde und Ankerbremse	M1
	Schlaffseitschalter	S4		
Entladestelle	Betriebsend-schalter „Kübel oben"	S8		
	Notendschalter „Oben"	S3		
	Befehlstaster „Not – Aus"	S2		
2. Bedienungs-kasten	Befehlstaster „Not –Aus"	S1	Meldeleuchte „Aufzug Auf"	H2
	Befehlstaster „Halt"	S5	Meldeleuchte „Aufzug Ab"	H3
	Befehlstaster „Auf"	S6	Meldeleuchte „Aufzug betriebs-bereit"	H1
	Befehlstaster „Ab"	S7		
	Steuerschalter „Inspektionsfahrt"	Q2		
3. Steuerkasten	Hauptschalter	Q1		

☐ sie können zum Beladen nicht betreten werden;
☐ ihr Lastaufnahmemittel, also der Kübel, wird am Ende der Fahrbahn durch selbsttätiges Kippen oder Aufklappen entladen.

Es kommt daher die Unfallverhütungs-Vorschrift UVV 18.1 (VBG 8) der Berufsgenossenschaften zur Anwendung. Für unsere Fallstudie werden hieraus folgende zusätzlichen Sicherheitsbedingungen abgeleitet und in die Steuerung eingearbeitet:

☐ Es wird ein oberer Notendschalter eingesetzt. Zum Überprüfen dieses Notendschalters muß der obere Betriebsendschalter überbrückt sein.
☐ Anstelle eines unteren Notendschalters wird an der Trommelwinde des Hubmotors ein Schlaffseilschalter angebracht.
☐ Der Rotor des Trommelwinden-Hubmotors ist konusförmig ausgebildet. Die Betriebsbremse wird durch federkraftbetätigte Axialverschiebung des Rotors beim Abschalten des Hubmotors ohne weitere, zusätzliche elektromagnetische Betätigungseinrichtung wirksam gemacht.

10.1.3 Ein- und Ausgangselemente der Steuerung

In Anlehnung an die Darstellung in DIN 19226 und nach dem allgemeingültigen *Entwurfsprinzip*, nach dem vor Erarbeitung der Steuerungsfunktionen die Ein- und Ausgangselemente einer Steuerung genau festgelegt werden müssen, zeigt **Tabelle 10.2** eine Aufstellung aller Ein- und Ausgangselemente für die vorliegende Fallstudie Kübelaufzug. Die Auflistung erfolgt nach Funktion und Kennzeichnung und berücksichtigt den Wirkungs- bzw. Einbauort, der dem Technologieschema des **Bildes 10.1** entnommen wurde.

10.1.4 Funktionsdiagramme und Funktionspläne

Als Beispiele für die möglichen Darstellungsarten der Funktion einer Anlage oder eines Gerätes sollen bei der „Fallstudie Kübelaufzug" die mehr maschinenbauorientierten **Funktions- und Ablaufdiagramme** gemäß der VDI-Richtlinie 3260 herangezogen werden.
Demgegenüber ist die Darstellung bei den **Funktionsplänen** nach DIN 40719, Teil 6, bereits mehr steuerungsorientiert, ohne daß allerdings auf die Schaltungstechnik Bezug genommen wird. D. h. diese Darstellungsart ist steuerungstechnisch neu-

tral. Es liegt also beispielsweise noch nicht fest, ob eine elektrische Steuerung, eine elektronische Steuerung oder eveteull auch eine pneumatische Steuerung zum Einsatz gelangt.

10.1.5 Funktions- und Ablaufdiagramme nach VDI 3260

Diese Darstellungsart eignet sich insbesondere für *Ablaufsteuerungen*. Es wird zwischen dem Funktionsdiagramm nach **Bild 10.2** und dem Ablaufdiagramm nach **Bild 10.3** unterschieden. In der Darstellung des *Funktionsdiagrammes* wird der Zusammenhang zwischen den wichtigsten **Zuständen** an der Anlage, also bei unserer Fallstudie den Zuständen

☐ Aufzug ist oben
☐ Aufzug ist unten
☐ Kübel ist voll
☐ Kübel ist leer

und dem errechneten, zeitlichen Ablauf dargestellt. Damit kann aus dem **Bild 10.2** die notwendige Zeit für ein Arbeitsspiel des Kübelaufzuges und die Dauer der oberen und unteren Wartezeit entnommen werden. Eine kritische Stelle könnte z. B. bei ① auftreten, da dabei der Kübel durch das Bedienungspersonal von Hand beladen werden muß und somit von nicht eindeutig erfaßbaren

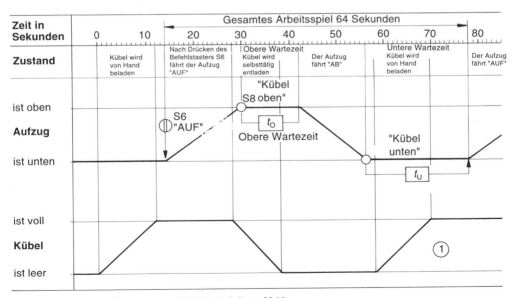

Bild 10.2 Funktionsdiagramm nach VDI-Richtlinie 3260

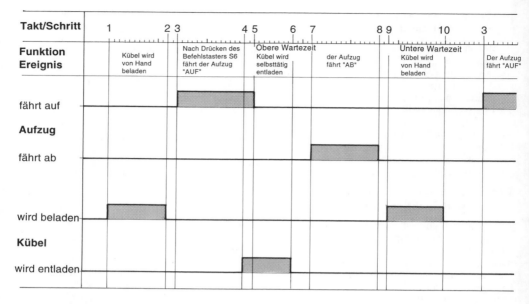

Takt/Schritt	1	2 3	4 5	6 7	8 9	10	3

Funktion Ereignis

- Kübel wird von Hand beladen
- Nach Drücken des Befehlstasters S6 fährt der Aufzug "AUF"
- Obere Wartezeit / Kübel wird selbsttätig entladen
- der Aufzug fährt "AB"
- Untere Wartezeit / Kübel wird von Hand beladen
- Der Aufzug fährt "AUF"

fährt auf

Aufzug

fährt ab

wird beladen

Kübel

wird entladen

Bild 10.3 Ablaufdiagramm nach VDI-Richtlinie 3260

Umständen abhängen kann. Der Zeitbereich für die untere Wartezeit t_u ist auf jeden Fall wesentlich größer zu wählen als für die obere Wartezeit t_o.

In **Bild 10.2** ist auch die funktionale Auswirkung von Ein- und Ausgangselementen und von wichtigen Signalgebern zu erkennen. Die Art der Darstellung ist dabei sehr einfach gehalten. So sind also in unserem Beispiel die Beeinflussung der Funktion durch den Befehlstaster „AUF" S6 und durch die Betriebsendschalter „Kübel oben" S8 und „Kübel unten" S9 dargestellt. Auch die Wirkung der Signalgeber „Obere Wartezeit t_o" und „Untere Wartezeit t_u" ist aus dem **Bild 10.2** zu entnehmen.

Das *Ablaufdiagramm* nach **Bild 10.3** ist mit den Darstellungsmitteln der allgemein sehr häufig anzutreffenden *Balkendiagramme* aufgebaut. Es wird die Abhängigkeit der an der Anlage auftretenden **Ereignisse** von der Folge der Takte oder Schritte dargestellt. Ereignisse im Sinne dieser Diagramme sind für unser Beispiel:

☐ Aufzug fährt auf
☐ Aufzug fährt ab
☐ Kübel wird beladen
☐ Kübel wird entladen

Es ist ohne weiteres möglich, den zeitlichen Ab-

lauf und die Folge der Takte bzw. Schritte in einem gemeinsamen Maßstab aufzutragen.

Die Anwendung der VDI-Richtlinie 3260 ist vor allem für **Ablaufsteuerungen** geeignet, da bei diesen in der Steuerung von einem takt- oder schrittweisen Weiterschalten, abhängig von entsprechenden Prozeßsignalen (also von Eingangselementen der Steuerung), oder auch von Zeitbedingungen ausgegangen wird. Wenn aber der schrittweise Ablauf innerhalb der Steuerung fehlt und deshalb eine sog. Verknüpfungssteuerung vorliegt, sind Funktions- und Ablaufdiagramme dieser Art nur schwer anzuwenden.

10.1.6 Funktionspläne nach DIN 40719, Teil 6

Die dabei gewählten Darstellungsarten eignen sich sowohl für *Ablaufsteuerungen*, als auch für *Verknüpfungssteuerungen*. Es steht damit eine allgemein anwendbare und eigenständige Schaltplanart zur Verfügung, mit der eine problemorientierte Darstellung der Funktionen einer Steuerung, unabhängig von der Art der verwendeten Betriebsmittel, der Leitungsführung, dem Einbauort u. ä. erreicht wird.

Die Einschaltfunktion für den Kübelaufzug, erstellt mit den Regeln von DIN 40719, Teil 6, zeigt das **Bild 10.4**. Da der Kübelaufzug eine Ablaufsteuerung erhält, sind in den Funktionssymbolen

Bild 10.4 Einschaltfunktion für den Kübelaufzug in der Darstellung nach DIN 40 719, Teil 6

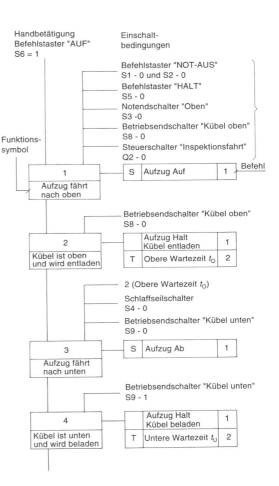

die Nummern des jeweiligen Ablaufschrittes und die Bezeichnung dieser Ereignisse bzw. Funktionen eingetragen. Die Symbole der Befehle enthalten drei Felder: Im größeren, mittleren Feld wird die Wirkung des Befehles erläutert; das linke Feld weist auf die Art des Befehles hin, während im rechten Feld des Befehlssymbols die fortlaufende Nummer des Befehls, bezogen auf den jeweiligen Funktionsschritt, eingetragen wird. Befehlsarten sind in unserem Beispiel der Fallstudie
S für gespeicherte Befehle und
T für zeitlich begrenzte Befehle.
Befehle werden von Ablaufschritt zu Ablaufschritt weitergeschaltet, wenn die Einschaltbedingungen, wie in **Bild 10.4.** für unser Beispiel dargestellt, erfüllt sind.
Bei konsequenter Anwendung der Funktionspläne kann zumindest weitgehend auf verbale Beschreibungen innerhalb einer Dokumentation verzichtet werden. Damit dient der Funktionsplan vor allem auch als Verständigungsmittel zwischen Hersteller und Anwender einer Steuerung. Er erleichtert somit das Zusammenwirken der verschiedenen Fachdisziplinen und Arbeitsbereiche untereinander. Es ist darüber hinaus üblich, in einer sog. **Grobstruktur** nur die wesentlichen Eigenschaften der zu lösenden Steuerungsaufgabe darzustellen, also gewissermaßen wie in der Form einer verbalen Zusammenfassung oder Kapitelüberschrift vorzugeben. In der **Feinstruktur** werden dann alle erforderlichen Details übersichtlich und eindeutig dargestellt.

10.2 Erläuternde Schaltpläne und Diagramme

Durch erläuternde Schaltpläne gemäß DIN 40719, Blatt 1, soll die Arbeitsweise elektrischer Steuerungen, also die Steuerungsfunktion gezeigt werden. Hierzu gehören Übersichtsschaltpläne und Blockschaltbilder, die eine Schaltung in vereinfachter Darstellung beinhalten und nur wesentliche und für das Verständnis unabdingbare Teile berücksichtigen. Stromlaufpläne sind die ausführliche Darstellung einer Schaltung mit ihren Einzelheiten und zeigen die gesamte Arbeitsweise einer elektrischen Steuerung. Mit Ersatzschaltplänen werden besondere Stromkreiseigenschaften

analysiert und sie werden außerdem als Grundlage für die Berechnung der Stromkreise verwendet.
Erläuternde Tabellen und Diagramme dienen dem Zweck, das Lesen der Schaltpläne zu erleichtern und zusätzliche, schaltungstechnische Angaben zu vermitteln. Zeitablaufdiagramme und -tabellen sowie Schaltfolgediagramme und -tabellen zeigen zeitliche oder schaltungstechnische Beziehungen zwischen verschiedenen Vorgängen und ihren Zeitabhängigkeiten bzw. zwischen den Zuständen der verschiedenen Betriebsmittel.

159

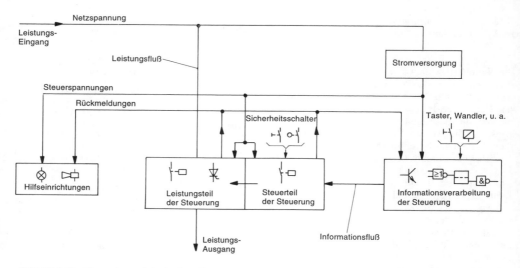

Bild 10.5 Struktur einer elektrischen Steuerung in Anlehnung an VDE 0160

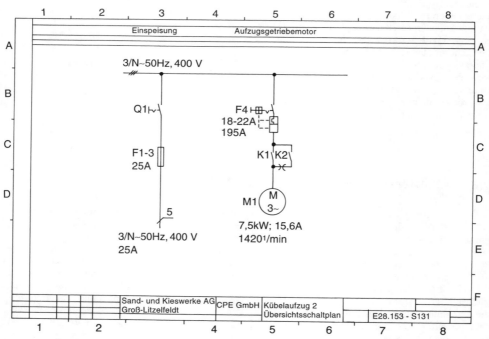

Bild 10.6 Übersichtsschaltplan des Kübelaufzuges

10.2.1 Übersichtsschaltpläne

Der Übersichtsschaltplan soll durch seine vereinfachende Darstellung einen schnellen Überblick über Aufgabe, Aufbau, Gliederung und Wirkungsweise einer elektrischen Steuerung geben. Einzelheiten der Steuerung sollen nur insoweit dargestellt werden, wie sie für den Überblick und die grundsätzlichen Zusammenhänge notwendig sind.

Legt man für die Steuerung nach **Bild 10.5** die Struktur gemäß VDE 0160 zugrunde, so zeigt der Übersichtsschaltplan vorwiegend die Schaltungsteile, die im Leistungsfluß der Steuerung angeordnet sind. Gerätetechnisch werden damit also die Leistungsschütze und Geräte der Leistungselektronik erfaßt.

Wie **Bild 10.6** zeigt, wird das Drehstrom-Dreileitersystem dabei einpolig dargestellt. Bei dieser einpoligen Darstellung werden die Leiter des Drehstromsystems und die mehrpoligen Betriebsmittel durch einpolige Schaltzeichen dargestellt. Die Anschlußbezeichnungen der Betriebsmittel und die Klemmen können entfallen. Die tatsächlich vorhandene Leiteranzahl bzw. die Polzahl der Betriebsmittel kann durch die entsprechende Zahl von schrägen Querstrichen oder durch einen Querstrich mit der daneben angeschriebenen Anzahl der Leiter oder Pole des Mehrleitersystems angegeben werden. Sofern allerdings keine Verwechslungsgefahr besteht, sollten diese zugunsten einer übersichtlicheren Darstellung nur an den absolut notwendigen Stellen, z. B. bei der Einspeisung und dem Drehstrom-Verteilungssystem angebracht werden.

Als *Zeichnungsformat* wird das in DIN 40719 allgemein empfohlene und in den Beispielen dieser Norm ausschließlich verwendete Schaltplan-Formblatt in der Originalgröße DIN A3 gewählt. Durch diese bei richtiger Anwendung für alle Schaltpläne gleichbleibende Formatart und -größe können sehr einfach sog. Schaltungsbücher mit allen Schaltungsunterlagen einer Steuerung zusammengestellt werden. Art und Aufbau des Schriftkopfes können den Beispielen dieser Fallstudie entnommen werden. Wie in der Kartographie seit langem üblich, können auch in den Schaltplänen exakt einzelne Planabschnitte gekennzeichnet werden. Die senkrechten Planabschnitte werden mit den Ziffern von 1 bis 8, die waagerechten Planabschnitte mit den Großbuchstaben A bis F gekennzeichnet. So kann beispielsweise die Lage des Motors M 1 im Übersichtsschaltplan des **Bildes 10.6** mit D5 angegeben werden. Häufig ist es aber üblich, nur die senkrechten Planabschnitte zur Lagebestimmung in den Schaltplänen zu verwenden. Damit lassen sich die Stromwege bestimmen, was in den weitaus meisten Fällen vollkommen ausreicht.

Der Übersichtsschaltplan soll alle zum Schaltungsverständnis notwendigen technischen Nenn- und Einstelldaten enthalten. Dies ist gerade zum raschen Erlangen einer Übersicht, z. B. bei der Störungssuche, von großer Bedeutung. Für Sicherungen und Schutzgeräte sollte der Nennstrom oder der Einstellstrom angegeben werden. Für Motoren sind die wichtigsten Nenndaten z. B. Leistung, Strom und Betriebsdrehzahl. Für die Dimensionierung der Netzzuleitung an der Einspeisung sollten die tatsächlich zu erwartenden Belastungswerte eingezeichnet sein, die bei Schalthäufigkeitsmotoren wie im vorliegenden Fall u. U. höher liegen können als die Nennwerte der Antriebsmotoren.

10.2.2 Entwurfssystematik von Stromlaufplänen

Der Stromlaufplan wird nach der vorgegebenen Aufgabe entwickelt. Es sind grundsätzlich drei Lösungswege denkbar:

☐ Beim **intuitiven Lösungsweg** wird die Schaltung in erster Linie aufgrund von Erfahrung und Wissen – und manchmal auch durch Probieren (empirisch) erarbeitet. Dieses Lösungsverfahren läßt sich nicht objektivieren. Es ist deshalb zu erwarten, daß für ein und dieselbe Schaltungsaufgabe von den Schaltungstechnikern unterschiedliche und mehr oder weniger optimale Aufgabenlösungen vorgelegt werden.

☐ Beim **mathematischen Lösungsweg** wird durch Anwendung der aus der Booleschen Algebra entstandenen Schaltalgebra die Schaltung durch mathematische Gleichungen beschrieben und gefunden.

☐ Beim **Lösungsweg mit Grundschaltungen** wird die Schaltungsaufgabe durch Zusammenfügen bereits erprobter Schaltungsbausteine, eben der Grundschaltungen, erarbeitet. Grundschaltungen in diesem Sinne können vom Umfang her sowohl kleinere als auch komplette Schaltungen von Werkzeugmaschinen sein. Entscheidend ist die Wiederverwendbarkeit bei ähnlichen Steuerungsaufgaben. Notwendige schaltungstechnische Ergänzungen zur Anpassung der Grundschaltung an eine neue, veränderte Aufgabenstellung werden meist intuitiv erarbeitet, sie können natürlich aber auch mit Hilfe der Schaltalgebra gesucht werden.

In der vorliegenden Fallstudie Kübelaufzug wird

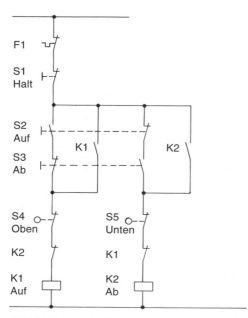

Bild 10.7 Grundschaltung aus einem Schaltungs-buch

zungen der beschriebenen Grundschaltung. Im einzelnen sind dies:

□ **Erforderliche Sicherheitsschalter**
Not-Aus-Schlagtaster
Not-Endschalter oben
Schlaffseilschalter der Trommelwinde

□ **Inspektionsfahrt**
Steuerschalter mit Hilfsschütz

□ **Erweiterte Schutztechnik** für den Aufzugsge-triebemotor, der als Schalthäufigkeitsmotor in der Betriebsart S3 nach VDE 0530 betrieben wird.
Motorschutzschalter für den Kurzschlußschutz.
Motorvollschutz mit Kaltleiterfühlern in den Mo-

Tabelle 10.3 Schaltungstechnische Ergänzungen der Grundschaltung

Funktion	Schaltgerät			
Sicherheits-Schalter	Not-Aus-Taster		Notendschalter Oben	
	S1 $\quad^1_2$	S2 $\quad^1_2$	S3 $\quad^1_2$	S4 $\quad^1_2$
Inspektions-fahrt	Steuerschalter Ein Aus			
	Q2 $\quad^3_4$			
Schutz-technik	Motorschutzschalter		Motor-Kaltleiterschutz	
	F4 $\quad^{13}_{14}$		A1 [ϑ>] $\quad^{95}_{96}$	
Wartezeiten	Wartezeit unten		Wartezeit oben	
	S9 unten $\quad^3_4$ K3 $\square$ $\begin{smallmatrix}A1\\A2\end{smallmatrix}$		S8 oben $\quad^3_4$ K4 $\square$ $\begin{smallmatrix}A1\\A2\end{smallmatrix}$	
Melde-leuchten	F4 F5 S1 S2 S3 S4			
			H1 ⊗ Betriebsbereit $\quad^1_2$	
	K1 $\quad^{43}_{44}$ H2 ⊗ Auf $\quad^1_2$		K2 $\quad^{43}_{44}$ H3 ⊗ Ab $\quad^1_2$	

die letztgenannte Lösungsmethode angewendet. Aus einem Schaltungsbuch, wie es von allen größeren Schaltgeräteherstellern zur Verfügung gestellt wird, wurde die Grundschaltung des **Bildes 10.7** ausgewählt. Abgesehen von den Bezeichnungen der Schaltgeräte, die natürlich noch nicht mit den für die Fallstudie bereits getroffenen Festlegungen der **Tabelle 10.2** übereinstimmen, enthält die Grundschaltung nach **Bild 10.7** bereits die wesentlichen Merkmale des zu entwerfenden Stromlaufplanes.

Durch Drücken des Tasters S2-Auf zieht das Schütz K1-Auf an und hält sich über einen Selbsthaltekontakt. Nach Betätigen des Endschalters S 4-Oben fällt das Schütz K1 wieder ab. Dasselbe Spiel wiederholt sich für das Schütz K2-Ab nach Drücken des Tasters S3-Ab, wobei das Schütz K2 durch den Endschalter S5-Unten abgeschaltet wird. Der Hilfskontakt des Motorschutzgerätes F1 und der Halt-Taster S1 haben als Sicherheitskontakte dominierende Ausschaltfunktion. Sowohl die Taster S2 und S3, als auch die Schütze K1 und K2 sind jeweils durch Öffnerkontakte gegeneinander verriegelt.

Tabelle 10.3 zeigt nun die gemäß Aufgabenstellung notwendigen, schaltungstechnischen Ergän-

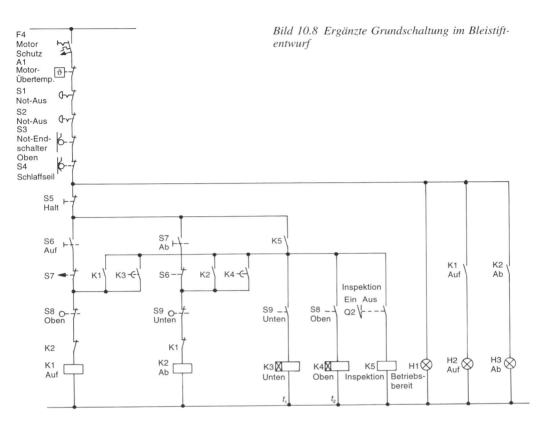

Bild 10.8 Ergänzte Grundschaltung im Bleistiftentwurf

10.2.3 Der verdrahtungsgerechte Stromlaufplan

torwicklungen für den Schutz gegen unzulässige Übertemperatur des Motors.

☐ **Wartezeit-Funktion** für den automatischen Ablauf der Kübelfahrten.
Wartezeit unten,
Einstellbereich 20 … 120 s.
Wartezeit oben,
Einstellbereich 10 … 60 s.

☐ **Meldeleuchten**
Anzeige „Betriebsbereit";
grüne Meldeleuchte (H1)
Anzeige „Kübel Auf";
weiße Meldeleuchte (H2)
Anzeige „Kübel Ab";
weiße Meldeleuchte (H3)
In die Grundschaltung eingearbeitet erhält man damit die ergänzte Grundschaltung des **Bildes 10.8,** die noch im sog. Bleistiftenwurf vorliegt. Er dient als Grundlage für die Erstellung des verdrahtungsgerechten Stromlaufplanes nach den Forderungen von DIN 40719, Teil 3 und von VDE 0113.

Nach **DIN 40719, Teil 3** gilt:
Der Stromlaufplan ist die ausführliche Darstellung einer Schaltung mit ihren Einzelheiten. Er zeigt und erläutert durch übersichtliche Darstellung der einzelnen Stromwege die Wirkungsweise einer elektrischen Schaltung. Im Stromlaufplan darf die übersichtliche Darstellung der Wirkungsweise durch die Wiedergabe gerätetechnischer und räumlicher Zusammenhänge nicht beeinträchtigt werden.
Zum Zweck des Stromlaufplanes wird gesagt, daß er die elektrischen Betriebsmittel einer Anlage und ihr Zusammenwirken so übersichtlich darstellen muß, damit das Lesen der Schaltung erleichtert wird. Ein Stromlaufplan muß die Wirkungsweise eines Betriebsmittels, einer Teilanlage oder Anlage in möglichst einfacher Weise erkennen lassen und die Prüfung, Wartung und Fehlerortung ermöglichen.

Vom Inhalt her muß ein Stromlaufplan mindestens enthalten:

☐ Die Schaltung, z. B. die schaltungstechnische Lösung eines technologischen Problems durch das sinnvolle Zusammenwirken elektrischer Betriebsmittel, dargestellt mit Hilfe von Schaltzeichen.

☐ Kennzeichnung der Betriebsmittel einschließlich der Anschlußbezeichnungen nach DIN 40719, Teil 2

☐ Angaben im Schriftfeld nach DIN 6771, Teil 5

Da der Stromlaufplan üblicherweise auch für Zwecke der Instandhaltung verwendet wird, sollte er darüber hinaus noch folgendes enthalten:

☐ Die vollständige Darstellung Der Betriebsmittel (beispielsweise Spule und Kontaktwerk eines Schützes), sofern sie nicht in zugehörigen Datenblättern o. ä. enthalten sind

☐ Hinweisbezeichnungen als Hilfe zum besseren Auffinden von Schaltzeichen und des Zielortes (sog. korrespondierende Kennzeichnung)

☐ Technische Daten, z. B. Strom-, Spannungs-, Widerstands- und Einstellwerte, Auslösebereiche usw.

☐ Typenbezeichnungen der Betriebsmittel, sofern diese nicht aus besonderen Betriebsmittellisten, Stücklisten o. ä. erkennbar sind

☐ Kurze Erläuterungen zu Stromkreisen und Stromwegen, meist in Form von Stichworten am oberen Zeichnungsrand

☐ Darstellung und Kennzeichnung aller Anschlußstellen wie Klemmen, Lötstützpunkte, Steckanschlüsse, Meßpunkte usw.

Auch in **VDE 0113** werden wichtige Ausführungsrichtlinien für den Stromlaufplan erstellt. Danach müssen die verschiedenen Stromkreise so dargestellt sein, daß sie sowohl das Verständnis, als auch die Wartung und die Fehlersuche erleichtern. Stromkreise müssen im Stromlaufplan getrennt dargestellt sein, wenn sie elektrisch getrennt sind und wenn sie verschiedene Arbeitsvorgänge betreffen. **Hauptstromkreise** werden durch ein- oder mehrpolig gezeichnete, waagerechte Linien dargestellt, von denen rechtwinkelig und in der Zeichenebene senkrecht nach unten Unterstromkreise abgehen, also praktisch zu jedem Stromverbraucher (z. B. Motor) und dessen Schutzeinrichtungen.

In **Steuerstromkreisen** wird jeder einzelne Stromkreis möglichst zwischen zwei oder mehreren waagerechten und parallelen Linien rechtwinkelig dazu abgehend als eine oder mehrere senkrechte, gerade Linien dargestellt. Die Stromversorgung der Steuerstromkreise muß eingezeichnet sein. Die stromverbrauchenden Teile der

Geräte (Spulen, Elektromagnete, Lampen usw.) sind in der Nähe des Leiters (sog. Fußpunktleiter) darzustellen, an dem sie direkt angeschlossen sind und der zu erden ist. Die Steuerkontakte sind mit dem anderen Leiter des Steuerstromkreises zu verbinden. Für das leichte Verständnis des Schaltplanes wird empfohlen, aufeinanderfolgende Arbeitsabläufe von links nach rechts oder von oben nach unten anzuordnen. Der Zweck jedes Stromkreises für den Arbeitsablauf muß klar angegeben sein.

Den in verdrahtungsgerechter Form ausgearbeiteten Stromlaufplan zeigen die **Bilder 10.9 und 10.10.**

Der Hauptstromkreis ist in **Bild 10.9** dargestellt, wobei in gewisser Weise der Übersichtsschaltplan von **Bild 10.6** wiederholt wird. Beim Vergleich der beiden Darstellungen fällt aber sofort auf, daß die Verdrahtung aus dem **Bild 10.6** in ihren Einzelheiten nicht zu erkennen ist und deshalb auch bei Inbetriebnahme- und Instandhaltungsarbeiten mit dieser Schaltplanart nicht überprüft bzw. verfolgt werden kann. Mit dem Stromlaufplan nach **Bild 10.9** dagegen läßt sich die Verdrahtung nicht nur genau kontrollieren, es kann auch mit wenigen zusätzlichen Angaben zu Leiterart, Leiterquerschnitt und Leiterfarbe die gesamte Steuerung verdrahtet werden. Im weiteren Verlauf dieser Aufsatzreihe werden die Schaltungsunterlagen zur Erläuterung der Verbindungen in einer Steuerung besprochen. Im Vergleich mit den verdrahtungsgerecht erstellten Stromlaufplänen lassen sich dann leicht Vor- und Nachteile einander gegenüberstellen.

Der Stromlaufplan des **Bildes 10.10** zeigt den Steuerstromkreis und die Meldestromkreise der Steuerung. Auch hierbei ist im Vergleich zum Bleistiftentwurf des **Bildes 10.8** zu erkennen, daß durch die Darstellung aller verdrahtungsrelevanten Einzelheiten eine wesentliche erweiterte Aussagekraft des Stromlaufplanes erreicht wird.

Der Stromlaufplan hat sich aus dem Wirkschaltplan entwickelt, eine Schaltplanart, die heute allerdings nicht mehr gebräuchlich ist. Der Stromlaufplan enthält waagerecht angeordnete *Potentiallinien* und senkrecht verlaufende *Stromwege*. Die Potentiallinie, an der alle Spulen mit einem „Fuß", bei Schützen mit der Spulenanschlußklemme A2 angeschlossen werden, wird deshalb häufig Fußpunktleiter genannt. Potentiallinien besitzen meist einen bestimmten Informationsgehalt, im **Bild 10.10** im Planabschnitt B2 bis B8 z. B.

[F4 ∧ $\overline{A1}$ ∧ $\overline{S1}$ ∧ $\overline{S2}$ ∧ $\overline{S3}$ ∧ $\overline{S4}$]

(sprich: F4 und „A1 nicht" und „S1 nicht" usw.)

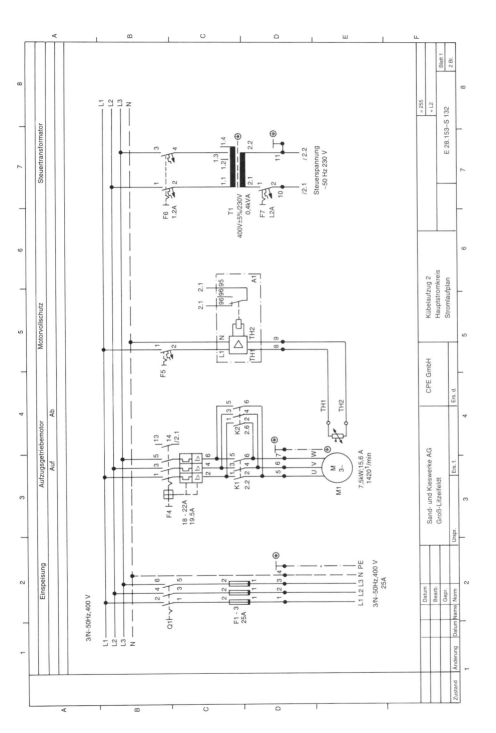

Bild 10.9 Verdrahtungsgerechter Stromlaufplan des Hauptstromkreises

165

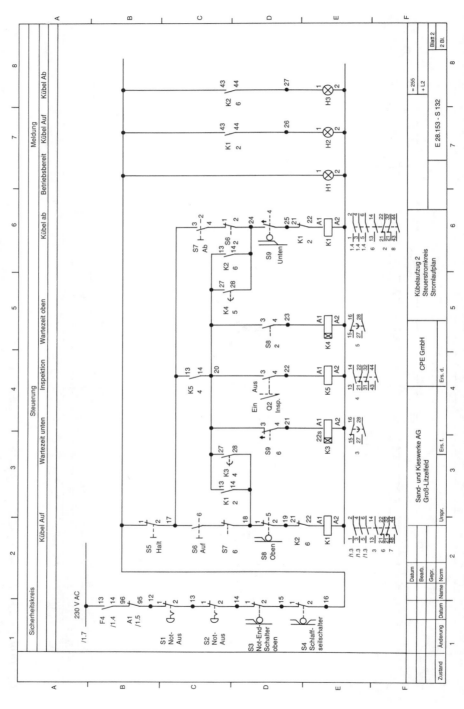

Bild 10.10 Verdrahtungsgerechter Stromlaufplan des Steuerstromkreises

in der Schreibweise, wie sie in der Schaltalgebra üblich ist. Unverzweigte Stromwege nennt man Stammstromwege. Bei ihrer Unterbrechung erhält man Ausschaltdominanz, d. h. also ein absolut sicheres Ausschalten der Schütze. Im **Bild 10.10** trifft dies für den *Sicherheitskreis* des Stromweges 1 zu.

Alle Schaltelemente im Stromlaufplan werden stets in spannungslosem Zustand dargestellt. Endschalter und andere automatisch wirkende Geber werden in ihrer Grundstellung gezeichnet. Z. B. ist im Stromweg 6 des **Bildes 10.10** der untere Betriebsendschalter S9 in betätigtem Zustand gezeichnet. Ein Doppelpfeil kennzeichnet in solchen Fällen einen von der Regeldarstellung abweichenden Betriebszustand.

Die Schaltzeichen sind grundsätzlich in Stromwegrichtung, also senkrecht in der Zeichenebene anzuordnen. Die Bewegungsrichtung der Schaltzeichen soll symbolisch in der Zeichenebene immer einheitlich von links nach rechts in der zeichnerischen Darstellung erfolgen. Dies vereinfacht das Lesen von Stromlaufplänen insbesondere dann, wenn viele Wechselkontakte oder in Grundstellung betätigte, automatische Kontaktgeber im Stromlaufplan gezeichnet sind.

Eine Ausnahme in **Bild 10.10** bildet der Betriebsendschalter S9, da er nicht in Ruhestellung gezeichnet ist.

Alle Geräte müssen eindeutig und einheitlich nach DIN 40719, Teil 2, gekennzeichnet sein. Klemmenbezeichnungen stehen auf der rechten Seite des Schaltzeichens, Gerätebezeichnungen stehen links vom Schaltzeichen. Unter der Gerätebezeichnung kann der Hinweis auf einen Planabschnitt erfolgen, um auf andere Teile des Schaltgerätes, z. B. die Betätigungsspule des Schützes oder den Betätigungsstößel des Endschalters, zu verweisen. Meist genügt dabei die Bezeichnung des Stromweges, evtl. unter Hinweis auf andere Blätter desselben Stromlaufplanes (/2.3 bedeutet z. B. Blatt 2, Stromweg 3, wobei der schräge Strich als vorangestelltes Trennzeichen deutlich auf ein anderes Blatt hinweist).

Falls die Steuerung einen fest eingeprägten Funktionsablauf enthält, so ist dieser dem Stromlaufplan vorzugsweise von oben nach unten und von links nach rechts einzuprägen, um damit das Lesen des Schaltplanes zu erleichtern. Wie bereits erwähnt, wird entsprechendes auch in VDE 0113 empfohlen.

Außerordentlich wichtig ist eine vollständige, korrespondierende Kennzeichnung der einzelnen Schaltgeräte und Baugruppen. Am leichtesten

läßt sich dies am Beispiel eines Schützes erklären. Unterhalb der Schützspule ist das komplette Kontaktwerk des Schützes mit den Klemmenbezeichnungen der Schützkontakte dargestellt. Vor die verdrahteten Kontakte sind die Stromwegnummern eingezeichnet, in denen sich dieser Kontakt befindet. Umgekehrt wird unterhalb der Gerätekennzeichnung am Kontakt die Stromwegnummer geschrieben, bei dem sich die Spule dieses Schaltgerätes befindet. Erst mit dieser Kennzeichnung wird es möglich, bei dringenden Instandhaltungsarbeiten ein rasches Erkennen der Schaltfunktionen zu erreichen.

10.2.4 Schaltfolgediagramme

In **DIN 40719, Teil 11** wird ausgeführt, daß mit dieser Schaltungsunterlage zusätzliche, erläuternde Angaben für Schaltpläne dargestellt werden können. In Schaltfolgediagrammen kann die funktionelle Folge der Schaltzustände von Betriebsmitteln einer Steuerung oder eines Teiles der Steuerung dargestellt werden. Es gibt damit in Verbindung mit dem Stromlaufplan einen Überblick über den Funktionsablauf innerhalb der Steuerung und zeigt die Aufeinanderfolge von einzelnen Schaltvorgängen. Die Darstellung ist üblicherweise nicht zeitproportional. Schaltfolgediagramme können sowohl zur Kontrolle des eigenen Steuerungsentwurfes, als auch zum Lesen eines Stromlaufplanes herangezogen werden. Sie unterstützen die erläuternde und beschreibende Wirkung des Stromlaufplanes.

Tabelle 10.4 zeigt ausschnittweise das Schaltfolgediagramm für die Steuerung des Kübelaufzuges. Es kann, wie gezeichnet, tabellenartig mit festen Formblättern erstellt werden. Die waagerechten Wirkungslinien stellen zusammenhängende Schaltvorgänge dar, während die senkrechten Linien in den Spalten der Schaltgeräte bzw. Betriebsmittel deren aktiven Betätigungszustand anzeigen. Die gestrichelten senkrechten Linien stellen bereits erregte, aber noch nicht betätigte, anzugsverzögerte Zeitrelais dar. Deren Verzögerungszeit in Sekunden wird in die dafür unterbrochenen, gestrichelten Linien eingetragen. Die waagerechten Wirkungslinien können zur Erhöhung der Übersichtlichkeit auch unterbrochen und an den Abbruchstellen mit entsprechenden Kennziffern versehen werden. Von der Aussageabsicht der Schaltfolgediagramme ist eine gewisse Ähnlichkeit zu dem Ablaufdiagramm des **Bildes 10.3** nach der VDI-Richtlinie 3260 nicht zu übersehen.

Tabelle 10.4 Schaltfolgediagramm gem. DIN 40 719, Teil 11

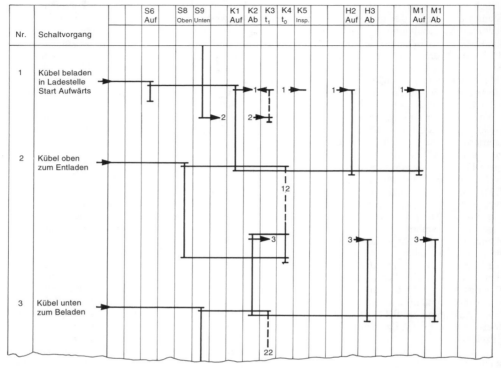

10.3 Festlegung der Betriebsmittel

Bevor nun die weiteren technischen Unterlagen erstellt werden, die den Aufbau und die Verbindungstechnik der Steuerung beschreiben, müssen die durch die Schaltungstechnik bereits festliegenden *Betriebmittel* dimensioniert werden. An einigen Beispielen des Hauptstromkreises und des Steuerstromkreises soll gezeigt werden, in welcher Weise dabei vorgegangen wird. Mit den so erarbeiteten Daten werden dann die entsprechenden Schaltgeräte und Verbindungsmittel der Steuerung festgelegt und in einer Stückliste dokumentiert. Damit wird als Grundlage der Verbindungs- und Installationstechnik der Anordnungsplan für den Schaltkasten und den Bedienungskasten erstellt.

10.3.1 Betriebsmittel im Hauptstromkreis

Der Antriebsmotor M1 des Kübelaufzuges liegt bereits fest: Es ist eine Trommelwinde mit Getriebemotor, Nennleistung $P_N = 7,5$ kW und Nennstrom $I_N = 15,6$ A. Der Motor hat einen Verschiebeanker, der auf eine mechanische Bremse wirkt und wird in Aussetzbetrieb S3/S4 gemäß VDE 0530 betrieben.

Bild 10.11 zeigt das Anfahrdiagramm des Motors in Aufwärts- und Abwärtsfahrt. Die Abwärtsfahrt hat mit leerem Kübel praktisch einen Leeranlauf, wobei der Einschaltstrom des Motors rasch auf etwa den halben Nennstrom zurückgeht. Bei Aufwärtsfahrt dagegen mit vollem Kübel klingt der Einschaltstrom des Motors nur langsam auf den Nennstrom ab, der bei überlastetem Kübel oder verschmutzten und schwergängigen Führungen des Kübels auch einen höheren Wert annehmen kann. Für die Dimensionierung der Schaltgeräte und Verbindungsmittel wird daher $I_m = 1{,}25\,I_N$ als mittlere Strombelastung durch den als *Schalthäufigkeitsmotor* arbeitenden Aufzugsgetriebemotor M1 zugrunde gelegt.

Die vom Motor M1 erreichten Fahrtenzahlen lassen sich aus dem Funktionsdiagramm des **Bildes 10.2** ermitteln. Es sind nicht ganz 60 Fahrten pro Stunde bei 45% Einschaltdauer. Damit können jährlich 100 000 Schaltspiele für die Dimensionierung der Schaltgeräte festgelegt werden. Nach VDE 0660 sind die Schaltschütze K1 und K2 nach der *Gebrauchskategorie* AC 3 für den Kübelaufzug auszuwählen; d. h. es können damit Drehstrom-Käfigläufermotoren angelassen und abgeschaltet werden. Für die mechanische Lebensdauer wird die **Geräteklasse** D3 nach VDE 0660 angewendet, die $3 \cdot 10^6$ Schaltspiele insgesamt, bzw. 1500 Schaltspiele pro Stunde zuläßt. Damit ist sichergestellt, daß die Schaltgeräte-Lebensdauer bei normalem Betrieb mit den festgelegten Daten auf jeden Fall höher ist als die Maschinen-Lebensdauer.

Bei festliegender Netzspannung und bereits ausgewähltem Antriebsmotor werden die Leistungsschütze nach dem **Nenn-Betriebsstrom** ausgewählt. Für unseren Fall sind es Leistungsschütze mit dem Nenn-Betriebsstrom $I_{emax} = 16$ A. Deren maximales **Einschaltvermögen** liegt bei 320 A, während das maximale **Ausschaltvermögen** mit 450 A angegeben ist. Diese Werte werden in der vorliegenden Antriebsschaltung nicht erreicht. Für den Kurzschlußschutz der Schütze wird eine maximale Sicherungsgröße von 35 A gL vorgeschrieben, wobei (gL) das Klassifikationsmerkmal der Sicherung nach VDE 0636, Teil I ist. Die mechanische Lebensdauer wird mit $20 \cdot 10^6$ Schaltspielen angegeben, wobei 3600 Schaltspiele pro Stunde nicht überschritten werden sollen. Die elektrische Lebensdauer für die Gebrauchskategorie AC 3 kann aus einem **Auswahldiagramm** des Schützherstellers abgeleitet werden. Bei einem Drehstromnetz mit 400 V, 50 Hz und einer Motornennleistung von $P_N = 7{,}5$ kW kann aus diesem Diagramm die elektrische Mindest-Lebensdauer von $2 \cdot 10^6$ Schaltspielen ermittelt werden. Der maximale Anschlußquerschnitt an den Hauptkontakten der Leistungsschütze wird mit 2 x 6 mm² fein- oder eindrähtig angegeben.

10.3.2 Schutzgeräte im Motorstromkreis

Nach VDE 0113 sollen Motoren für Schaltbetrieb mit häufigem Anlaufen und Bremsen mit in den Wicklungen eingebauten Temperaturfühlern vor

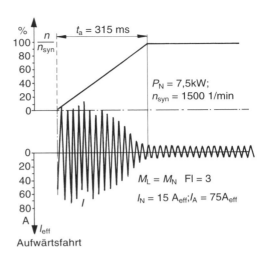

Aufwärtsfahrt

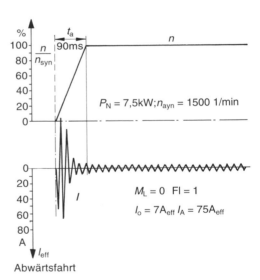

Abwärtsfahrt

Bild 10.11 Anfahrdiagramme des Kübelaufzuges

Überlastung geschützt werden. In Sonderfällen ist es erforderlich, zusätzlich in der Zuleitung einen Überlastschutz vorzusehen. Der Motorstromkreis selbst muß gegen die Auswirkungen eines Kurzschlusses geschützt sein.

Bezüglich des *Überlastschutzes von Motoren* gibt es grundsätzlich zwei Wirkungsprinzipien:

□ Direkte Messung der Wicklungstemperatur mit Temperaturfühlern, z. B. Kaltleiterwiderständen, die im Wickelkopf des Motors eingebunden werden und somit den Motor optimal gegen Übertemperaturen schützen. Wie bereits erwähnt, soll diese Schutzart grundsätzlich für Motoren im Schaltbetrieb angewendet werden.

□ Messung des Motorstromes, meist mit sog. Bimetallauslösern und damit indirekte Temperaturmessung. Bei kurzzeitigen Stromspitzen durch häufiges Anlassen und Bremsen des Motors kann jedoch ein frühzeitiges und ungewolltes Ansprechen der Bimetallauslöser erfolgen, ohne daß die Wicklung bereits unzulässig erwärmt ist.

Der **Kurzschlußschutz** in Motorstromkreisen kann entweder durch entsprechend dimensionierte Schmelzsicherungen oder durch Motorschutzschalter mit elektromagnetischer Schnellauslösung erfolgen. Bei Schmelzsicherungen besteht die Gefahr, daß bei Durchschmelzen nur einer Sicherung der Motor im Zweiphasenlauf weiterbetrieben wird, was wiederum u. U. von den Kaltleiterfühlern in der Motorwicklung nicht schnell genug erfaßt werden kann. Motorschutzschalter dagegen unterbrechen den Stromkreis in solchen Fällen wohl dreipolig, öffnen aber andererseits den Stromkreis durch Kontakte, die nur bis zu einer bestimmten Stromstärke verschweißungssicher abschalten. Entsprechend den Angaben der Motorschutzschalter-Hersteller muß deshalb zum Schutz gegen das Verschweißen der Kontakte dem Motorschutzschalter eine Schmelzsicherung vorgeschaltet werden. Dabei werden allerdings normalerweise mehreren Motorschutzschaltern nur eine gemeinsame Gruppensicherung vorgeschaltet, wobei es häufig üblich ist, diese als NH-Sicherungen in einem dreipoligen Sicherungstrenner einzubauen und somit noch zusätzlich eine Trennschalterfunktion zu erhalten. Wie bereits erwähnt wurde, sind auch die Leistungschütze K1 und K2 ebenso wie der Hauptschalter Q1 durch vorgeschaltete Schutzgeräte, als z. B. durch die Schmelzsicherungen F1...3 gegen Verschweißen zu schützen.

Aus all diesen Gründe wird für den Kübelaufzug die Schutztechnik gewählt, die in dem Übersichts- und dem Stromlaufplan der **Bilder 10.6 und 10.9** bereits schaltplanmäßig dargestellt wurde: Direkt hinter den Eingangsklemmen und vor dem Hauptschalter Q1 sind die Schmelzsicherungen F1...3 mit je 25 A Sicherungs-Nennstrom und träger Auslösecharakteristik angeordnet. Sie übernehmen neben den bereits beschriebenen Funktionen auch den Schutz der Leitungen innerhalb des Steuerschrankes gegen Überlastung.

Gemäß der neuen VDE 0100, Teil 430 und Teil 523, Gruppe 1, sowie der VDE 0113 A2 ergibt sich nach der Zusammenstellung in **Tabelle 10.5** im Hauptstromkreis der Steuerung ein Leiterquerschnitt von 6 mm² Cu bei Verdrahtung in Leitungskanälen, wie es für den Schaltkasten des Kübelaufzuges vorgesehen ist. Die Zuleitung zum Kübelaufzug erfolgt mit einer mehradrigen Mantelleitung, so daß nach VDE 0100, Teil 430 und Teil 523 für die Strombelastbarkeit und die Leitungsschutzsicherung die Gruppe 2 der **Tabelle 10.5** zugrunde gelegt werden kann. Bei gleichem Leiterquerschnitt kann damit die Forderung nach selektivem Abschalten der Schutzorgane erfüllt werden. Um einen Zweiphasenlauf des Motors zu vermeiden, und als selektiv wirkenden Kurzschlußschutz für den Motorstromkreis wird den Schützen K1 und K2 der Motorschutzschalter F4 vorgeschaltet, dessen Bimetallauslöser auf die mittlere Strombelastung Im = 19,5 A eingestellt wird. Den eigentlich thermischen Überlastschutz des Motors M1 übernimmt das Motorvollschutzgerät A1, das die Widerstandszunahme der kaltleiterfühler in der Motorwicklung auswertet und durch seinen Kontakt A1, 95–96 den Sicherheitskreis im **Bild 10.10** unterbricht.

10.3.3 Betriebsmittel im Steuerstromkreis

Hauptsächlich Dimensionierungsgesichtspunkte für den Steuerstromkreis sind
□ Stromversorgung des Steuerstromkreises
□ Art und Höhe der Steuerspannung
□ Größe des Steuertransformators
□ Schutzmaßnahmen im Steuerstromkreis
□ Länge der Steuerleitung
Tabelle 10.6 zeigt einige der wichtigen Beurteilungskriterien im Vergleich zwischen Gleichstrom- und Wechselstrom-Betätigungsspannung im Steuerstromkreis. Für den Kübelaufzug wurde 230 V AC ~, 50 Hz gewählt, da die Steuerung mit Industrieschaltgeräten nach VDE 0660 aufgebaut werden soll und eine hohe **Fehlschaltsicherheit** F erreicht werden soll. Nach in Versuchen ermittelten Zusammenhängen gilt z. B. bei wechselstrombetätigten Schaltgeräten

$$F \sim \frac{1}{U^2}$$

D. h., die Steuerspannung ist so hoch wie möglich zu wählen. Deshalb empfiehlt VDE 0113 bisher für den Steuerstromkreis von Maschinensteuerungen 230 V AC ~, 50 Hz. Im Entwurf DIN IEC

Kenn-querschnitt der Leitung (Cu)	Strombelastbarkeit von Leitungen			Zuordnung von Leitungsschutz-sicherungen	
	VDE 0113 A2 im Leitungskanal	VDE 0100, Teil 523		VDE 0100, Teil 430	
		Gruppe 1	Gruppe 2	Gruppe 1	Gruppe 2
mm²	A	A	A	A	A
0,5	6	–	–	–	–
0,75	9	–	12	–	6
1	12	11	15	6	10
1,5	15,5	15	18	10	10
2,5	21	20	26	16	20
4	28	25	34	20	25
6	36	33	44	25	35
10	50	45	61	35	50

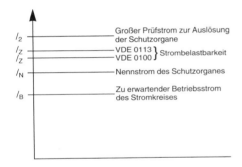

Tabelle 10.5 Auswahltabelle „Nennquerschnitt von Leitungen in Steuerungen"

44(CO) 48/VDE 0113 werden als Vorzugswerte für Werkzeugmaschinen 110 V ~, 50 Hz und 115 V ~, 60 Hz angegeben. Hauptgrund für diese Empfehlung dürfte die Anpassung an den internationalen Markt sein.

10.3.4 Steuertransformator

Bei Wechselstrom-Betätigungsspannungen kann der Steuerstromkreis auch direkt aus dem Netz mit geerdetem Mittelleiter versorgt werden. Dies ist insbesondere bei kleinen Steuerungen mit nur wenigen Schaltschützen häufig üblich. Besondere Sorgfalt ist dabei bei der Dimensionierung der Schutzorgane im Steuerstromkreis aufzuwenden, da u. a. bei Kurzschlüssen das Verschweißen von Kontakten durch die sehr niedrige Kurzschlußimpedanz der Netze leichter auftreten kann. Zur Erhöhung des Personenschutzes und zum Erfassen von unvollständigen Erd- und Körperschlüssen kann der Steuerstromkreis noch zusätzlich durch einen FI-Schutzschalter geschützt werden.

Steuertransformatoren sollen gemäß VDE 0113 bei Steuerungen vorzugsweise verwendet werden, die z. B. mehr als 5 elektromagnetische Betätigungsspulen haben und bei denen viele Betriebsmittel außerhalb des Steuerschrankes angeordnet sind. Sie sollen getrennte Wicklungen aufweisen und hinter dem Hauptschalter vorzugsweise zwischen zwei Außenleitern des Drehstromnetzes angeschlossen werden. Um bei Erdschlüssen unbeabsichtigte Schaltfunktionen und damit gefährliche Betriebszustände zu vermeiden, sollen nach VDE 0113 die Steuerstromkreise einseitig geerdet werden.

Die Verwendung eines Steuertransformators bietet demgemäß drei Vorteile:

□ Bei Kurzschlüssen im Steuerstromkreis wird durch die Impedanz des Steuertransformators der Kurzschlußstrom auf einen verhältnismäßig niedrigen Wert begrenzt, z. B. bei dem Steuertransformator der Fallstudie auf ca. 35 A.

□ Steuertransformatoren machen netzunabhängig

Tabelle 10.6 Vergleich zwischen Wechselstrom- und Gleichstrombetätigungsspannung im Steuerstromkreis

Beurteilungskriterium	Art der Betätigungsspannung bei Relais und Schaltschützen	
	Gleichstrom	Wechselstrom
1. Vorzugswerte Häufig gebräuchlich	12 V, 24 V, 48 V, 180 V 24 V	24 V, 48 V, 110 V, 230 V 230 V
2. Einfluß der Bauart der Betriebsmittel	Besonders geeignet für Relais	Besonders geeignet für Schaltschütze
3. Steuerspannung hohe Werte > 100 V	☐ Hauptanwendung Industrieschaltgeräte Kritisch beim Abschalten von 1A bis 5A	Sehr hohe Fehlschalt- sicherheit Durch Einfluß der Kabel- kapazität nur geringe Leitungslängen möglich bei Hilfsschützen
niedrige Werte < 50 V	☐ Schutzkleinspannung möglich ☐ Betriebsmittel können einfacher aufgebaut sein durch geringere Abstände zwischen aktiven, spannungsführenden Teilen untereinander und gegen Gehäuseteile	Hoher Spannungsabfall begrenzt die zulässige Leitungslänge

4. Stromversorgung des
   Steuerstromkreises
 	
   Gerätetechnik und
   Größe des Transformators
	Aufwendiger, mind.
	Transformator und
	Gleichrichter erforderlich
		Größere Transformator-
		leistung erforderlich wegen
		der hohen Einschaltströme
		der Schütze
		
		Bei 220 V direkter Anschluß
		an das Netz ohne Steuer-
		transformator möglich.

5. Auswirkungen auf die Schutztechnik	Geringeres Ausschalt- vermögen der Kontakte bei gleicher Bauart z. B. bei 180 V– und 230 V AC ~ $I_{e\sim} = 15 \cdot I_{e=}$ bei 24 V– und 230 V AC ~ $I_{e\sim} = 2,5 \; I_{e=}$	
6. Kosten	Relais: Günstiger durch einfacheres Magnetsystem	Schütze: Günstiger bei gleicher Gerätegröße

□ Durch den Steuertransformator besteht die Möglichkeit einer galvanischen Trennung des Steuerstromkreises vom Hauptstromkreis.

Für die Berechnung der Größe des *Steuertransformators* gibt es recht gut anwendbare Näherungsverfahren. Zunächst werden alle Halteleistungen der gleichzeitig angezogenen Leistungs- und Hilfsschütze und die Leistung von Meldegeräten ermittelt; dann werden die Anzugsleistungen der praktisch gleichzeitig ansprechenden Leistungs- und Hilfsschütze hinzuaddiert. Die entsprechenden Steuerungsfunktionen können aus dem Schaltfolgediagramm der **Tabelle 10.4** entnommen werden. Zu berücksichtigen sind die unterschiedlichen Leistungsfaktoren $\cos\varphi$ bei Anzug und Halten der Betätigungsspulen. Weiterhin sind zur Sicherheit noch zwei Reduzierungsfaktoren zu berücksichtigen: Als Gleichzeitigkeitsfaktor für Halte- und Anzugserregung wird meist 0,8 angenommen und bei Einbau in Schaltkästen mit höherer Schutzart als IP 21, was normalerweise der Fall ist, wird der Reduzierungsfaktor ebenfalls mit ca. 0,8 angesetzt.

10.3.5 Schutzmaßnahmen im Steuerstromkreis

Ausgehend von den Empfehlungen der VDE 0113 wird der Steuerstromkreis geerdet betrieben. Als *Schutzmaßnahme* nach VDE 0100 ist deshalb bei Steuerspannung 230 V AC ~, 50 Hz die Nullung anzuwenden. Alle Maßnahmen, z. B. die sorgfältige Handhabung und Verlegung des Schutzleiters und die in regelmäßigen Abständen durchzuführenden Prüfungen der Schutzmaßnahmen auf ihre Wirksamkeit gemäß UVV 7.0 (VBG4) entsprechen damit der allgemein üblichen Vorgehensweise in der Gebäudeinstallationstechnik.

Der Steuerstromkreis wird auf der Sekundärseite mit einem Kleinselbstschalter 2A abgesichert, der in Sonderausführung eine L-Auslösecharakteristik nach VDE 0641 erhalten muß. Damit kann der Steuerstromkreis bezüglich Überlastung, Kurzschluß und Schweißsicherheit der Kontakte ausreichend geschützt und die Nullungsbedingungen im geerdeten Steuerstromkreis mit der relativ hohen Kurzschlußimpedanz des Steuertransformators können nach VDE 0100 erfüllt werden.

Interessant ist in diesem Zusammenhang, daß nach VDE 0113 der Steuerstromkreis nach einem Steuertransformator nur gegen Kurzschluß geschützt werden muß. Bestimmend für die Art und Größe des Schutzorganes ist deshalb häufig der Leiterquerschnitt und damit der Leitungsschutz

im Steuerstromkreis gegen Überlastung. nach VDE 0100, Teil 523 ist der Mindestquerschnitt von Leitungen in Schaltanlagen bis 2,5 A Stromstärke 0,5 mm² Cu. Im neuen Entwurf DIN IEC 44 (CO) 48/VDE 0113 werden allerdings weitergehende Anforderungen an den Mindestquerschnitt gestellt bezüglich der Verlegung innerhalb oder außerhalb von Gehäusen, ein- oder mehradriger Leitungen und flexibler Leitungen, die häufiger Bewegung ausgesetzt sind.

10.3.6 Lange Steuerleitungen

Für die Bemessung der technisch notwendigen Leiterquerschnitte der Steuerleitungen wird der ohmsche Spannungsabfall unter den ungünstigsten Belastungsverhältnissen zugrunde gelegt. Bei wechselstromerregten Schaltschützen ist außerdem die Kabelkapazität zu berücksichtigen, die unter ungünstigen Umständen zu einer Fehlinformation über den Funktionszustand eines Stellgliedes, z. B. eines Endschalters führen kann. **Bild 10.12** zeigt diesen Zusammenhang für einen Endschalter, der einen Hilfsschütz betätigt. Es wird dabei angenommen, daß die Betätigungsspannung 230 V AC ~, 50 Hz ist. Durch **Bild 10.12** wird deutlich, daß die zulässigen Leitungslängen abhängig von der Schützgröße durch den ohmschen Spannungsabfall einerseits und den Einfluß der Kabelkapazität andererseits stark eingeschränkt werden.

10.3.7 Gerätestückliste

Die *Gerätestückliste* einer Steuerung ist ein Verzeichnis aller elektrischen Betriebsmittel, mit den erforderlichen Daten zur Ersatzteilbestellung. Die Stückliste muß für jedes Betriebsmittel folgende Angaben enthalten:

□ Die Kennzeichnung, die im Schaltplan verwendet ist

□ Die Typenbezeichnung

□ Technische Daten (Leistung, Drehmoment, Geschwindigkeit, Spannung, Strom, Frequenz, Schutzart, Isolationsklasse usw.)

□ Name des Herstellers. (Eine evtl. gebräuchliche und allgemein bekannte Kurzform ist zulässig.)

□ Genaue Bestellbezeichnung für das Betriebsmittel

□ Stückzahl der gleichen Betriebsmittel in der Ausrüstung

□ Besondere Angaben (z. B. für Spezialleitungen Querschnitt, Typ, Isolation) mit Herstellernachweis

Sehr häufig ist es üblich, die Gerätestückliste mit

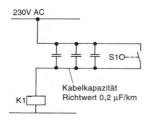

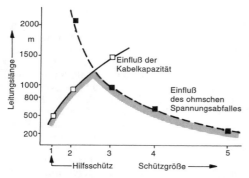

Bild 10.12 Zulässige Leitungslänge von Steuer-leitungen

dem Lieferschein für die Steuerungen zu kombinieren. Nach DIN 40719, Teil 3 ist es aber auch möglich, die Gerätestückliste mehr in Richtung Schaltplantechnik aufzubauen. **Bild 10.13** zeigt ein entsprechendes Beispiel für den Kübelaufzug, das nach diesem Vorschlag aufgebaut ist. Es wird dasselbe Schaltplanformular verwendet wie beim Übersichtsschaltplan und bei den Stromlaufplänen. Die Darstellung soll insbesondere auch die Auswahl von passenden Ersatzgeräten ermögli-

chen, falls im Reparaturfall die Originalteile nicht mehr zu beschaffen sind.

10.3.8 Anordnungspläne nach DIN 40719, Teil 10

Anordnungspläne vermitteln Informationen über die räumliche Lage eines Betriebsmittels oder mehrerer Betriebsmittel zueinander innerhalb des Steuerkastens. Sie sind Unterlagen für die Fertigung, Montage und Wartung. Die Betriebsmittel werden durch vereinfachte Umrisse, z. B. Quadrate, Kreise oder Rechtecke, aber lagerichtig und in der richtigen Anordnung zueinander dargestellt. Eine maßstabgerechte Darstellung und Maßangaben für den Einbau der Betriebsmittel in den Steuerkasten sind nicht erforderlich, konstruktive Einzelheiten können jedoch angegeben werden. Die Kennzeichnung der Betriebsmittel im Anordnungsplan muß selbstverständlich mit der Betriebsmittelkennzeichnung in den anderen Schaltungsunterlagen übereinstimmen. Zusätzliche Kennzeichnungen, z. B. die Angabe von Positionsnummern, Typenbezeichnungen usw. sind zulässig.

Bild 10.14 zeigt den Anordnungsplan des Schaltkastens für den Kübelaufzug in der Darstellungsart nach DIN 40719, Tiel 10. Es wurde dabei angenommen, daß die Schaltplanformulare für ein ganzes Steuerkastenprogramm mit den möglichen Maßen 400 mm und 600 mm für die Breite und 600 mm, 800 mm und 1000 mm für die Höhe vorbereitet sind. Dies wird im Schaltplanformular durch ein entsprechendes Koordinatensystem mit den dünn eingezeichneten, vier möglichen Kastengrößen jeweils für das Geräteblech und für den Fronteinbau an der Steuerkastentüre angedeutet. Für das Beispiel der Fallstudie Kübelaufzug wurde ein Kasten mit der Breite B = 600 mm, der Höhe H = 600 mm und der Tiefe T = 275 mm ausgewählt.

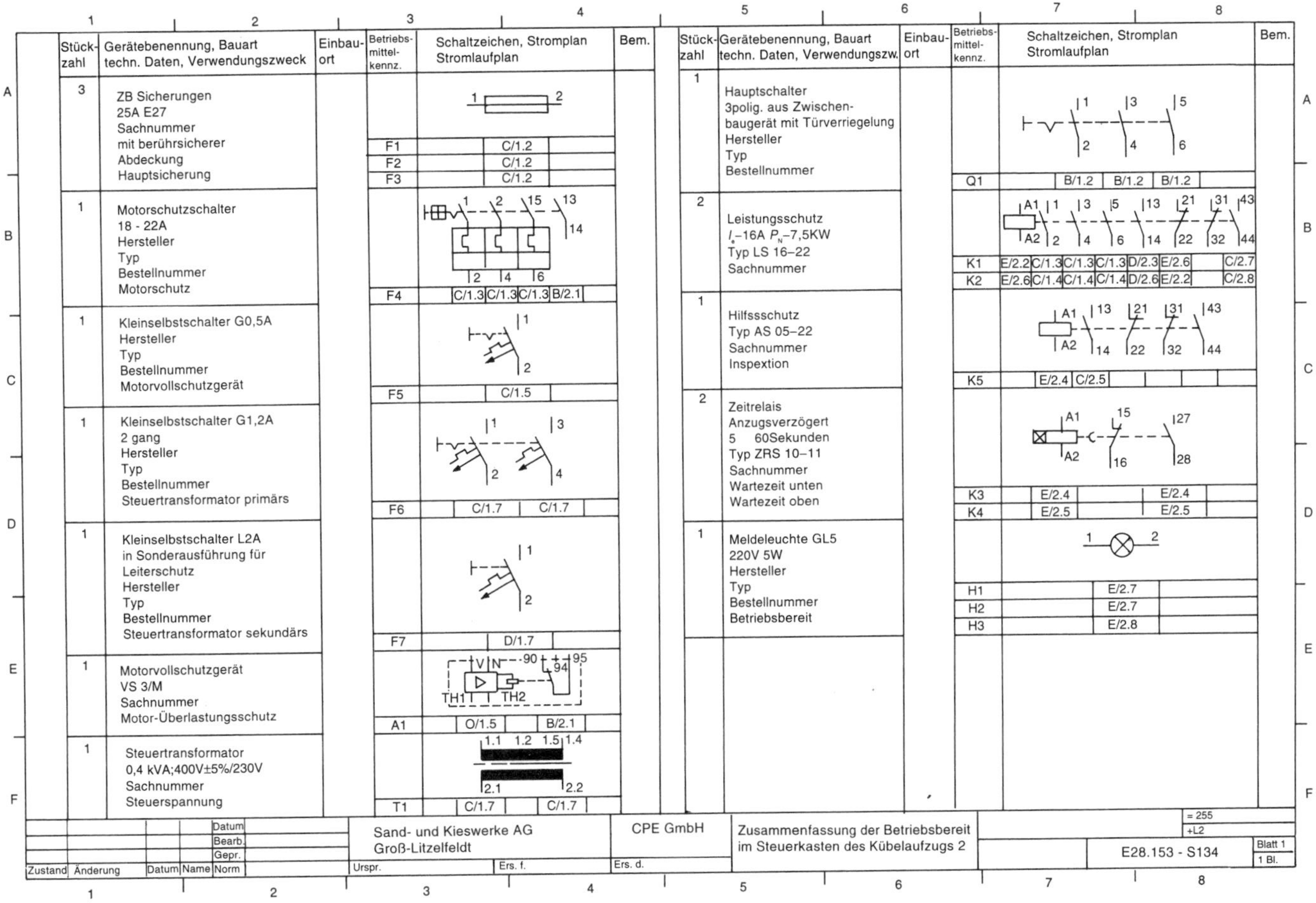

Bild 10.13 Gerätestückliste nach DIN 40719, Teil 3

Stückzahl	Gerätebenennung, Bauart, techn. Daten, Verwendungszweck	Einbauort	Betriebsmittelkennz.	Schaltzeichen, Stromplan Stromlaufplan	Bem.
3	ZB Sicherungen 25A E27 / Sachnummer / mit berührsicherer Abdeckung / Hauptsicherung		F1, F2, F3	C/1.2	
1	Motorschutzschalter 18 - 22A / Hersteller / Typ / Bestellnummer / Motorschutz		F4	C/1.3 C/1.3 B/2.1	
1	Kleinselbstschalter G0,5A / Hersteller / Typ / Bestellnummer / Motorvollschutzgerät		F5	C/1.5	
1	Kleinselbstschalter G1,2A 2 gang / Hersteller / Typ / Bestellnummer / Steuertransformator primärs		F6	C/1.7 C/1.7	
1	Kleinselbstschalter L2A in Sonderausführung für Leiterschutz / Hersteller / Typ / Bestellnummer / Steuertransformator sekundärs		F7	D/1.7 O/1.5 C/1.7	
1	Motorvollschutzgerät VS 3/M / Sachnummer / Motor-Überlastungsschutz		A1	B/2.1	
1	Steuertransformator 0,4 kVA,400V±5%/230V / Sachnummer / Steuerspannung		T1	C/1.7	

Stückzahl	Gerätebenennung, Bauart, techn. Daten, Verwendungszweck	Einbauort	Betriebsmittelkennz.	Schaltzeichen, Stromplan Stromlaufplan	Bem.
1	Hauptschalter 3polig, aus Zwischenbaugerät mit Türverriegelung / Hersteller / Typ / Bestellnummer		Q1	B/1.2 B/1.2 B/1.2	
2	Leistungsschutz I_v=16A P_n=7,5KW / Typ LS 16-22 / Sachnummer		K1, K2	E/2.2 C/1.3 C/1.3 D/2.3 E/2.6 / E/2.6 C/1.4 C/1.4 D/2.6 E/2.2	C/2.7 C/2.8
1	Hilfsschutz Typ AS 05-22 / Sachnummer / Inspektion		K5	E/2.4 C/2.5	
2	Zeitrelais Anzugsverzögert 5 - 60Sekunden / Typ ZRS 10-11 / Sachnummer / Wartezeit unten / Wartezeit oben		K3, K4	E/2.4 E/2.5	
1	Meldeleuchte GL5 220V 5W / Hersteller / Typ / Bestellnummer / Betriebsbereit		H1, H2, H3	E/2.7 E/2.7 E/2.8	

Sand- und Kieswerke AG
Groß-Litzelfeldt

CPE GmbH

Zusammenfassung der Betriebsbereit im Steuerkasten des Kübelaufzugs 2

E28.153 - S134

= 255   +L2

Blatt 1   1 Bl.

175

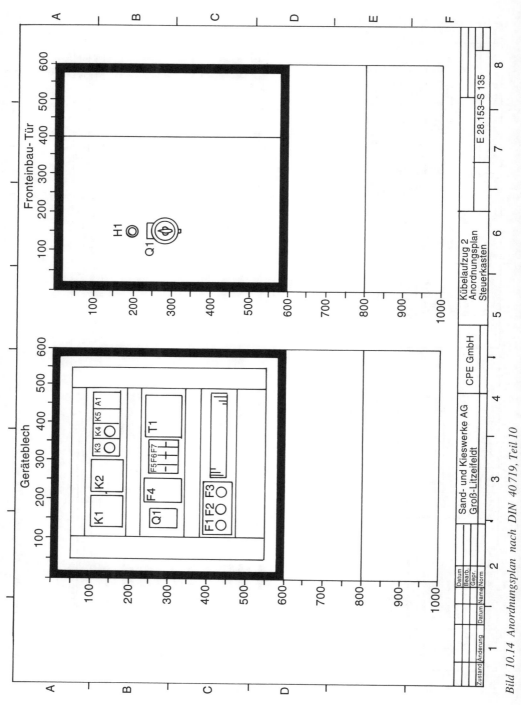

Bild 10.14 Anordnungsplan nach DIN 40719, Teil 10

10.4 Verbindungs- und Verdrahtungstechnik

Nach der Festlegung der Betriebsmittel und der Erstellung der entsprechenden Schaltungsunterlagen müssen nun die technischen Unterlagen für die *Verdrahtung der Steuerung* erarbeitet werden. Es ist heute allgemein üblich, hierfür tabellenartig aufgebaute Anschluß- und Klemmenpläne sowie Verbindungs- bzw. Verdrahtungslisten zu verwenden. Die Verdrahtungs- und Anschlußtechnik beeinflußt in großem Maße die Zuverlässigkeit und damit auch die Verfügbarkeit einer Steuerung. Sorgfältig nach der Herstellung geprüfte Steuerungen erleichtern die fehlerfreie Inbetriebnahme. Ebenso werden dadurch Nacharbeiten bei der Montage und Wartung vermieden.

10.4.1 Anschluß- und Klemmenpläne

Anschluß- und Klemmenpläne vermitteln Informationen über den Anschluß der inneren und äußeren elektrischen Verbindungen an der Anschluß- bzw. Klemmenleiste einer Steuerung. Sie sind also technische Unterlagen für die Fertigung, Montage und Wartung.
Nach DIN 40 719, Teil 9, werden für die Anschlußpläne zwei Darstellungsarten, die im **Bild 10.15** einander gegenübergestellt sind, empfohlen:

☐ In der ersten und mehr **bildlichen** Darstellungsart werden die inneren und äußeren Verbindungen als Linien, abgehend von den Anschlußstellen, gezeichnet. (**Bild 10.15, links**) ①
☐ Die zweite Darstellungsart mit einem rein **tabellenförmigen** Charakter hat sich heute in der Anwendung ganz allgemein durchgesetzt. ②
Die Informationen, die ein Anschlußplan mindestens enthalten sollte, lassen sich folgendermaßen aufteilen:

☐ Die **Anschlußstellen** bzw. Klemmen werden mit Ziffern und in seltenen Fällen mit Buchstaben oder Ziffern-Buchstaben-Kombinationen gekennzeichnet. **Brücken** zwischen Klemmen werden eingezeichnet und häufig ist es auch üblich, den Klemmentyp oder zumindest die Klemmengröße anzugeben, wodurch eine leichte Kontrollmöglichkeit gegeben ist.
☐ Für die **Zielbezeichnung** der inneren und äußeren Verbindungen ist die möglichst vollständige Kennzeichnung der Betriebsmittel nach DIN 40 719, Teil 2, anzuwenden. Dabei gilt die Regel: Je größer und umfangreicher die elektrische Anlage oder Steuerung ist, desto ausführlicher soll auch die Kennzeichnung der Betriebsmittel gemäß DIN 40 719, Teil 2, sein.

☐ Für die **inneren und äußeren Verbindungen** ist das zu verwendende Leitungsmaterial anzugeben. Damit wird der Klemmenplan für die Installation der äußeren Verbindungen zur maßgeblichen technischen Unterlage. Die Angabe der inneren Verbindungen im Schaltkasten erleichtert bei der Inbetriebnahme die Prüfung und Kontrolle.

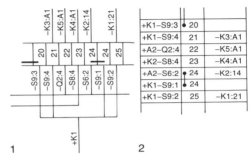

Bild 10.15
Darstellungsarten von Klemmenplänen

Tabelle 10.7 zeigt den Anschlußplan für den Steuerkasten des Kübelaufzuges. Die Anschlußleiste erhält die Kennzeichnung = 2S 5+L2-X1 gemäß DIN 40 719, Teil 2. Dabei bedeutet =2S 5 die übergeordnete Anlage Kübelaufzug 2 des Sand- und Kieswerkes, +L2 als Ortsbezeichnung den Steuerkasten L2 des Kübelaufzuges 2 und –X1 die Betriebsmittelkennzeichnung für die Anschluß- bzw. Klemmenleiste X1 im Steuerkasten des Kübelaufzuges. Wie bereits erwähnt, kann bei kleineren Anlagen und Steuerungen bei gegebener Unverwechselbarkeit die Betriebsmittelkennzeichnung auf das damit noch erforderliche Mindestmaß reduziert werden. Wenn z. B. keinerlei Verbindung und Zusammenhang zwischen Kübelaufzug 1 und Kübelaufzug 2 besteht, kann auf jeden Fall die Anlagenkennzeichnung =2S 5 entfallen.
Die Angaben zu den äußeren Verbindungen, bestehend aus Zielbezeichnung und Kabel- bzw. Leitungstyp, erleichtern die Installation und den Anschluß der Kabel und Leitungen, da dann z. B. der Stomlaufplan bei diesen Arbeiten nicht herangezogen werden muß. vor der Inbetriebnahme der

Tabelle 10.7 Anschlußplan des Steuerkastens

Angaben zu den äußeren Verbindungen — Angaben zu den inneren Verbindungen

= 2S5 + L2–X1

– S9 NYM-O 4×1,5	– S8 NYM-O 4×1,5	– S4 NYM-O 2×1,5	– S3 NYM-O 2×1,5	– S2 NYM-O 2×1,5	– A2 NYY-J 12×1,5	– M1 NYM-O 2×1,5	– M1 NYM-J 4×6	– W1 NYM-J 5×6	Kennzeichen	Anschluß	Typ	Brücke	Kennzeichen	Kennzeichen	Anschluß	H 07 V-K 6 SW	H 07 V-K 1,5 GNGE	H 05 V-K 1 SW	H 05 V-K 1 RT	H 05 V-K 1 BL
								GNGE	NETZ	PE	SK10		⏚							
								SW	NETZ	L1	K10		1	– F1	1					
								BR	NETZ	L2	K10		2	– F2	1					
								SW	NETZ	L3	K10		3	– F3	1					
								BL	NETZ	N	K10		4	– A1	N					
							GNGE		+ G1 – M1	⏚	SK10		⏚							
							SW		+ G1 – M1	U	K10		5	– K1	2					
							BR		+ G1 – M1	V	K10		6	– K1	4					
							BL		+ G1 – M1	W	K10		7	– K1	6					
						SW			+ G1 – M1	TH1	K4		8	– A1	TH1					
						BL			+ G1 – M1	TH2	K4		9	– A1	TH1					
											K4		10	– F7	2					
					GNGE				+ A2 –	⏚	SK4		⏚	– X1	11					
											K4		11	– X1	⏚					
					1				+ A2 – H2	2	K4		11	– T1	2.2					
					2				+ A2 – S1	1	K4		12	– A1	95					
					3				+ A2 – S1	2	K4		13							
				SW					+ B2 – S2	1	K4		13							
				BL					+ B2 – S2	2	K4		14							
			BL						+ K2 – S3	1	K4		14							
			SW						+ K2 – S3	2	K4		15							
		SW							+ K1 – S4	1	K4		15							
		BL							+ K1 – S4	2	K4		16	– K1	43					
					4				+ A2 – S5	1	K4		16	– H1	1					
					5				+ A2 – S5	2	K4		17	– K5	13					
					6				+ A2 – S7	2	K4		18	– K1	14					
	SW								+ K2 – S8	1	K4		18							
	SW								+ K2 – S8	2	K4		19	– K2	21					
					7				+ A2 – Q2	3	K4		20	– K1	13					
	BR								+ K2 – S8	3	K4		20							
BR									+ K1 – S9	3	K4		20							
BL									+ K1 – S9	4	K4		21	– K3	A1					
					8				+ A2 – Q2	4	K4		22	– K5	A1					
	BL								+ K2 – S8	4	K4		23	– K4	A1					
					9				+ A2 – S6	2	K4		24	– K2	14					
SW									+ K1 – S9	1	K4		24							
SW									+ K1 – S9	2	K4		25	– K1	21					
					10				+ A2 – H2	1	K4		26	– K1	44					
					11				+ A2 – H3	1	K4		27	– K2	44					
											SK4		⏚							

Anlage werden die durchgeführten Arbeiten noch einmal gründlich überprüft, was durch den Anschlußplan sowohl bezüglich der äußeren als auch der inneren Verbindungen an der Anschlußleiste durch die Zuordnung der Nummern- oder Farbkennzeichnung der einzelnen Kabeladern und Leitungen leicht möglich ist.

10.4.2 Verdrahtungs- und Verbindungslisten

Es ist immer noch sehr gebräuchlich, Steuerungen direkt nach dem Stromlaufplan gemäß **Bild 10.9** und **Bild 10.10** zu verdrahten. Dies ist neben der leichten Überprüfbarkeit der Hauptgrund für die Forderung, Stromlaufpläne verdrahtungsgerecht darzustellen. Das Lesen und Umsetzen des Stromlaufplanes in eine fehlerfreie Verdrahtung erfordert aber trotzdem noch ein großes Fachwissen. Die Gefahr von Verwechslungen und von

fehlenden Verbindungen ist insbesondere bei umfangreichen und kompliziert aufgebauten Stromlaufplänen sehr groß. Entsprechend sorgfältig müssen die Steuerungen nach dem Verdrahten geprüft werden.
Durch Verdrahtungs- und Verbindungslisten wird die Verdrahtung ganz wesentlich erleichtert. Vor allem ist es dadurch auch möglich, Mitarbeiter ohne spezielles Fachwissen mit derartigen Aufgaben zu betrauen. Aufgrund von Erfahrungen kann auch davon ausgegangen werden, daß Verdrahtungen, die mit Verbindungslisten erstellt wurden, einen geringeren Fehleranteil aufweisen. Leider gibt es für diese technischen Unterlagen keine Norm, die exakte Angaben zur Ausführung von Verdrahtungs- und Verbindungslisten enthält. In DIN IEC 113, Teil 5 und Teil 6, sowie im Entwurf DIN IEC 44 (CO) 48/VDE 0113 werden jedoch Hinweise zum mindestens erforderlichen Informationsinhalt der Verdrahtungs- und Ver-

Tabelle 10.8 Verbindungsliste (Auszug)

Lfd. Nr.	Stromlaufplan Stromweg-Nr.	Leitung				Verbindung		Bemerkung
		Sach-Nr.	Bezeichnung	Farbe	Länge mm	von Betriebsmittel Anschlußstelle	zu Betriebsmittel Anschlußstelle	
	E 28.153–S132							
1	/ 1.2		H 07 V–K6	SW	150	–X1 : 1	–F1 : 1	
2	/ 1.2		H 07 V–K6	SW	150	–X1 : 2	–F2 : 1	
3	/ 1.2		H 07 V–K6	SW	150	–X1 : 3	–F3 : 1	
4	/ 1.2; / 1.5		H 05 V–K1	SW	600	–X1 : 4	–A1 : N	
5	/ 1.2		H 07 V–K6	SW	1500	–F1 : 2	–Q1 : 1	
6	/ 1.2		H 07 V–K6	SW	1500	–F2 : 2	–Q1 : 3	
7	/ 1.2		H 07 V–K6	SW	1500	–F3 : 2	–Q1 : 5	
45	/ 2.3		H 05 V–K1	RT	800	–X1 : 18	–K1 : 14	
46	/ 2.3		H 05 V–K1	RT	250	–K1 : 14	–K3 : 18	
47	/ 2.3; / 2.4		H 05 V–K1	RT	1000	–X1 : 20	–K1 : 13	
48	/ 2.3; / 2.6		H 05 V–K1	RT	150	–K1 : 13	–K2 : 13	
49	/ 2.3; / 2.6		H 05 V–K1	RT	150	–K2 : 13	–K3 : 17	
50	/ 2.3; / 2.5		H 05 V–K1	RT	150	–K3 : 17	–K4 : 17	
51	/ 2.4; / 2.5		H 05 V–K1	RT	400	–K4 : 17	–K5 : 14	
52	/ 2.2		H 05 V–K1	RT	1000	–X1 : 19	–K2 : 21	
53	/ 2.2		H 05 V–K1	RT	500	–K2 : 22	–K1 : A1	

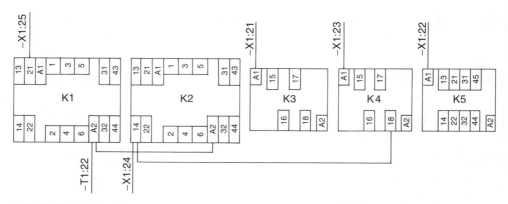

Bild 10.16 Bauschaltplan (Auszug)

bindungslisten gegeben. Gemäß diesen Vorschlägen wurde die Verbindungsliste der **Tabelle 10.8** aufgebaut. Um den Umfang etwas einzugrenzen, wurde aber nur ein kleiner Teil der Gesamtverdrahtung dargestellt.

Die *Verbindungsliste* enthält folgende Informationen:

□ Die laufende Nr. der Verbindung erleichtert die Kostenerfassung sowohl bezüglich des erforderlichen Verdrahtungsmaterials, als auch bezüglich der notwendigen Verdrahtungszeit.

□ Der Hinweis auf den Stromlaufplan und die Stromwegnummer erleichtert die Rückkopplung zu dem Schaltplan, der der Erstellung der Verbindungsliste zugrunde lag. Dies ist häufig beim Verdrahten und Prüfen der Steuerung erforderlich.

□ Die Angaben zur Leitung können u. U. sehr ausführlich werden. Dies hängt auch davon ab, ob es sich um die Einzelfertigung einer Steuerung oder um eine mehr oder weniger große Serienfertigung handelt. Im vorliegenden Beispiel wurde die Bezeichnung des Leitungstyps, die Farbe der Leitung und bezüglich der erforderlichen Länge der Leitung eine gewisse Art von Standardwerten angegeben. Falls diese Leitungen in einer Vorfertigung bereits auf Länge abgeschnitten und die Leitungsenden abisoliert und mit Aderendhülsen versehen sind, können auch noch deren Sachnummern angegeben werden.

□ Die eigentliche Verbindung ist als Von-Zu-Angabe aufgeführt, wobei in der Tabelle je Zeile nur eine Verbindung enthalten ist. Da es sich nur um die inneren Verbindungen des Steuerkastens handelt, ist auch nur die Art der Betriebsmittel anzugeben, während Angaben für Ort und übergeord-

nete Zuordnung gemäß DIN 40 719, Teil 2, entfallen können.

□ In einer Tabellenspalte „Bemerkungen" können besondere Hinweise zum Anschluß oder zur Leitungsausführung gemacht werden.

10.4.3 Bauschaltpläne

Für kleinere Steuerungen werden gelegentlich noch sog. Bauschaltpläne erstellt, die sich ursprünglich wie der Stromlaufplan auch aus dem Wirkschaltplan entwickelt haben. Aufbau und Darstellungsart sind teilweise in den Verbindungsplänen und Geräteverdrahtungsplänen gemäß DIN IEC 113, Teil 5 und Teil 6, enthalten. **Bild 10.16** zeigt auszugsweise den Bauschaltplan für die vorliegende Fallstudie Kübelaufzug.

Die Schaltgeräte und anderen Betriebsmittel innerhalb des Steuerkastens sind in vereinfachter Darstellung in ihrer räumlich richtigen Lage zu zeichnen. Damit kann der Bauschaltplan den Anordnungsplan nach DIN 40 719, Teil 10, ersetzen. Die inneren und äußeren Verbindungen der Anschlußleiste und aller anderen Betriebsmittel werden in der linienförmigen Darstellungsart des Bildes 15 gezeichnet. Somit kann der Bauschaltplan auch anstelle des Anschlußplanes und der Verbindungsliste verwendet werden. Ein Vergleich dieser Unterlagen zeigt aber, daß der Bauschaltplan bei Angabe aller erforderlichen Informationen an Übersichtlichkeit verliert und der Vorteil der Anschluß- und Verbindungspläne gegenüber dem Stromlaufplan beim Verdrahten und Prüfen der Steuerung deshalb nicht voll zum Tragen kommen kann.

10.4.4 Verdrahtungs- und Anschlußtechnik

Hauptforderung zu diesem Themenkomplex ist die sichere Verbindung an allen Anschlußstellen. Aufgrund von Erfahrungen und statistischen Ermittlungen ist bekannt, daß bis zu 70% aller Störungen in Steuerungen durch Leitungsunterbrechungen zustande kommen. Hierzu gehören auch die Unterbrechungen und das Lösen an den Klemm- und Anschlußstellen. Alle Anschlüsse, insbesondere die des Schutzleiters, müssen deshalb wirkungsvoll gegen Selbstlockern gesichert sein. Entscheidend zur Erfüllung dieser Forderung ist die konstruktive Ausführung der Klemmstelle und das konsequente Nachziehen der Schraubverbindungen bei den regelmäßigen Wartungsarbeiten. Im Allgemeinen wird z. B. empfohlen, so weit wie möglich an einer Klemme nur einen Leiter anzuschließen. Außerdem müssen die Leiteranschlüsse in einer bewährten und üblichen Technik ausgeführt sein, z. B. als Klemmen, Quetschen, Löten oder Wickeln. Am Beispiel des Lötens wurde allerdings dargestellt, daß beim Einsatz des jeweiligen Anschluß- und Verbindungsverfahrens die Bearbeitungsrichtlinien genau eingehalten werden müssen: Ein flexibler Leiter, dessen Enden verlötet wurden, kann sich unter einer Schraubverbindung lockern und dadurch zu Störungen führen. Auch Lötkabelschuhe sind möglichst zu vermeiden. Eine besondere Arbeitserleichterung bietet die Farbkennzeichnung für einadrige Leitungen.

VDE 0113 empfiehlt die Verwendung folgender Farben:

- Schutzleiter (PE) durchgehend grüngelb (Dies ist eine unumgängliche Forderung gemäß VDE 0100!)
- Hauptstromkreise schwarz für Gleich- und Wechselstrom
- Mittelleiter (N) hellblau von Hauptstromkreisen
- Steuerstromkreise rot für Wechselstrom
- Steuerstromkreise blau für Gleichstrom
- Verriegelungsstromkreise orange für Gleich- und Wechselstrom

Für einadrige Leitungen sind die Farben Grün, Gelb und Kombinationen von mehreren Farben nicht zulässig.

Die Verdrahtung in Schaltkästen und Steuerschränken muß so ausgeführt sein, daß Änderungen der Verdrahtung von einer Seite aus, im Normalfall also von vorn, möglich sind. Hierfür eignet sich besonders das Verlegen in Leitungskanälen, die bei der Verdrahtung aber nur bis zu 70% ihres Fassungsvermögens gefüllt werden dürfen. Auf der Suche nach platzsparenderen Verdrahtungsverfahren und Geräteanordnungen wurde das System mit von vorne zugänglichen Leitungskanälen und das Verfahren der verdeckten Verdrahtung, das auch unter der Kurzbezeichnung „X-Verdrahtung" bekannt wurde, miteinander kombiniert und die sogenannte Inselverdrahtung entwickelt. Hierbei werden die waagerechten Verbindungen in Leitungskanälen geführt und die senkrechten Verbindungen auf der Rückseite der Gerätebleche geführt.

Für Verbindungen zu sich bewegenden oder verstellbaren Teilen, die elektrische Einrichtungen enthalten, sind nur flexible Leitungen zu verwenden. Dies trifft z. B. bei Schaltschranktüren und schwenkbaren Gerätemontagerahmen zu. Die allgemeine Verwendung flexibler Leitungen ist wegen der einfacheren Handhabung sehr verbreitet. Äußerst wichtig hierbei ist jedoch das sorgfältige Abisolieren und die ebenso sorgfältige Auswahl der Aderendhülsen; die technischen Angaben und die Verwendungshinweise der jeweiligen Hersteller müssen unbedingt beachtet werden.

10.4.5 Prüfung der fertig verdrahteten Steuerung

Jede fertig verdrahtete Steuerung muß einer sorgfältigen Prüfung unterworfen werden. In Abstimmung mit den geltenden Normen und Vorschriften sind bei der Prüfung mindestens folgende drei Einzelschritte einzuhalten:

☐ **Sichtprüfungen**
Dabei müssen die rein formalen Dinge, wie Verwendung der richtigen Betriebsmittel gemäß Stückliste, Vollständigkeit der technischen Unterlagen und der Betriebsmittel u. ä. ebenso beachtet werden, wie die Überprüfung aller Klemmstellen. Es ist sinnvoll, alle Anschlüsse mit geeigneten Schraubergeräten nachzuziehen.

☐ **Isolations- und Spannungsprüfungen**
Diese dienen insbesondere zur Sicherstellung der elektrischen Schutztechnik gemäß VDE 0100 und zur Überprüfung der Sicherheitstechnik bei Erd- und Körperschlüssen. Besondere Aufmerksamkeit ist deshalb der Prüfung der Schutzleiterverdrahtung und -verlegung zu widmen. Elektronische Baugruppen sind bei diesen Prüfungen u. U. abzuklemmen.

☐ **Funktionsprüfungen**
Im Rahmen der vom Einsatzort vorgegebenen Betriebsbedingungen, z. B. bei Netzspannungsabweichungen und bei extremen mechanischen und klimatischen Bedingungen ist zu prüfen, ob alle Teile der elektrischen Steuerung ordnungsgemäß arbeiten und ob alle Arbeitsabläufe normal funktionieren. Insbesondere ist dabei auf den *Sicherheitsstromkreis* und die Not-Aus-Einrichtungen zu achten. Im allgemeinen reicht eine Einzelstückprüfung im Leerlauf, also ohne angeschlossene Motoren, Magnetventile usw., aus.

Bei der Fertigung einer größeren Stückzahl derselben Steuerung sollte aber zumindest eine sog. *Typprüfung* mit Normalbelastung erfolgen. Auch bei extremen Einsatzorten, z. B. im Exportgeschäft, empfiehlt sich der höhere Aufwand einer Steuerungsprüfung mit angeschlossener Maschine oder Anlage, da in solchen Fällen die Fehlerbehebung bei der Inbetriebnahme nur unter erschwerten Bedingungen möglich ist.

10.5 Montage, Inbetriebnahme und Wartung

Montage-, Inbetriebnahme- und Wartungsarbeiten werden häufig intuitiv aufgrund von Erfahrungen und eigenen Überlegungen durchgeführt. Dabei steht der schnelle und reibungslose Arbeitsablauf bei diesen Tätigkeiten im Vordergrund. Durch geeignete technische Unterlagen können diese Arbeiten in einem festgelegten Schema organisiert werden. Da sie vom Verständnis her besonders leicht anwendbar sind, werden auch diese Dokumentationen meist in Listen- und Tabellenform aufgebaut.

10.5.1 Montage und Steuerung

Die Montage der elektrischen Ausrüstung einer Anlage oder einer Maschine erfolgt in mindestens fünf Teilschritten:

☐ **Vorbereitende Arbeiten** zur Aufstellung des Steuerkastens, des Bedienungskastens und weiterer Betriebsmittel. Diese Arbeiten umfassen u. a. das Aussparen von Mauernischen und Mauerdurchbrüchen, das Herrichten von Leitungskanälen und das Einbringen von Befestigungshilfsmitteln, z. B. sog. Halfenschienen in das Mauerwerk. Die notwendigen technischen Unterlagen stellen also eine Erweiterung oder Detaillierung des Technologieschemas nach **Bild 10.1** dar.

Häufig werden aber auch vereinfachte Konstruktionszeichnungen für diesen Zweck erstellt. Die Darstellungsart bei diesen Zeichnungen orientiert sich mehr an der bei den Bauzeichnungen üblichen Vorgehensweise, da diese Zeichnungen vorwiegend bei den Rohbauarbeiten zur Anwendung gelangen. Unbedingt notwendig in diesen Unterlagen sind auch Angaben über den frei zu haltenden Platz für Bedienung und Wartung sowie für den Austausch von Betriebsmitteln durch Ersatzteile.

☐ **Befestigen der Steuer- und Bedienungskästen** und aller anderen elektrischen Betriebsmittel nach dem Technologieschema des **Bildes 10.1** dessen erweiterten Darstellungen. Falls erforderlich sollten auch die notwendigen Befestigungsmittel angegeben werden.

☐ **Verlegen der Leitungen und Kabel** zur Verbindung aller elektrischen Betriebsmittel untereinander. Leitungspläne gemäß **Bild 10.17**, Installationstabellen und Kabelverzeichnisse nach **Tabelle 10.9** stehen zur Durchführung dieser Arbeiten zur Verfügung.

☐ **Anschließen bzw. Anklemmen** der Leitungen und Kabel an allen Betriebsmitteln. Hierfür werden die Anschluß- und Klemmenpläne gemäß **Bild 10.15** und **Tabelle 10.7** sowie bei kleineren

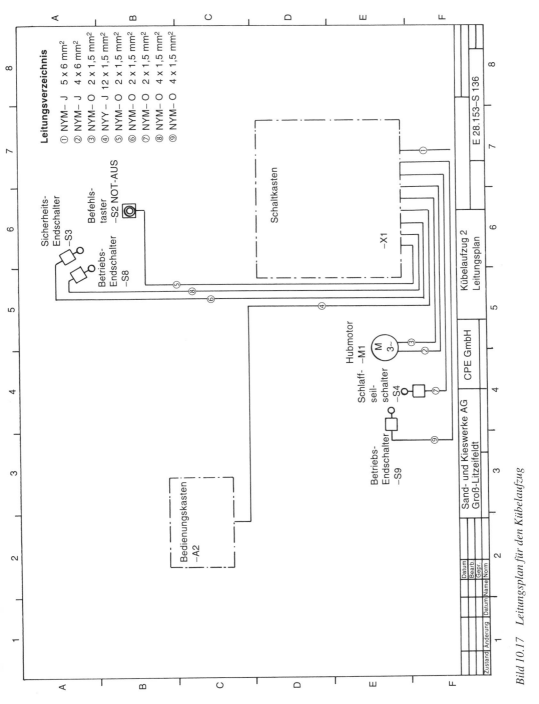

Bild 10.17 Leitungsplan für den Kübelaufzug

183

Tabelle 10.9 Kabelverzeichnis des Kübelaufzuges

Lfd. Nr.	Funktion	Leitung – Kabel			Verbindung		Bemerkungen
		Sach.-Nr. Bestellbez.	Typ Bezeichnung Aderzahl u. Leiterquerschn.	Länge	von Betriebsmittel Zielbezeichnung*)	nach Betriebsmittel Zielbezeichnung*)	
1	Haupt-Zuleitung		NYM–J 5 x 6 mm²	120 m	= 2 S5 + L1 – T1	= S5 + L2 – x1	Von zentraler Transformatorenstation
2	Motor-Zuleitung		NYM–J 4 x 6 mm²	12 m	– x1	– M1	
3	Temperaturüberwachung Motor		NYM-O 2 x 1,5 mm²	12 m	– x1	– M1	
4	Bedienungskasten		NYY–J 12 x 1,5 mm²	22 m	– x1	– A2	
5	Befehlstaster »NOT-AUS« Entladestelle		NYM-O 2 x 1,5 mm²	30 m	– x1	– S2	– S2 schutzisoliert
6	Sicherheits-Endschalter »Oben«		NYM-O 2 x 1,5 mm²	25 m	– x1	– S3	– S3 schutzisoliert
7	Schlaffseil-schalter		NYM-O 2 x 1,5 mm²	12 m	– x1	– S4	–S4 schutzisoliert
8	Betriebsendschalter »Kübel oben«		NYM-O 4 x 1,5 mm²	25 m	– x1	– S8	– S8 schutzisoliert
9	Betriebsendschalter »Kübel unten«		NYM-O 4 x 1,5 mm²	14 m	– x1	– S9	– S9 schutzisoliert

*) Alle Zielbezeichnungen ohne Anlagen- (=) und Orts-Vorzeichen (+) betreffen nur den Kübelaufzug 2

Anlagen auch die Bauschaltpläne nach **Bild 10.16** angewendet.

□ **Inbetriebsetzen** der Anlage bzw. der Maschine. Von großem Vorteil ist dabei das konsequente Vorgehen streng nach einer Inbetriebnahmeanweisung entsprechend **Tabelle 10.10,** die übersichtlich in Form einer Checkliste aufgebaut sein sollte. Im Prinzip wird dabei in derselben Weise vorgegangen wie bei der Prüfung der Steuerung im Herstellerwerk. Nach allen Sichtprüfungen aller auf der Montage durchgeführten Arbeiten werden die nach VDE 0100, VDE 0113 und den UVV 7.0 (VBG 4) notwendigen Isolations- und Spannungsprüfungen sowie aller zur Sicherstellung der elektrischen Schutzmaßnahmen notwendigen Kontrollen und Messungen durchgeführt. Hierzu ist beispielsweise auch die Schleifenwiderstandsmessung im Zusammenhang mit der Überprüfung der Nullungsbedingungen nach VDE 0100 zu zählen. Abschließend wird die Anlage in Betrieb genommen. Dabei wird sinnvollerweise eine Funktion nach der anderen zugeschaltet. Z. B. wird der Kübelaufzug zunächst in Inspektionsfahrt betrieben und erst nach Einstellung der Betriebsendschalter, Notendschalter und Schlaffseilschalter sowie der Justierung der Wartezeiten auf Normalbetrieb umgeschaltet.

Für die fünf Arbeitsschritte bei der Montage der Steuerung werden also an die jeweilige Aufgabe angepaßte technische Unterlagen erstellt. Damit ist es auch möglich, den Arbeitsablauf analytisch zu organisieren und dem augenblicklichen Stand des Bauvorhabens anzupassen. Obwohl in allen Fällen ein zügiger und ununterbrochener Arbeitsablauf wünschenswert ist, kann durch diese Gliederung in abgeschlossene Teilaufgaben ohne großen Mehraufwand ein flexibler Montageeinsatz geplant und durchgeführt werden. Bei entsprechendem Aufbau der technischen Unterlagen lassen sich damit auch Kalkulations- und Kostenerfassungsmethoden für die Montagearbeiten entwickeln.

10.5.2 Leitungsplan und Kabelverzeichnis

Leitungspläne werden in der bereits erläuterten Darstellungsweise der Bauschaltpläne nach **Bild 10.16** aufgebaut. Die Darstellung der Leitungsführung ist dabei möglichst genau den tatsächlichen örtlichen Verhältnissen anzupassen. Als Grundlage dient wiederum das Technologieschema des **Bildes 10.1.**

Nach **Bild 10.17** zeigt der Leitungsplan keine Einzelheiten bezüglich der Anschlüsse; diese sind in dem Anschlußplan des Steuerkastens **(Tabelle 10.7)** enthalten. Dagegen soll mit dem Leitungsplan das Installieren und Verlegen der Leitungen und Kabel ermöglicht werden. In einem Leitungsverzeichnis wird die Art bzw. der Typ der Leitung angegeben. Es kann durch Angaben über Länge der Leitung und Bestellbezeichnungen ergänzt werden.

184

Im **Kabelverzeichnis** gemäß **Tabelle 10.9** werden diese Angaben aufgelistet. Ähnlich wie die Verbindungsliste der **Tabelle 10.8** ist auch das Kabelverzeichnis so aufgebaut, daß Mitarbeiter ohne spezielles Fachwissen mit der Kabelverlegung und Installation beauftragt werden können. Das Kabelverzeichnis enthält demgemäß in Analogie zur Verbindungsliste folgende Informationen:

□ Eine laufende Nummer zur Erfassung der Anzahl aller Leitungen und Kabel.

□ Ein Hinweis auf die Funktion und evtl. auch auf entsprechende technische Unterlagen erleichtern das Verständnis für die durchzuführenden Arbeiten.

□ Angaben zur Leitung sollten mindestens Bestellbezeichnung, Typ einschließlich Aderzahl und Leitungsquerschnitt sowie die Länge umfassen. Mit diesen Angaben kann auch eine Kostenkalkulation erstellt werden.

□ Die Verbindung als Von-Zu-Angabe, wobei die Zielbezeichnung nach DIN 40 719, Teil 2, anzuwenden ist. Innerhalb einer abgeschlossenen Anlage kann auf die Anlagenkennzeichnung (=) und die Ortsbezeichnung (+) verzichtet werden und ausschließlich die Art des Betriebsmittels als Kennzeichnung in die **Tabelle 10.9** eingetragen werden.

□ In eine Tabellenspalte „Bemerkungen" können weitere ergänzende Angaben aufgenommen werden.

10.5.3 Inbetriebnahme der Steuerung

Wie bereits erwähnt, soll die Inbetriebnahme einer Steuerung in definierten Einzelschritten erfolgen. Nach **Tabelle 10.10** kann die Inbetriebnahme sinnvollerweise in Grobschritte und in Feinschritte unterteilt werden. Damit ist es möglich, die einmal festgelegte Vorgehensweise bei wiederkehrenden Arbeiten in den Erfahrungsschatz des Mitarbeiters zu überführen. Zur Vereinfachung der Darstellung wurden in der **Tabelle 10.10** nur die wichtigsten Feinschritte aufgenommen, da es für das Verständnis der technischen Unterlagen in erster Linie auf das Grundsätzliche in der Inbetriebnahmeanweisung ankommt. Die **Tabelle 10.10** ist wiederum in laufende Nummern unterteilt. Alle aufgelisteten Arbeiten werden dadurch in bezug auf die notwendige Arbeitszeit und die entstehenden Kosten erfaßt. Es ist natürlich möglich, die Inbetriebnahmeanweisung in dieser Hinsicht entsprechend zu erweitern. Außer der exakten Bennenung der Grob- und

Feinschritte, die bereits weitgehende Hinweise auf die durchzuführenden Arbeiten enthalten muß, ist in der Inbetriebnahmeanweisung die Vorgehensweise bei der Inbetriebnahme genau zu beschreiben. Durch den Bezug auf die technischen Unterlagen sowie auf die in Frage kommenden technischen Regeln wird erreicht, daß bei den jeweiligen Inbetriebnahmeschritten die richtigen Schaltpläne herangezogen werden können und bei Überprüfungen, z. B. durch Beauftragte der Berufsgenossenschaften, das betreffende technische Regelwerk bekannt ist. In der Spalte „Bemerkungen" der **Tabelle 10.10** sind weitere Hinweise zu geben, z. B. erforderliche Einstellwerte, Größe von Meßwerten u. ä.

10.5.4 Störungssuche

Grundsätzlich läßt sich die Art und Weise der Störungssuche nach drei verschiedenen Methoden darstellen:

□ Funktionsorientiert
□ Schaltplanorientiert
□ Erfahrungsorientiert

In **Tabelle 10.11** sind die wesentlichen Gesichtspunkte dieser Verfahren einander gegenübergestellt. In der Praxis wird natürlich ein weitgehendes Ineinanderübergehen der unterschiedlichen Vorgehensweisen zu beobachten sein. Besonders hervorzuheben ist die Störungsliste, die wiederum ähnlich einer Checkliste aufgebaut ist. Im wesentlichen enthält die Störungsliste:

□ Angaben zur Art der Störung, meist funktionsbezogen erläutert

□ Störungsursachen, evtl. unter Angabe mehrerer Möglichkeiten

□ Abhilfemaßnahmen

□ Besondere Hinweise

Störungslisten können eigentlich nie vollständig sein, da sie immer den augenblicklichen Erfahrungs- und Wissensstand widerspiegeln und demgemäß einem ständigen Wandlungsprozeß unterworfen sind.

Mit den heute zur Verfügung stehenden Mitteln der Elektronik lassen sich sehr einfach **Diagnosegeräte** entwickeln, die entweder allgemein anwendbar oder auf den jeweiligen Anwendungsfall speziell zugeschnitten zur Verfügung stehen. Damit lassen sich auch die Fehler und Störungen erfassen, die nur gelegentlich und nicht bei jedem Arbeitsspiel auftreten und bisher mit konventionellen Mitteln nur unter erheblichem Material- und Zeitaufwand zu beheben waren.

Tabelle 10.10 Prüfung und Inbetriebnahme der Steuerung

Lfd. Nr.	Ablauf der Inbetriebnahme		Vorgehensweise	Bezug zu technischen Unterlagen			Bemerkungen
	Grobschnitt	Feinschnitt		Schaltplan	Strom-weg Nr.	techn. Regeln DIN/VDE/UW	
1.	**Sichtprüfungen**						
1.1		Richtige Zuordnung aller Betriebsmittel	Überprüfen der Typenschilder	Stückliste E 28.153–S 134			Bild 10.13
1.2		Anschlüsse	Prüfung auf Vollständigkeit und Nachziehen aller Klemmschrauben	Anschluß-plan Verbindungs-liste			Tabelle 10.7 Tabelle 10.8
1.4		Schutzleiter-verbindungen	Nachziehen der Klemmstellen, keine Doppelklemmung			VDE 0100 und 0113 UVV 7.0	
2.	**Isolations- und Spannungsprüfungen**						Zur Sicherstellung der elektrischen Schutztechnik
2.1		Isolations-prüfung	Messung des Isolationswiderstandes mit 500-V-Gleichspannung zwischen *allen* aktiven Leitern und dem mit PE verbundenen Anlagen und Maschinenteilen	Stromlauf-plan E 28.153–S 132		VDE 0100 und 0113 UVV 7.0 (VBG 4)	$R \geqq 1\,\text{M}\,\Omega$ Empfindliche Bauelemente und Geräte kurzschließen oder abklemmen
2.2		Spannungs-prüfung	Nur durchführen, falls Werksprüfung nicht ausreichend ist			VDE 0113	Prüfspannung $\geqq 1500\,\text{V} \sim$
2.3		Schleifen-widerstands-messung	Messung bei Betrieb der Anlage je abgeschlossener Stromkreis	Stromlauf-plan E 28.153–S 132		VDE 0100 UVV 7.0 (VBG 4)	Zuordnung Schleifenwiderstand zu Leiterquerschnitt und Sicherung
3.	**Funktionsprüfung**						
3.1		Inbetriebnahme der Inspektionsfahrt	Sämtliche Einzelfunktionen der Steuerung werden nach einer festgelegten Reihenfolge überprüft	Stromlauf plan E 28.153–S 132			
3.2		Einstellung der Betriebsendschalter und der Wartezeiten	Berücksichtigung der notwendigen Abschaltwege und der festgelegten Einschaltzeiten	Funktions-diagramm Stromlauf-plan E 28.153–S 132			Bild 10.2
3.3		Automatik-betrieb	Start an einer festgelegten Position nach Technologie-schema Bild 1	Schaltfolge-diagramm			Tabelle 10.4
3.4		Überprüfen der Sicherheitsschalter und der Überwachungsgeräte	In allen Fällen muß ein sicheres und unverzögertes Abschalten erfolgen	Stromlauf-plan E 28.153–S 132			
4.	**Probebetrieb**	Kontrolle der vereinbarten Funktionsweise über einen bestimmten Zeitraum					Übergabe der Anlage an den Kunden

Tabelle 10.11   Störungssuche

Prinzip	Nach Funktion	Nach Schaltplan	Nach Erfahrung
Fragestellung	Welche Fehlfunktion ist zu erkennen?	Wo ist der Stromweg unterbrochen? Wo steht noch Spannung an?	Ist es eine Störung, die auch bei anderer Steuerung häufig auftritt?
Technische Unterlagen	Technologieschema, Bild 10.1, Funktions- und Ablaufdiagramme, Bilder 10.2 und 10.3, Funktionsschaltplan Bild 10.4	Stromlaufplan Bilder 10.9 und 10.10, Schaltfolgediagramm Tabelle 10.4	Störungsliste
Vorgehensweise	Die Fehlfunktion ist in Normal- oder Inspektionsbetrieb häufig anzufahren, um das fehlerhafte Funktionsglied einzukreisen	Die Stromwege werden geprüft a) in stromlosem Zustand mit einem Durchgangsprüfer b) unter Spannung mit einem Spannungsmesser Dabei wird im Stromlaufplan von der Spannungsquelle in Richtung Betriebsmittel (Schützspule) oder umgekehrt vorgegangen	Die Störungsliste enthält die vorhersehbaren Fehler und die Wege zu deren Behebung. Allgemein ist bekannt: ● 70% aller Fehler sind Stromwegunterbrechungen, z. B. lose Klemmstellen ● 20% aller Fehler sind Kurzschlüsse
Hilfsmittel	Diagnosegeräte Registriergeräte	Durchgangsprüfgerät Spannungsmeßgerät	

10.5.5   Wartung

Ganz maßgeblichen Einfluß auf Sicherheit, Zuverlässigkeit und Verfügbarkeit von Steuerungen und elektrischen Anlagen insgesamt hat eine konsequente und richtig durchgeführte Wartung.

Nach VDE 0113 soll bei einer elektrischen Steuerung eine **Wartungsanleitung** mitgeliefert werden, die mindestens folgendes enthalten soll:

□ Einen Zeitplan für die **vorbeugende Instandhaltung**

□ Anweisungen für **Wartungsarbeiten,** einschließlich Hinweisen für Ersatzbeschaffung

□ Anweisungen für **Einstell- und Nachstellarbeiten**

□ Einen Zeitplan für den **Austausch von Verschleißteilen.** Der Austausch kann außer von den obligatorischen Betriebsstundenzählern auch von den Arbeits- oder Schaltspielen abhängig gemacht werden

□ Eine Liste der Verschleiß- und Ersatzteile, deren Lagerhaltung empfohlen wird. Die Liste muß auch die notwendigen Informationen zur Bestellung dieser Teile enthalten.

Die organisatorische Abwicklung der Wartungsarbeiten richtet sich in erster Linie nach dem Umfang und dem zeitlichen Abstand der durchzuführenden Maßnahmen.

In vielen Fällen sind schon in der Gewährleistungszeit erste Wartungsarbeiten zur Sicherstellung der richtigen Funktion der neuen Anlage erforderlich. Innerhalb dieser sog. **Gewährleistungswartung** fallen vor allem Nachstell- und Kontrollarbeiten an.

Die eigentliche Wartung kann man beispielsweise gemäß der Tabelle 10.12 als

□ Vollwartung

□ Wartung

□ Kontrollwartung

□ Sicherheits-Revisionswartung

definieren. Bei Anlagen, die längere Zeit nicht in Betrieb waren, muß eine sog. **Stillstandswartung** durchgeführt werden. Damit soll sichergestellt sein, daß nach Wiederinbetriebnahme der Anlage Störungen vermieden werden.

Insbesondere an elektrischen Anlagen und Steuerungen sind regelmäßig nach einem festgelegten System durchgeführte Wartungen noch relativ selten. Durch den Einbau von Zählgeräten, die die Anzahl der Arbeits- oder Schaltspiele erfassen, läßt sich die Lebensdauer der elektrischen Betriebsmittel überwachen. Ein rechtzeitiger Austausch als Vorsorgereparatur im Sinne der vorbeugenden Instandhaltung ist damit möglich. Dadurch wird wiederum die Verfügbarkeit einer elektrischen Anlage bzw. einer elektrischen Steuerung in entscheidendem Maß verbessert.

Tabelle 10.12 Wartungssysteme

Begriff	Erläuterung	Umfang	Zeitl. Abstand
Gewährleistungs-wartung	Notwendig zur Sicherstellung von Gewährleistungs-ansprüchen	Funktionskontrollen, Nachstellarbeiten	Normalerweise innerhalb der ersten 6 Monate nach Inbetriebsetzung
Vollwartung	Die Anlage wird ständig betreut. Oft werden max. Stillstandszeiten vereinbart	Funktionskontrollen, Nachstellarbeiten, Vorsorgereparaturen, Lieferung der Ersatzteile	Regelmäßig innerhalb von vereinbarten Zeitabständen, z. B. 3 Monate oder kürzer
Wartung	Die Anlage wird regelmäßig betreut	Funktionskontrollen, Nachstellarbeiten, Vorsorgereparaturen	Regelmäßig innerhalb von vereinbarten Zeitabständen, z. B. 3 Monate oder länger
Kontrollwartung	Die Anlage wird häufig erst bei zunehmender Störanfälligkeit regelmäßig betreut	Funktionskontrollen, Nachstellarbeiten, Vorsorgereparaturen	In größeren Zeitabständen, z. B. 6 Monate oder auf Anforderung
Sicherheitsrevision	Mindestaufwand zur Erhaltung der Betriebsfähigkeit und Verfügbarkeit	Funktionskontrollen. Andere Arbeiten falls erforderlich	Einmal pro Jahr oder auf Anforderung
Stillstandswartung	Zur Vermeidung von Stillstandsschäden	Kurzer Probebetrieb; Funktionskontrollen und Nachstellarbeiten	Je Monat einmal

Verwendete Formelzeichen und Einheiten

Physikalische Größe	Formel-zeichen	Einheit Name	Zeichen	Physikalische Größe	Formel-zeichen	Einheit Name	Zeichen
Länge	l	Meter	m	Spezifischer elektrischer Leitwert = Leitfähigkeit	κ	–	$\dfrac{S}{m}$
Zeit	t	Sekunde	s				
Frequenz	f	Hertz	$Hz = \dfrac{1}{s}$	Elektrizitäts-menge	Q	Cou-lomb	C ($=$ A s)
Kreis-frequenz	$\omega = 2\pi f$	Hertz	$Hz = \dfrac{1}{s}$	Elektrische Kapazität	C	Farad	F
Kraft	F	Newton	N	Magnetischer Fluß	Φ	Weber	Wb ($=$ V s)
Arbeit, Energie	W	Joule	J ($=$ N m)				
				Magnetische Spannung	Θ	Ampere	A
Leistung	P	Watt	$W \left(= \dfrac{J}{s} \right)$	Magnetische Flußdichte, Induktion	B	Tesla	$T \left(= \dfrac{Wb}{m^2} \right)$
Elektrische Stromstärke	I	Ampere	A				
Elektrische Spannung	U	Volt	V	Magnetische Feldstärke	H	Ampere Meter	$\dfrac{A}{m}$
Elektrischer Widerstand	R	Ohm	Ω	Induktivität	L	Henry	$H \left(= \dfrac{Wb}{A} \right)$
Elektrischer Schein-widerstand	Z	Ohm	Ω	Magnetischer Widerstand	R_m	–	$\dfrac{1}{\Omega s}$
Elektrischer Blindwider-stand	X	Ohm	Ω	Magnetischer Leitwert	Λ	–	Ωs
Spezifischer elektrischer Widerstand	ϱ	–	Ωm	Spezifischer magnetischer Leitwert = Permeabilität	μ	–	$\dfrac{\Omega s}{m}$
Elektrischer Leitwert	G	Siemens	S	Zeitkonstan-te im elektri-schen Kreis	T, τ	Sekunde	s

Verwendete Indizes sind im Text näher beschrieben.

Literaturverzeichnis

● Fachbuch
+ Firmenbroschüre
Fachaufsätze und Normblätter sind nicht besonders gekennzeichnet.

[1] VDE-Mitteilungen: Gesetz über Einheiten im Meßwesen. ETZ-B, Bd. 27 (1975) H. 12, S. M 49 ff.

[2] ● *Moeller-Werr:* Leitfaden der Elektrotechnik, Band I.
Moeller-Wolff: Grundlagen der Elektrotechnik. B. G. Teubner Verlagsgesellschaft Stuttgart, 9. Auflage 1958.

[3] ● *Moeller:* Leitfaden der Elektrotechnik Band II, Teil 1.
Moeller/Vaske: Elektrische Maschinen und Umformer, Aufbau, Wirkungsweise und Betriebsverhalten. B. G. Teubner Verlagsgesellschaft Stuttgart, 10. Auflage 1966.

[4] ● Siemens Formel- und Tabellenbuch für Starkstrom-Ingenieure, 3. Auflage. Herausgegeben von Siemens-Schuckertwerke Aktiengesellschaft im Verlag W. Girardet, Essen 1965.

[5] DIN 19226: Regelungstechnik und Steuerungstechnik, Begriffe und Benennungen. Mai 1968, Beuth Verlag GmbH, Berlin 30 und Köln 1.

[6] DIN 40719, Teil 6: Schaltungsunterlagen, Regeln für Funktionspläne. 1977, Beuth Verlag GmbH, Berlin 30 und Köln 1.

[7] *Hans-Werner Backes, Kurt Neulist* und *Anton Schaffernak:* Zur Entwurfssystematik industrieller Steuerungen. ETZ-A Bd. 92 (1971) H. 7, S. 414—417.

[8] ● *O. Pechl/W. Rieder:* Elektromechanische Schaltungen und Schaltgeräte. Eine Einführung in Theorie und Berechnung, Springer-Verlag, Wien 1956.

[9] *Heinz Oswald, Ewald Sauer:* Funktionspläne zur Darstellung von Steuerungsaufgaben. BBC-Nachrichten (1974) H. 12, S. 512—517.

[10] ● *Klaus Beuth* und *Wolfgang Schmusch:* Elektronik 3, Grundschaltungen, 6. Auflage. Vogel-Buchverlag, Würzburg 1984.

[11] ● DIN-Taschenbücher 7 und 107: Schaltzeichen und Schaltpläne für die Elektrotechnik, 8. Auflage. Verlag Beuth-Vertrieb GmbH, Berlin, Köln, Frankfurt/Main 1983.

[12] DIN 40719, Teil 2 Schaltungsunterlagen, Kennzeichnung von elektrischen Betriebsmitteln, 1978.
DIN 40719, Teil 3 Schaltungsunterlagen, Regeln für Stromlaufpläne der Elektrotechnik, 1979.
DIN 40719, Teil 4 Schaltungsunterlagen, Regeln für Übersichtsschaltpläne der Elektrotechnik, 1982.
DIN 40719, Teil 5 Schaltungsunterlagen, Elektroinstallation, 1983.
DIN 40719, Teil 7 Schaltungsunterlagen, Regeln für die instandhaltungsfreundliche Gestaltung, 1983.
DIN 40719, Teil 9 Schaltungsunterlagen, Ausführung von Anschlußplänen, 1979.
DIN 40719, Teil 10 Schaltungsunterlagen, Ausführung von Anordnungsplänen, 1981.
DIN 40719, Teil 11 Schaltungsunterlagen, Zeitablaufdiagramme, Schaltfolgediagramme, 1978.
Sämtliche im Verlag Beuth-Vertrieb GmbH, Berlin und Köln.

[13] DIN VDE 0113, Teil 1/02.86: Elektrische Ausrüstung von Industriemaschinen, Teil 1: Allgemeine Festlegungen. VDE-Verlag GmbH, Berlin 1986.

[14] + *Hans Kirwald:* Schaltplantechnik. Empfehlungen und Hinweise für das normgerechte und rationale Erstellen sowie das Lesen schaltungstechnischer Unterlagen für Anlagen der Starkstromtechnik. Eigenverlag Firma Siemens Aktiengesellschaft, Berlin.

[15] *Georg, Friedrich:* Loseblatt-Schaltbilder. Klöckner-Moeller-Post (1971) H. 1, S. 66—74.

[16] VDE 0660, Teil 101 bis Teil 109: Bestimmungen für Niederspannungsschaltgeräte. VDE-Verlag, Berlin.

[17] + Klöckner-Moeller: Technische Information, Ergänzungen zur Hauptpreisliste. Eigenverlag Firma Klöckner-Moeller, Bonn.

[18] + AEG-Niederspannungs-Schaltgeräte: Technik, Auswahl, Anwendung. Eigenverlag Firma Allgemeine Elektricitäts-Gesellschaft, Berlin.

[19] + Aus der FANAL-Praxis: Technische Informationen der Firma Metzenauer & Jung, Wuppertal.

[20] *Werner Böhm:* Der Magnetschalter als berührungsloser Grenztaster. Der Elektromeister + Deutsches Elektrohandwerk, 47. (25) Jg. (1972) Heft 15, S. 918–928.

[21] + Sursum: Überstromschutzschalter, Automaten, Motorschutzschalter, Einbaugeräte. Firma Sursum Leyhausen & Co., Nürnberg.

[22] + Dold-Automatikrelais. Fa. Dold & Söhne KG, Relaisfabrik, Furtwangen/Schwarzwald.

[23] + Technische Erläuterungen TE, Gruppe 7: Einphasen- und Drehstrom-Transformatoren. Firma Gebr. Frei GmbH & Co., Albstadt.

[24] + Farbcodetafeln für elektrische Bauelemente. Eigenverlag Firma Dralowid-Werk, Porz/Rhein.

[25] ● *Lothar Schroth:* Steuerungstechnik. Krausskopf-Verlag, Mainz 1965.

[26] ● *Hans Schmitter:* Bauelemente der Schütz-Steuerungen. Fachbuchreihe Wissen + Können, Steuer- und Regeltechnik, Richard Pflaum Verlag KG, München 1969.

[27] Technisches Datenblatt: Aderkennzeichnungen von Starkstromkabeln und isolierten Starkstromleitungen, Konstruktionsrichtlinien. Eigenverlag Firma Kabel- und Metallwerke, Gutehoffnungshütte Aktiengesellschaft, Fachbereich 2, Starkstromerzeugnisse, Hannover.

[28] + Fachprospekt + Isolierte Starkstromleitungen 3. Ausgabe. Eigenverlag Firma Kabel- und Metallwerke Gutehoffnungshütte Aktiengesellschaft, Fachbereich 2, Starkstromerzeugnisse, Hannover.

[29] + Sammelmappe Lütze-Elektrobauteile. Fa. Friedrich Lütze, Weinstadt.

[30] ● *Klaus Beuth:* Elektronik 4, Digitaltechnik, 3. Auflage. Vogel-Buchverlag, Würzburg 1984.

[31] ● *Herbert Franken:* Schütze und Schützsteuerungen. Springer-Verlag, Berlin/Göttingen/Heidelberg 1959.

[32] ● AEG-Hilfsbuch 9. Auflage. Verlag Allgemeine Elektricitäts-Gesellschaft, Berlin 1965.

[33] ● *K. Neumann:* Steuerungslehre, 1 Schaltalgebra, Boolesche Systeme, ein Unterweisungsprogramm. Teubner Studienskripten Verlag B. G. Teubner, Stuttgart 1970.

[34] + Siemens-Datenbuch: Digitale Schaltungen. Firma Siemens Aktiengesellschaft, Berlin.

[35] ● Deutsches Institut für Fernstudien an der Universität Tübingen: Quadriga-Funkkolleg Mathematik. Verlag Julius Beltz, Weinheim 1970.

[36] + *Obering. Hans Wahl:* Elektrische Steuerungen mit Relais und Schützen. Technischer Sonderdruck, Eigenverlag Firma Metzenauer & Jung, Wuppertal.

[37] ● Fachlehrgang Digital-Elektronik, Eigenverlag ITT-Fachlehrgänge, Pforzheim 1973.

[38] ● *Hans Schmitter:* Grundschaltungen allgemeiner Steuerungsaufgaben. Fachbuchreihe Wissen + Können, Steuer- und Regeltechnik, Richard Pflaum Verlag KG, München 1970.

[39] + Grundschaltungen. Eine Anleitung für Projektierung, Zusammenbau und Wartung von Steuerungen. Eigenverlag Firma Siemens Aktiengesellschaft Berlin und Erlangen.

[40] + AEG-Niederspannungs-Schaltgeräte-Schaltungsbuch. Eigenverlag Firma Allgemeine Elektricitäts-Gesellschaft, Berlin.

[41] + FANAL-Schaltungspraxis, 5. Auflage. Eigenverlag Metzenauer & Jung GmbH, Wuppertal.

[42] ● *G. Walther:* Schaltungstaschenbuch, Niederspannungsschaltungen für den Praktiker. Herausgegeben von der Brown, Boveri & Cie Aktiengesellschaft Mannheim im Verlag W. Girardet, Essen 1967.

[43] ● *Hans Koch:* Sicherheitsschaltungen. Ein Beitrag zur Entwicklung zuverlässiger elektrischer und mechanischer Schaltungen für hohe Arbeits- und Betriebssicherheit. Verein deutscher Sicherheits-Ingenieure e.V. VDSI. Schriftenreihe Arbeitssicherheit, Heft 7, 2. Auflage, Aulis Verlag Deubner & Co. KG, Köln 1970.

[44] *Walter Stübchen:* Einfluß sicherheitstechnischer Forderungen auf die Konstruktion von Aufzügen. Seilaufzüge – elektrotechnischer Teil. Tagungsheft vom Seminar „Errichtung und Betrieb von Aufzugsanlagen" bei der Technischen Akademie e.V., Wuppertal, am 23. und 24. Februar 1970. Zusammengestellt von der Vereinigung der

Technischen Überwachungsvereine e.V. (VdTÜV).

[45] + Schiele-Schaltungsbuch, 8. Auflage. Firma Schiele Industriewerke KG, Hornberg/Schwarzwald 1974.

[46] + Schaltungsbuch. Firma Klöckner-Moeller, Bonn.

[47] ● Moeller: Leitfaden der Elektrotechnik, Band VIII. Bederke/Ptassek/Rothenbach/Vaske: Elektrische Antriebe und Steuerungen, Verlag B. G. Teubner, Stuttgart 1969.

[48] ● Ing. Werner Zühlsdorf, Ing. Herbert G. Mende: Kleines Handbuch der Steuerungstechnik, 3. Auflage. Dr. Alfred Hüthig Verlag, Heidelberg 1972.

[49] + Obering. Hans Wahl: Die Technik elektrischer Steuerschaltungen. Sonderdruck, Firma Metzenauer & Jung GmbH, Wuppertal.

[50] + ITT: Schaltbeispiele mit diskreten Halbleiterbauelementen. Fa. ITT-Intermetall, Freiburg.

[51] G. Stute: Gesichtspunkte zum Aufbau von Schützsteuerungen für Werkzeugmaschinen. Industrie-Anzeiger. Essen (1960) Nr. 36, S. 563—566.

[52] VDE 0100, Teil 100 bis Teil 737: Bestimmungen für das Errichten von Starkstromanlagen mit Nennspannungen bis 1000 V. VDE-Verlag, Berlin.

[53] ● Direktor Albert Hoppner: BBC Brown-Boveri, Handbuch für Planung, Konstruktion und Montage von Schaltanlagen. 3. Auflage, herausgegeben von der Brown, Boveri & Cie Aktiengesellschaft Mannheim im Verlag W. Girardet, Essen 1964.

[54] Gottfried Biegelmeier: Wirkungen des elektrischen Stromes auf den menschlichen Körper. etz Bd. 108 (1987) H. 12, S. 536—542.

[55] + Heinrich Moog: Pressen-Sicherheitssteuerungen. Sonderdruck VER 43-586 (11/74), Firma Klöckner-Moeller, Bonn.

[56] + Interface Techniques between Industrial Logic and Power Devices. Applikationsbericht AN-712A der Firma Motorola Inc.

[57] ● Obering. Werner Böhm: Elektrische Antriebe, 2. Auflage. Würzburg: Vogel-Verlag 1984.

[58] VDI/VDE-Richtlinie 3541: Automatisierungseinrichtungen mit vereinbarten Sicherheitsanforderungen. VDI-Verlag GmbH, Düsseldorf 1983.

[59] ● Diethart Spickermann: Werkstoffe und Bauelemente der Elektrotechnik und Elektronik. Vogel-Verlag, Würzburg 1978.

[60] ● Werner Diehl: Mikroprozessoren und Mikrocomputer. Vogel-Buchverlag, Würzburg 1977.

[61] ● Obering. Werner Böhm: Elektronisch steuern. Würzburg: Vogel-Buchverlag, 1986.

[62] ● VDI-Berichte 570.4: Datenverarbeitung in der Konstruktion '85. CAD in der Elektrotechnik/Elektronik. Düsseldorf: VDI Verlag, 1985.

[63] Werner Böhm: CAD für die Schaltplanerstellung. de/der elektromeister + deutsches elektrohandwerk. München (1988), Nr. 18, S. 1187—1190.

[64] Werner Böhm: Fallstudie: Steuerung für einen Kübelaufzug. Aufsatzfolge in de/der elektromeister + deutsches elektrohandwerk. München (1982), Nr. 4, 5, 6, 7 und 8.

Stichwortverzeichnis

A

Abfallkontrolle 89, 94
Abfallverzögerung 27
Abfallzeit 108, 135
Ablaufdiagramm 69, 70, 100, 158
Ablaufsteuerungen 21, 95, 157
Abschaltcharakteristik 50
Äquivalenzverhalten 26
Aktiver Geber 47
Amplitude 15
Analoges Signal 19
Anfahrgeschwindigkeit 46
Anfahrwinkel 46
Anlaßschaltungen 79
Anlaßwiderstand 81
Anlaufmoment 82
Anlaufschaltungen 79, 82
Anlaufstrom 79
Anordnungsplan 38, 174
Anschlußbezeichnung 44, 45
Anschlußtabelle 38, 39
Anstoßschalter 43
Antivalenzverhalten 26
Antriebsglied 19
Antriebsschaltungen 79
Anzeige von Betriebszuständen 50
Anziehungskraft 14
Anzugskontrolle 89
Anzugsleistung 44, 129
Anzugsverzögerung 27
Anzugszeit 108, 135
Approbationen 133
Arbeit 11
Arbeitsbereich 35
Arbeitskontakt 42
Arbeitsstromschaltung 89, 90
Aufstellung des Steuerschrankes 149
Aufstellungsplan 95, 96
Auftragsbestätigung 38
Augenblickswert 14, 15
Ausblasen des Lichtbogens 137
Ausgangselement 89, 139
Ausgangsgröße 20
Ausgangskennlinienfeld
  eines Transistors 56
Auslösekennlinien 121

Ausschaltbedingung 63
Ausschalt-Verriegelung 76, 77
Auswahlschaltungen 114

B

Bauart von Widerständen 51
Bauelemente 42
Bauform 142
Bauglied 18
Baugröße von Widerständen 51
Bauschaltplan 37, 38, 180
Bedienungssicherheit 86
Befehlsgeräte 42, 46
Befehlstaster 43, 46
Berührungsschutz 137
Berührungsspannung 117
Bestelliste 38
Bestätigungsdiagramm 49
Betätigungsglieder 42, 43
Betätigungsrichtung 36
Betriebsanleitung 120
Betriebsnetz 76, 78
Betriebstemperaturbereich 52
Bezeichnungsschild 120
Bimetallauslöser 121
Binärsignal 19
Blindleistung 11
Blindleistungsfaktor 11
Blockieren des Ein-Kontaktes 86
Blockschaltbild 19
Blockschaltplan 31
Bohrschablone 142
Boolesche Algebra 59
Boolesche Verknüpfung 21, 42
Bremsmoment 79
Bremsschaltungen 79, 84

C

CAD-Anwendungsvorbereiter 143
CAD-Arbeitsplatz 144
CAD-Benutzer 143
CAD-Erstellung der Schaltpläne 141
CAD-Systembetreuer 143
Computerunterstützte Arbeitsverfahren 141

D

Dahlander-Schaltung   79, 82, 83
DeMorgansche Gesetze   63
Dielektrizitätskonstante   14
Digitales Signal   19
Diode   54
Diodenmatrix   113
Direkte Umformung   47
Drehfeldrichtung   68
Drehrichtungsumkehr   68
Drehzahlverstellung   79
Dreieckschaltung   79
Dreieckschütz   81
Drossel   15, 42, 53
Druckknopf   47
Durchlaßbereich   54

E

Einbaurahmen   139
Einfache Redundanz   87
Eingabewandler   42, 47
Eingangselement   18, 42, 99, 139
Einheiten   147
Einschaltbedingung   61
Einschaltfunktion   60
Einschalt-Verriegelung   76, 77
Einstellwerte   149
Elektrische Arbeit   11
Elektrische Leistung   11
Elektrische Löschung   137
Elektrische Spannung   9
Elektrische Steuerung   20
Elektrischer Anschluß   139
Elektrischer Leitwert   12
Elektrischer Strom   9
Elektrischer Widerstand   9
Elektrisches Feld   14
Elektrizitätsmenge   14
Elektromagnet   16
Elektromotor   42
Elektrische Schaltungen   111
Elektronische Steuerung   20
Endschalter   43
Energiefluß   19
Entionisierungszeit   71
Entkopplungsdiode   113
Entladestrom   14
Entwurfsverfahren   102
EPROM-Programmiergerät   144
Erdpotential   122
Ersatzschaltbild   16
Exklusiv-Oder-Schaltung   26
Explosions-(Ex)Schutz   138

F

Fallklappenrelais   49
Fallstudie   153
Farbcode   52
Fehlerstrom-(FI-)Schutzschalter   118
Fehlschaltsicherheit   123, 170
Fehlschaltungen   123
Feld   14
Festkondensator   51
Flimmerschwelle   117
Flüssigkristall-Anzeigegeräte   49
Fluidik-Steuerung   20
Flußdichte   13
Folgeschaltung   23
Folgeschütz   73
Formelzeichen   147
Freilauf-Bauelemente   137
Freilaufdiode   110
Freilaufstrom   108
Freilaufwiderstand   109
Fremdbelüftung   137
Fremdkörperschutz   137
Frequenzverstellung   79
Führungssteuerung   20
Funkenlöschung   136
Funkentstörungskondensator   52
Funktionsaufbau   18
Funktionsblock   18
Funktionsdiagramm   100, 101, 157
Funktionsplan   101, 157
Funktionsschaltplan   41
Funktionssicherheit   86, 87
Fußpunktleiter   33, 35

G

Gebrauchskategorie   133, 134, 169
Gedruckte Leiterplatte   42
Gegenstromverfahren   71
Generatorische Bremsung   79
Generierung eines Schaltplans   145
Geräte   42
Gerätebauform   133
Gerätebezeichnung   33
Gerätedisposition   39
Geräteklasse   133, 134
Gerätelebensdauer   134
Geräteliste   38, 40
Geräteschaltbild   60
Glasrohrsicherung   50
Gleichstrom-Bremsschaltung   85
Gleichstrombremsung   84
Gongs   49
Grenzfrequenz   52

Grenztaster 46
Grundelemente der Schaltungstechnik 23
Grundschaltungen 59, 67, 162
Grundschaltungsmodul 146

H

Haftetiketten 140
Halbleiterbauelemente 42, 54
Haltegliedsteuerung 21
Halteleistung 44, 129
Handhabung 139
Hauptkontakt 44
Hauptschalter 43, 120
Heißleiter 51
Herzkammerflimmern 117
Hilfskontakt 44
Hilfsschütz 44
Hochlaufschaltung 79
Hybride Steuerungsaufbauten 59
Hydraulische Steuerung 20

I

Impulsbildende Schaltung 73
Impulserzeugung 27
Impulszeiten 74
Inbetriebnahmeanleitung 149
Indirekte Umformung 47
Induktionsgesetz 13, 16
Induktiver Blindwiderstand 53
Induktivität 15
Informationsteil 22
Informationsverarbeitung 18
Inspektionsbetrieb 99
Intuitiver Lösungsweg 59
Inversionsschaltung 23
Invertierung 25
Isolationsüberwachung 119, 123

K

Kabel 42, 56
Kabelbaum 58
Kabelkapazität 130
Kaltleiter 51, 121
Kanalverdrahtung 58
Kapazität 14, 15
Kapazitiver Blindwiderstand 53
Kapazitive Verbraucher 15
Kartenrelais 44
Kennbuchstabe 30

Kennzeichnung der Betriebsmittel 30
Kettenstruktur 19
Kirchhoffsche Gesetze 9
Kleinrelais 107
Klemmen 56
Klemmenbezeichnung 33
Klemmen des Ein-Kontaktes 84
Klimatische Beeinflussung 139
Klimatische Umweltbedingungen 138
Klingeln 49
Kodierschaltungen 114
Kombinativtabelle 65
Kompensationsdiode 128
Komplexe Rechnung 16
Kondensator 15, 42, 51
Kondensator-Zeitrelais 110
Konstellation 23, 61
Konstituente 61
Kontakt 42
Kontaktarme Steuerung 107
Kontaktbrücke 44
Kontaktersatz 112
Kontaktsystem 135
Kontaktverhalten 43
Kontaktversagen 43
Kontaktvervielfachung 88
Kontaktwiderstand 43
Kontrollierter Abfall 94
Kontrollierte Redundanz 87
Kopplungsdiode 113
Krampfschwelle 117
Kreisfrequenz 15, 17
Kreisstruktur 19
Kurzschluß 121
Kurzschlußläufer-Sanftanlauf-(Kusa-)Schaltung 81
Kurzschlußschutz 121, 170
KV-Tafel 65

L

Ladestrom 14
Lastenheft 140
Laststrom 79
Leerlaufkennlinie 13
Leistung 11
Leistungsfluß 19
Leistungsschalter 45
Leistungsselbstschalter 45
Leistungsteil 22
Leistungstrenner 45
Leitfähigkeit 12
Leitung 42, 56
Leitungsschutz 42

Leitungsverbindungen 38
Leitwert 12
Leseverfahren 33, 36
Leuchtdioden-Anzeigeelemente 49
Leuchttaster 48
Lichtbogen 127
Lichtschranken 46
Löschbefehle 94
Löschdominanz 7
Löschzeit 71
Löschung von Schaltlichtbögen 136
Luftspalt 14

M

Magnetische Feldstärke 13
Magnetische Induktion 13
Magnetische Spannung 12
Magnetischer Fluß 12
Magnetischer Kreis 12
Magnetischer Leitwert 12
Magnetischer Widerstand 12
Magnetisches Feld 12
Magnetisierungskennlinie 13
Magnetschalter 46
Magnetsystem 135
Makro-Module 142
Masseschluß 122
Masseschlußstelle 122
Mathematischer Lösungsweg 59
Mechanische Einwirkungen 139
Mechanische Erschütterungen 138
Mechanische Schwingungen 138
Mechanische Steuerung 20
Meldegeräte 42, 49
Meldeleuchte 49
Meßwerte 149
Mindestquerschnitt 120
Mittelpunktsleiter 117
Montage 149
Motorkondensator 52
Motorschutz 121
Motorschutzschalter 121
Motorvollschutz 121

N

Näherungsinitiator 46
Nand-Schaltung 25
Negative Spannungsspitze 110
Nennkapazität 52
Netzschutz 81
NH-Sicherungseinsätze 50
Nicht-Schaltung 23

Nockenschalter 45
Nor-Schaltung 25
Not-Aus-Einrichtung 21
Notstromnetze 76, 78
NTC-Widerstand 51
Nulleiter 117
Nullung 117

O

Oder-Schaltung 25
Öffner 42
Ohmscher Verbraucher 15
Ohmscher Widerstand 15
Ohmsches Gesetz 9

P

Parallelstruktur 19
Passiver Geber 47
Permeabilität 13
Pflichtenheft 140
Phasen 11
Phasenfolge 68
Phasenverschiebungswinkel 16
Plausibilitätskontrollen 142
Pneumatische Steuerung 20
Polpaarzahl 82
Polumschaltung 84
Polzahl 68
Polzahländerung 79
Potential 14
Potentialausgleichsleiter 119
Potentiallinien 33, 164
Programmablaufplan 101
Programmierschaltungen 113
Programmsteuerung 21
Projektierung 139
Prüfung 148
PTC-Widerstand 51

Q

Quellenspannung 13

R

Redundant 87
Redundante Ruhestromschaltung 91
Redundanzprinzip 87
Referenzelement 55
Relais 44
Relaistechnik 42, 107

Remanenzschütze 44, 78, 79
Restluftspalt 17
Revisionsschalter 103
Ruhekontakt 42
Ruhestromschaltung 91

S

Schaltalgebra 59
Schaltfolgetabelle 106
Schaltgerät 42
Schaltglieder 19, 42
Schalthäufigkeit 133
Schaltkasten 139
Schaltlichtbogen 136
Schaltplan 28
Schaltplanart 28
Schaltplantasche 141
Schaltpult 139
Schaltschrank 139
Schaltspiele 133
Schaltsystem 9
Schaltvermögen 44, 133
Schaltzeichen 28, 29
Schaltungsaufbau 18
Schaltungsbuch 33
Schaltungsunterlagen 28, 31
Scheinleistung 11
Schließer 42
Schlupfverstellung 79
Schmelzleiter 50
Schmelzsicherung 50, 121
Schnappschalter 44
Schnellbefestigungsschiene 143
Schnellerregung 75
Schnellerregungszeiten 108, 109
Schnellmontagesystem 146
Schraubsicherungseinsätze 50
Schütze 44
Schutzart 137
Schutzerdung 118
Schutzfunktion 117
Schutzgeräte 42, 50
Schutzisolierung 117
Schutzkennlinien 122
Schutz-Kleinspannung 119
Schutzleiter 117
Schutzleitungssystem 119
Schutzorgan 118
Schutztrennung 119
Schutzwirkung 119
Selbsthalteschaltung 26
Selbstinduktivität 17
Selbstlöschung 137
Selbstlockern 117

Sequentielle Schaltung 23, 42
Setzbefehl 94
Sicherheitsendschalter 88
Sicherheitsschalter 88
Sicherheitsschaltungen 86, 88
Sicherungsautomaten 51
Sicherungsselbstschalter 51
Signal 19
Signalflußplan 19
Signalflußweg 19
Signalübersetzung 23
Signalvervielfachung 73
Sinuskurve 15
Sirenen 49
Spannung 9
Spannungsabfall 9
Spannungsausfälle 74
Spannungsumlauf 10
Spannungswächter 76
Sparschaltung 135, 136
Sparwiderstand 75
Speicher 42
Speicherarten 27
Speicherglieder 19
Speicherschaltung 26
Sperrbereich 55
Spezifischer Leitwert 12
Spezifische magnetische Leitfähigkeit 13
Spezifischer Widerstand 12
Sprungschalter 44
Spulenkurzschlußschaltung 107
Ständerwicklung 68
Stammstrompfad 33
Stator 68
Stecker 56
Stecktechnik 149
Stellantrieb 19
Stellglied 19
Stern-Dreieck-Schaltung 79, 80
Sternschaltung 79
Sternschütz 81
Steuereinrichtung 19
Steuerkette 18
Steuerleitung 129, 173
Steuerpotential 35
Steuerspannung 122
Steuerstrecke 19
Steuerstromkreis 33, 42, 122, 164, 166, 170
Steuertransformator 42, 120, 123, 132, 173
Störgrößen 19
Störungsarten 150
Störungssuche 150
Strang 11
Strom 9
Stromlaufplan 32, 33

Strompfad 33, 35
Stromstoßschaltung 74
Stromversorgungsteil 22
Stromverzweigungspunkt 10
Stromwärmeverlust 11
Stromweg 33, 35
Struktur eines CAD-Systems 143

T

Taktfolge 97
Technologische Funktion 100
Technologischer Ablauf 139
Thermistoren 51
Tippbetrieb 75
Tippen 76
Toleranzbereich 52
Transformator 42, 53
Transistor 55
Transistor-Zeitrelais 11
Transport 138

U

Übergangsstellen 116
Überlastung 121
Überlastungskennlinie 121
Übersetzungsverhältnis 53
Übersichtsschaltplan 31, 32, 161
Überstromschutz 119
Übertragungsglied 18
Umlaufrichtung 16
Umwelteinflüsse 138
Und-Schaltung 25

V

Variantenprogrammierung 143
Varistor 51
VDR-Widerstand 51
Vektordiagramm 51, 16, 129
Verantwortlichkeit für ein CAD-System 143
Verbindungsmaterial 56
Verbindungstabelle 38
Verdrahtungshilfsmittel 58
Verkettungsfaktor 11
Verknüpfungsglieder 19
Verknüpfungssteuerung 21, 93, 158
Verlege- und Hilfsmittel 56
Verpackung 149
Verriegeln 69

Verriegelungen 76
Verriegelungskontakte 69
Verschiebungskonstante 14
Verstärkerschaltung 23
Vibration 140
Vorwiderstand 9
Vorzugswerte für Widerstände 53

W

Wärmefühler 121
Wahrnehmbarkeitsschwelle 117
Wahlschalter 43
Wartungsanleitung 150
Wasserschutz 137
Wechselspannung 15
Wechselstromkreis 15
Wechsler 42
Wecker 49
Wegplansteuerung 21
Wertungsschaltungen 87
Wicklungsteile 68
Widerstand 9, 42, 51
Widerstandsmaterial 51
Wirkleistung 11
Wirkleistungsfaktor 11
Wirkschaltplan 33, 34
Wirkungsablauf 18
Wirkungsgrad 53
Wirkungsrichtung 19
Wirkungsweg 18
Wischrelais 112

X

X-Verdrahtung 58

Z

Zählpfeildiagramm 16
Z-Diode 54
Zeichentransparentpapier 140
Zeitkonstante 14, 108
Zeitplansteuerungen 21
Zeitrelais 27, 42, 46, 110
Zeitverzug 27
Zener-Diode 54
Ziffernanzeigeröhre 49
Zusätzliche Schutzmaßnahmen 117, 118
Zuverlässigkeit 133
Zwischenspeicher 92, 93
Zwischenspeicherung 27
Zwangsläufigkeit 88